西安交通大学对口支援新疆大学系列教材项目

基础化学教程

(第2版)

主编 赵建茹 李 丽

编者 岳 凡 阿布力克木·阿布力孜

艾合买提·沙塔尔 玛丽娅·马木提

主审 司马义·努尔拉

内容简介

本书是为新疆高等院校的民族预科学生编写的基础化学教材。本书以教育部2002年颁布的《全日制普通高级中学化学教学大纲》指定的知识点为核心内容，在内容的选取、概念的引入、解题的方法等方面做了一些变动。力求突出重点，并对一些知识内容进行了适当的归纳和整理，为民族预科学生后续阶段的化学学习打下良好基础。本书附有汉维化学专业词汇对照表，以便民族学生查阅。

本书讲授70学时左右，可作为民族预科学生后续大学化学或普通化学学习的预备性教材。

图书在版编目(CIP)数据

基础化学教程/赵建茹等主编. —2版. —西安：西安交通大学出版社，2013.12(2019.1重印)
ISBN 978-7-5605-5327-6

Ⅰ.①基… Ⅱ.①赵… Ⅲ.①化学-高等学校-教材
Ⅳ.①06

中国版本图书馆CIP数据核字(2013)第122803号

书　　名 基础化学教程(第2版)
主　　编 赵建茹　李　丽
责任编辑 田　华

出版发行 西安交通大学出版社
(西安市兴庆南路10号　邮政编码710049)
网　　址 http://www.xjtupress.com
电　　话 (029)82668357　82667874(发行中心)
(029)82668315　82669096(总编办)
传　　真 (029)82668280
印　　刷 西安日报社印务中心

开　　本 787mm×1092mm　1/16　**印张** 16.25　**彩页** 1页　**字数** 390千字
版次印次 2014年2月第2版　2019年1月第3次印刷
书　　号 ISBN 978-7-5605-5327-6
定　　价 32.00元

读者购书、书店添货、如发现印装质量问题，请与本社发行中心联系、调换。
订购热线：(029)82665248　(029)82665249
投稿热线：(029)82664954
读者信箱：jdlgy@yahoo.cn

前言

本书是以2002年教育部《全日制普通高级中学化学教学大纲》为基础，以高等院校预科教学的基本要求为指南，结合编者多年从事大学化学教学，尤其是民族化学教学的经验，并充分考虑到民族学生的特点和现状编写的。在编写过程中，本书以“中学化学教学大纲”的核心内容为本书的基本框架，在保证科学性、完整性的前提下，调整、增删和更新了部分内容，起点有所提高，框架结构更趋合理。另外，在教材中更注重基础知识的复习和能力的训练。

从培养新疆少数民族人才的整体要求出发，基础化学课程作为一门专业科技汉语课程，是为民族预科学生开设的。根据民族学生的汉语水平和本课程的特殊地位，在行文上，在内容表达准确的前提下，语言尽可能通俗直白；在形式上，将每页分为两栏，其中一栏采用维汉对照，对一些专业术语进行旁注，及对一些知识内容进行图示，便于学生理解和掌握。学生也可在空白栏处作笔记。此外，在有些章节后增加了阅读材料，以提高学生学习化学和汉语的积极性。书后还附有汉维化学常用词汇对照表和化学元素周期表，供教师教学和学生学习时参考。

(1)基本保持第一版教材的体系和主线；

(2)注意与现行高中化学课改内容衔接；

(3)充实提高一些内容，删去一些专业性较强的专业术语及计算。

全书共九章，其中第1章由玛丽娅·马木提编写；第2章、第4章由岳凡编写；第3章由艾合买提·沙塔尔编写；第5章、第6章由李丽编写；第7章由阿布力克木·阿布力孜编写；第8章、第9章由赵建茹编写；二次修订全书统稿由赵建茹、李丽完成。全书维汉对照由艾合买提·沙塔尔完成。

限于水平，书中难免有不妥和疏漏之处，恳请读者给予批评指正。

编　者

2013年12月

目　录

第1章　物质组成、分类及其变化

本章包括物质的组成、物质的分类、化学中常用的量、物质的变化、离子反应、氧化还原反应六个部分。对于物质的组成，从宏观和微观介绍了粒子的分类方法；对于物质的分类，着重介绍了纯净物与混合物、单质与化合物的区别，并简单介绍了物质的分类方法；对于化学中常用的量，则重点介绍了物质的量及其相关概念；对于氧化还原反应，主要从氧化数的升降、电子的转移出发，讨论了氧化还原反应及其配平方法，简单介绍了氧化剂、还原剂、氧化性、还原性等概念。本章还重点介绍了离子反应及离子反应方程式、热化学反应方程式的书写方法等内容。

学习内容

本章主要介绍物质的组成、物质的分类、化学中常用的量、物质的变化、离子反应和氧化还原反应。其中包括组成物质的三种粒子的概念,纯净物与混合物、单质与化合物的概念及区别,物质的量的单位——摩尔,气体摩尔体积和阿伏加德罗定律,物理变化和化学变化,化学方程式的配平原则和化学反应的四种基本类型,离子方程式的书写及离子反应发生的条件,氧化还原反应及有关概念。

学习目的

1. 了解组成物质的基本微粒及元素符号、化学式的含义和氧化数的实质,正确认识元素在化合物中的氧化数,正确书写化学式,并能根据化学式求算元素的氧化数。

2. 了解纯净物与混合物、单质与化合物的概念,理解酸、碱、盐、氧化物等概念,并能正确区分物质的类别,区别纯净物与混合物、单质与化合物,掌握金属氧化物、非金属氧化物与碱性氧化物、酸性氧化物的对应关系。

3. 理解摩尔、摩尔质量、气体摩尔体积等概念和阿伏加德罗定律,掌握物质的量、物质的质量、气体在标准状况下的体积和物质所含粒子数目的换算关系式。区别标准状况、相同状况和通常状况,理解根据物质的量等概念和阿伏加德罗定律推论出的有关结论,并能用来分析问题和进行计算。

4. 了解物理变化与化学变化的本质,了解热化学反应方程式的书写及其意义,掌握化学反应发生的条件,特别是溶液中的置换反应。

5. 掌握离子方程式的书写方法及离子反应发生的条件。

6. 理解氧化性和还原性、氧化反应和还原反应,氧化剂和还原剂等概念及氧化还原性的强弱。

1.1 物质的组成

1.1.1 组成物质的三种粒子

从宏观来讲,物质是由元素组成的。从微观讲,构成物质的粒子有分子、原子和离子等。

分子:分子是独立存在而保持物质化学性质的最小粒子。

原子:原子是化学变化中的最小微粒。由原子核和围绕原子核运动的电子组成。

离子:离子是带有电荷的原子或原子团。

1. 由分子构成的物质

(1) 非金属单质，如 H_2，O_2，Cl_2，N_2 和稀有气体。

(2) 非金属氢化物(又称气态氢化物)，如 HCl，H_2O，NH_3 等。

(3) 酸性氧化物，如 CO_2，SO_2，P_2O_5 等。

(4) 酸类，如 H_2SO_4，HNO_3，HCl 等。

(5) 有机物，如 CH_4，C_2H_5OH，CH_3OCH_3 等。

2. 由原子构成的物质

(1) 金属单质，如 Cu，Zn，Fe 等。

(2) 极少数非金属单质，如金刚石、石墨等。

3. 由离子构成的物质

(1) 大多数的盐，如 NaCl，Na_2CO_3，$CuSO_4$ 等。

(2) 强碱性物质，如 NaOH，KOH，$Ba(OH)_2$ 等。

(3) 活泼金属的氧化物和过氧化物，如 Na_2O，MgO，Na_2O_2 等。

1.1.2 元素与原子

元素表示宏观概念，而原子表示微观概念，元素与原子的区别见表 1.1。

表 1.1 元素与原子的区别

		元 素	原 子
区别	含义	只表示种类，不表示个数	既表示种类，又表示个数
区别	适用范围	表示物质的宏观组成，如：H_2O 是由 H 元素和 O 元素组成	表示物质的微观组成，如：1 个 H_2O 分子是由 2 个 H 原子和 1 个 O 原子组成
联 系		元素是具有相同核电荷数的同一类原子的总称	

1.1.3 氧化数与化学式

1. 有关氧化数的规定或规律

确定氧化数的规则如下。

(1) 在单质中，元素的氧化数为零。如 Ca，O_2，P_4，S_8 中的 Ca 原子、O 原子、P 原子、S 原子。

(2) 在单原子离子中，元素的氧化数等于离子所带的电荷数。如 Ca^{2+} 和 Al^{3+} 离子的氧化数分别为 +2 和 +3。注意离子电荷与氧化数的表示方法不同，前者数字在先，正负号继后；而后者则相反。

专业术语

氧化数
ئوكسىدلىنىش سانى
化学式
خىمىيلىك فورمۇلا

(3) 在大多数化合物中,氢元素的氧化数为+1,只有在金属氢化物(如 NaH,CaH_2)中,氢的氧化数为−1。

(4) 通常,在化合物中氧元素的氧化数为−2;但是在过氧化物(如 H_2O_2, Ba_2O_2 等)中,氧的氧化数为−1;在超氧化物(如 KO_2)中,氧的氧化数为 $-\frac{1}{2}$;在氧的氟化物(如 OF_2 和 O_2F_2)中,氧的氧化数分别为+2和+1。

氧化数是指某一元素的原子在化合物中所带的形式电荷数,它与化合价概念总体一致,但可以是分数,而化合价只能是整数。

(5) 在所有的氟化物中,氟的氧化数为−1。其它卤化物中,卤素的氧化数通常为−1,无论这些化合物是否为离子型化合物。如离子型化合物 NaCl 和共价化合物 PCl_3 中 Cl 的氧化数均为−1。

(6) 碱金属和碱土金属在化合物中的氧化数分别为+1和+2。

(7) 金属元素为正价;非金属元素与金属化合时为负价,与氧化合时为正价。

(8) 在电中性化合物中,各元素的正负氧化数的代数和为零。在多原子离子中,各元素氧化数的代数和等于离子所带电荷数。常见元素的氧化数见表1.2,常见根的氧化数见表1.3。

表1.2　常见元素的氧化数

元素名称	元素符号	常见氧化数	元素名称	元素符号	常见氧化数
钾	K	+1	氢	H	+1
钠	Na	+1	氟	F	−1
银	Ag	+1	氯	Cl	−1,+1,+5,+7
钙	Ca	+2	溴	Br	−1
镁	Mg	+2	碘	I	−1
钡	Ba	+2	氧	O	−2
锌	Zn	+2	硫	S	−2,+4,+6
铜	Cu	+1,+2	碳	C	+2,+4
铁	Fe	+2,+3	硅	Si	+4
铝	Al	+3	氮	N	−3,+2,+4,+5
锰	Mn	+2,+4,+6,+7	磷	P	−3,+3,+5

表 1.3　常见根的氧化数

根的名称	根的符号	氧化数	根的名称	根的符号	氧化数
氢氧根	OH^-	－1	碳酸根	CO_3^{2-}	－2
铵根	NH_4^+	＋1	磷酸根	PO_4^{3-}	－3
硝酸根	NO_3^-	－1	醋酸根	CH_3COO^-	－1
硫酸根	SO_4^{2-}	－2	高锰酸根	MnO_4^-	－1
亚硫酸根	SO_3^{2-}	－2			

2. 氧化数的应用

根据化合物的化学式中各元素的正负氧化数的代数和为零这一原则，氧化数有如下应用：

(1) 已知氧化数，书写化学式；

(2) 已知化学式，求元素的氧化数。

3. 化学式的书写

单质的化学式和化合物的化学式在书写上有所不同。

(1) 单质的化学式

书写单质的化学式在元素符号的右下角，用数字表明一个单质分子中所含的原子数，若为 1 时，可不写，如 O_2，Cl_2，Fe，P，He，Ne 等。

(2) 化合物的化学式

书写化合物的化学式应注意以下规定。

① 正价元素的符号写在左方，负价元素的符号写在右方。若化合物中含有复杂离子或原子团时，也是正价在左，负价在右。注意：NH_3，CH_4 等例外。

② 化学式中的原子个数比应是最简比，但过氧化物（如 Na_2O_2）例外。

专业术语

最简比

ئەڭ ئاددىي نىسبىتى

复杂离子

مۇرەككەپ ئىئون

例题

【例题 1－1】　下列说法中正确的是（　　）。

A. 原子是构成物质的最小微粒

B. 任何物质都是由分子构成的

C. 水分子是由 2 个氢元素和 1 个氧元素组成的

D. 二氧化碳是由氧元素和碳元素组成的

【分析】

A 项：错误。因为原子还可再分，不是最小粒子。

B 项：错误。有些物质是由离子或原子构成的。

C 项：错误。不能说分子由元素组成，应该说分子是由原子组成,物质是由元素组成。

D项:正确。

【答案】 D

【例题1-2】 在$C_2O_4^{2-}$中,碳元素的氧化数为________。在NH_4^+中,氮元素的氧化数为________。

【分析】 在化合物的化学式(分子式)中有以下关系

正价总和+负价总和=0

但对离子的离子式来说,上式则应改为

正价总和+负价总和=离子电荷

所以,设$C_2O_4^{2-}$中C元素的氧化数为x,又知O元素的氧化数为-2,则有

$$2x+(-2)\times 4=-2 \quad x=+3$$

同理,对NH_4^+来说,设其中N元素的氧化数为x,又知H元素的氧化数为$+1$,则有

$$(+1)\times 4+x=+1 \quad x=-3$$

【答案】 +3　−3

【例题1-3】 某金属阳离子M^{x+},可与CO_3^{2-}反应,生成一种沉淀物。该沉淀物的化学式为(　　)。

A. M_2CO_3　B. $M_2(CO_3)_x$　C. $M_x(CO_3)_2$　D. M_xCO_3

【分析】 根据氧化数写化学式的一种简便方法是:将两元素或原子团各自氧化数的绝对值写在对方符号的右下角,就可得到化合物的化学式。

本题已知M^{x+}的氧化数为$+x$,CO_3^{2-}的氧化数为-2,即$M^{x+}CO_3^{2-}$。所以,所得沉淀物的化学式为$M_2(CO_3)_x$。

【答案】 B

【例题1-4】 化学式为H_nRO_m的化合物中,元素R的氧化数是(　　)。

A. $m-n$　B. $n-m$　C. $2m-n$　D. $2n-m$

【分析】 已知H的氧化数为$+1$,O的氧化数为-2,设R的氧化数为x,则有

$$(+1)n+x+(-2)m=0 \quad x=2m-n$$

【答案】 C

1.2 物质的分类

专业术语

纯净物
ساپ ماددىلار
混和物
ئارىلاش ماددىلار

1.2.1 纯净物与混合物

纯净物与混合物这两个概念可从宏观与微观两个角度来认识。

1. 宏观

宏观角度是以物质的种类来区分。纯净物只由一种物质组成；混合物则由两种或多种物质组成。

2. 微观

微观角度是以分子的种类来区分。纯净物只含有一种分子；混合物则有两种或两种以上的分子。

结晶水合物如 $CuSO_4 \cdot 5H_2O$，$Na_2CO_3 \cdot 10H_2O$ 等，其中结晶水的数量是一定的。所以，它们是纯净物，不是混合物。

1.2.2 单质与化合物

单质与化合物这两个概念也应从宏观和微观角度来加以区分。

1. 宏观

宏观角度是以元素的种类来区分。由同种元素组成的纯净物称为单质；由不同种（即两种或多种）元素组成的纯净物称为化合物。

2. 微观

微观角度是以组成分子的原子种类来区分。单质的分子由一种元素的原子构成；化合物的分子则由两种或多种元素的原子构成。

有些元素可以形成多种单质。这些由同一种元素形成的不同单质，互称同素异形体。例如：金刚石和石墨是碳的同素异形体，氧气和臭氧是氧的同素异形体。

许多元素都能形成同素异形体，形成方式有：

（1）分子里原子个数不同，如氧气和臭氧；

（2）晶体里原子的排列方式不同，如金刚石、石墨和富勒烯 C_{60}；

（3）晶体里分子的排列方式不同，如正交硫和单斜硫。

同素异形体之间物理性质不同，化学性质略有差异。例如：氧气是没有颜色、没有气味的气体，而臭氧是淡蓝色、有鱼腥味的气体；氧气的沸点是－183℃，而臭氧的沸点是－111.5℃；氧气比臭氧稳定，没有臭氧的氧化性强等。

专业术语

单质
ئاددىي ماددا

化合物
خىمىيۋى بىرىكمە

同素异形体
ئاللوتروپ

金刚石

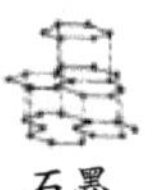
石墨

富勒烯

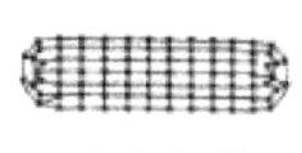
碳纳米管

碳的几种同素异形体

1.2.3 无机物的分类

专业术语

酸性氧化物
كىسلاتالىق ئوكسىد

碱性氧化物
ئىشقارلىق ئوكسىد

两性氧化物
ئامفوتېر ئوكسىد

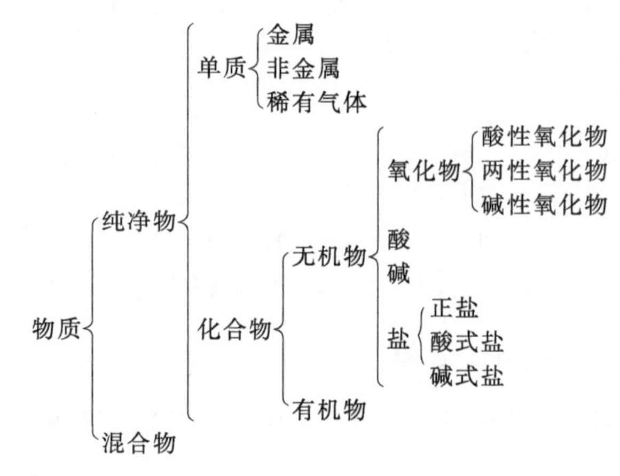

1. 氧化物

由氧元素和另一种其它元素组成的二元化合物,叫做氧化物,例如 CuO,SO_2 等。氧化物可分为如下三种。

(1) 酸性氧化物

能跟碱起反应生成盐和水的氧化物,叫做酸性氧化物。例如 CO_2,SO_3 等。从组成上看,非金属氧化物大多数是酸性氧化物。

(2) 碱性氧化物

能跟酸起反应生成盐和水的氧化物,叫做碱性氧化物。例如 CuO,CaO 等。从组成上看,金属氧化物大多数是碱性氧化物。

(3) 两性氧化物

既能与酸起反应生成盐和水,又能与碱起反应生成盐和水的氧化物,叫做两性氧化物。例如 Al_2O_3 就是一个常见的两性氧化物。

2. 酸

专业术语

含氧酸
ئوكسىگېنلىق كىسلاتا

无氧酸
ئوكسىگېنسىز كىسلاتا

电离时生成的阳离子全部是氢离子的化合物,叫做酸。从组成上看,酸分子是由氢离子和酸根离子组成的。酸分子电离时生成氢离子和酸根离子,可表示为

$$酸 = nH^+ + 酸根离子\ (n\ 为正整数)$$

例如 HCl(盐酸),HNO_3(硝酸),H_2SO_4(硫酸)等。

酸的分类如下。

(1) 根据酸分子中是否含有氧原子来分

含氧酸:例如 HNO_3,H_2SO_4,H_3PO_4(磷酸)等。

无氧酸:例如 HCl,H_2S(氢硫酸)等。

(2) 根据酸分子电离时生成氢离子的个数来分

一元酸：例如 HCl，HNO_3 等。

二元酸：例如 H_2SO_4，H_2S 等。

三元酸：例如 H_3PO_4 等。

3. 碱

电离时生成的阴离子全部是氢氧根离子的化合物，叫做碱。从组成上看，碱是由金属离子（氨水例外）和氢氧根离子构成的。碱的电离过程可表示为

$$碱 ═══ 金属离子 + nOH^-（n 为正整数）$$

例如 $NaOH$，$Ca(OH)_2$ 等。

碱的分类如下。

（1）可溶性碱

能溶于水的碱，叫做可溶性碱。例如 $NaOH$，KOH，$Ca(OH)_2$，$Ba(OH)_2$ 和氨水。

（2）不溶性碱

难溶于水的碱，叫做不溶性碱。在一般情况下，可近似地记作：除了上述可溶性碱之外的碱，均为不溶性碱。例如 $Cu(OH)_2$，$Mg(OH)_2$，$Al(OH)_3$ 等。

专业术语

可溶性碱
ئېرىشچان ئىشقار

不溶性碱
ئېرىمەس ئىشقار

4. 盐

电离时生成金属离子和酸根离子的化合物，叫做盐。从组成上看，盐是由金属离子和酸根离子组成的（铵盐中的 NH_4^+，相当于+1 价金属阳离子）。盐的电离过程可表示为

$$盐 ═══ m 金属离子 + n 酸根离子（m 和 n 均为正整数）$$

例如 $NaCl$，K_2CO_3，$CuSO_4$ 等。

盐是酸碱中和反应的一种产物。根据中和情况的不同，盐的分类如下。

（1）正盐

酸碱完全中和生成的盐，叫做正盐。一种酸只有一种正盐，例如 $NaCl$，$CuSO_4$ 等。

（2）酸式盐

酸分子中的氢原子（指可电离成 H^+ 的氢原子）部分被中和生成的盐，叫做酸式盐。只有二元酸、三元酸才可能有酸式盐。例如 $NaHCO_3$（碳酸氢钠），$KHSO_4$（硫酸氢钾），NaH_2PO_4（磷酸二氢钠），$CaHPO_4$（磷酸氢钙）等。

由于酸式盐中还含有能被碱中和的氢原子，所以酸式盐可与碱反应，生成盐和水。

例如　$NaHCO_3 + NaOH ═══ Na_2CO_3 + H_2O$

$Ca(HCO_3)_2 + Ca(OH)_2 ═══ 2CaCO_3 + 2H_2O$

专业术语

正盐
نورمال تۇز

酸式盐
كىسلاتالىق تۇز

碱式盐
ئىشقارلىق تۇز

(3)碱式盐

碱中的氢氧根离子部分被中和生成的盐。例如 $Cu_2(OH)_2CO_3$(碱式碳酸铜)。

例题

【例题1-5】 以下说法正确的是(　　)。

A. 因为水和冰的聚集状态不同,所以冰水共存是混合物

B. 不含杂质的盐酸是纯净物

C. 氧气(O_2)、臭氧(O_3)都是单质

D. 因为氯气(Cl_2)是单质,氨气(NH_3)是化合物,所以氯水是纯净物,氨水是混合物

【分析】 正确解答此题需准确掌握纯净物与混合物、单质与化合物两对概念的区分依据:

纯净物与混合物——分子的种数

单质与化合物——元素的种数

A项:水和冰虽然聚集状态不同,但从分子种类看,它们都含有一种分子——H_2O,所以冰水共存是纯净物。

B项:盐酸是氯化氢气体的水溶液,既然是溶液,就必然要有溶剂和溶质,所以分子种类至少应有两种,应是混合物。

C项:O_2 和 O_3 是由同一种元素组成的两种不同单质,其组成元素只是一种,所以它们都是单质。

D项:单质与化合物、纯净物与混合物,是两对互相独立的概念,它们之间没有必然的联系。混合物可由单质组成,也可由化合物组成,当然也可由单质与化合物共同组成。同样,纯净物可有单质,也可有化合物。

由此可见,上述4种说法中只有C项是正确的。

【答案】 C

【例题1-6】 (　　)的事实可以肯定某物质是酸。

A. 能跟碱作用生成盐和水

B. 其水溶液能使石蕊试纸变红

C. 其水溶液中有氢离子和酸根离子

D. 在水中电离产生的阳离子,只有氢离子

【分析】 对酸、碱、盐等概念要全面理解,并能用实例予以说明。

A项:酸可以与碱作用生成盐和水,酸性氧化物也可以。

例如　$CO_2 + 2NaOH = Na_2CO_3 + H_2O$

B项:能使石蕊试纸变红的溶液,可以是酸溶液,可以是强酸的酸式盐(如 $NaHSO_4$)溶液,也可以是强酸弱碱盐(如 NH_4Cl)的溶液。

C 项：强酸的酸式盐溶液中也会有氢离子和酸根离子。例如 $NaHSO_4$ 在溶液中的电离式为

$$NaHSO_4 = Na^+ + H^+ + SO_4^{2-}$$

D 项：这种说法是正确的，其中的“只有”两个字是关键。

【答案】 D

【例题 1-7】 下列叙述中，正确的是(　　)。

A. 凡是含氧的化合物一定是氧化物

B. 能电离出氢离子的物质一定是酸

C. 能跟酸反应的氧化物，一定是碱性氧化物

D. 凡是由金属离子和酸根离子结合而成的物质，一定是盐

【分析】 A 项：氧化物必须由两种元素组成，其中必有一种是氧。所以 $CuSO_4$，Na_2CO_3 等均为含氧化合物，但都不是氧化物。

B 项：酸式盐也能电离出氢离子。

C 项：除碱性氧化物外，两性氧化物也能与酸反应。

例如 $Al_2O_3 + 6HCl = 2AlCl_3 + 3H_2O$

D 项：这是盐的定义，所以正确。

【答案】 D

【例题 1-8】 若某一含氧酸可用 H_nRO_m 表示，则与其对应的盐有________种，其中酸式盐有________种。

【分析】 在现阶段可以认为，酸中有几个可被金属置换的氢离子，就可能存在几种盐。在 H_nRO_m 中 H 原子数为 n，所以，该酸的盐有 n 种。

只有多元酸才可能形成酸式盐，在多元酸的多种盐中，只有一种是正盐，其它则为酸式盐。如磷酸 H_3PO_4 有 3 种对应的盐：正盐 Na_3PO_4（磷酸钠）；酸式盐 Na_2HPO_4（磷酸氢二钠）和 NaH_2PO_4（磷酸二氢钠）。

所以，H_nRO_m 的酸式盐应有 $(n-1)$ 种。

【答案】 n，$(n-1)$

1.3 化学中常用的量

1.3.1 物质的量的单位——摩尔

在日常生活、生产和科学研究中，常常根据不同需要使用不同的计量单位。例如，用米、厘米等来计量长度；用千克、毫克等来计量质量，等等。同样，人们用摩尔作为计量原子、离子或分子等微观粒子的“物质的量”的单位。

专业术语

摩尔
مول

物质的量
ماددا مقدارى

摩尔质量
مول ماسسا

1. 物质的量——n

"物质的量"是一个物理量的名称,它是把微观粒子与宏观可称量物质联系起来的一种物理量,它表示物质所含粒子数目的多少,用符号 n 表示。

2. 摩尔—— mol

摩尔是物质的量的单位名称,其符号为 mol。1 mol 物质含有阿伏加德罗常数个微粒。阿伏加德罗常数就是 0.012 kg C_6^{12} 中所含有的碳原子数目,现已测得它的近似值为 6.02×10^{23}。由此可知,1 mol 物质中约含有 6.02×10^{23} 个微粒。例如:1 mol C 含有 6.02×10^{23} 个碳原子;2 mol H_2O 含有 $2\times6.02\times10^{23}$ 个水分子;0.5 mol Na^+ 含有 $0.5\times6.02\times10^{23}$ 个钠离子。

物质的量实际上表示含有一定数目粒子的集体,粒子的集体可以是原子、分子、离子或原子团,如 1 mol Fe,1 mol O_2,1 mol Na^+,1 mol SO_4^{2-} 等,也可以是电子、质子、中子等肉眼看不见的微观粒子。

1.3.2 摩尔质量——M

单位物质的量的物质所具有的质量,叫做摩尔质量,用符号 M 表示。若物质的量用 mol 做单位,质量(m)用 g 做单位,则摩尔质量的单位是 $g\cdot mol^{-1}$。即

$$摩尔质量(g\cdot mol^{-1})=\frac{物质的质量(g)}{物质的量(mol)} 或 M=\frac{m}{n}$$

所以,通常可以把摩尔质量理解成"1 mol 物质所具有的质量"。

摩尔质量以 $g\cdot mol^{-1}$ 为单位时,其数值与该物质微粒的化学式量相同。例如:C 的摩尔质量是 12 $g\cdot mol^{-1}$ 或 $M(C)=12\ g\cdot mol^{-1}$;H_2O 的摩尔质量是 18 $g\cdot mol^{-1}$ 或 $M(H_2O)=18\ g\cdot mol^{-1}$;$Cu^{2+}$ 的摩尔质量是 64 $g\cdot mol^{-1}$ 或 $M(Cu^{2+})=64\ g\cdot mol^{-1}$。

1.3.3 气体摩尔体积

专业术语

标准状况
نورمال ھالەت
气体摩尔体积
گازنىڭ مول ھەجمى

1. 标准状况

一定的气体,其体积大小与温度、压强等外界条件有密切关系。为此,人们规定了"标准状况",即温度是 0℃、压强是 1.01×10^5 Pa 时的状况。以后讨论到气体体积时,大多数都指的是在标准状况下。

2. 气体摩尔体积

单位物质的量的气体所占有的体积,叫做气体的摩尔体

积。其单位常用 $dm^3 \cdot mol^{-1}$ 或 $L \cdot mol^{-1}$ 表示。体积单位常用“dm^3 或 L”和“cm^3 或 mL”表示“升”和“毫升”。在标准状况下，任何气体的摩尔体积都约为 $22.4\ L \cdot mol^{-1}$。

气体在标准状况下的体积 V(S. P. T)、气体的质量和摩尔质量之间有如下关系式

$$V(\text{S. P. T})=\frac{m(\text{g})}{M(\text{g}\cdot\text{mol}^{-1})}\times 22.4(\text{L}\cdot\text{mol}^{-1})$$

物质的量(n)、气体体积(V)和气体摩尔体积(V_m)之间的关系为

$$n=\frac{V}{V_m}$$

气体摩尔体积不是固定不变的，它决定于气体所处的温度和压强。例如，在 0℃ 和 101 kPa 的条件下，气体摩尔体积为 22.4 L/mol；在 25℃ 和 101 kPa 的条件下，气体摩尔体积为 24.8 L/mol。

1.3.4　阿伏加德罗定律

在相同的温度和压强下，相同体积的任何气体，都含有相同数目的分子。这个规律被称为阿伏加德罗定律，阿伏加德罗定律对纯气体或混合气体都同样适用。

纯气体是指由一种组分气体组成的气体。

混合气体是指由多种组分气体组成的气体混合物，但各组分气体之间不发生化学反应。

阿伏加德罗
Avogadro Amedeo
(1776—1856)
意大利物理学家，最早提出分子的概念。

1.3.5　重要关系式

$$\text{物质的量(mol)}=\frac{\text{物质的质量(g)}}{\text{物质的摩尔质量}(\text{g}\cdot\text{mol}^{-1})}$$

$$\text{气体的物质的量(mol)}=\frac{\text{气体在标准状况下的体积(L)}}{22.4(L\cdot\text{mol}^{-1})}$$

物质的量之比＝粒子数目之比

对于相同状况下的任何气体都有：

物质的量之比＝粒子数目之比＝体积之比（相同状况下）

$$\frac{M_{r1}}{M_{r2}}=\frac{\rho_1}{\rho_2}$$

式中：ρ——气体的密度；

M_r——气体的相对分子质量（即分子量）。

例题

【例题1-9】 在标准状况下,下列物质中体积最大的是(　　)。

A. 5 g H_2气体　　B. 34 g NH_3 气体

C. 66 g CO_2气体　　D. 90 g H_2O

【分析】

(1) 先将各物质的物质的量求出,然后再进行比较

$$H_2 = \frac{5\ g}{2\ g \cdot mol^{-1}} = 2.5\ mol$$

$$NH_3 = \frac{34\ g}{17\ g \cdot mol^{-1}} = 2\ mol$$

$$CO_2 = \frac{66\ g}{44\ g \cdot mol^{-1}} = 1.5\ mol$$

$$H_2O = \frac{90\ g}{18\ g \cdot mol^{-1}} = 5\ mol$$

(2) 分清物质的状态。因标准状况下 H_2O 为液态,其密度近似为 $1.0\ g \cdot mL^{-1}$,所以 90 g H_2O 的体积约为 0.09 L,远远小于其它 3 种气体的体积。

(3) 在 3 种气体中,H_2 的物质的量最大,所以 H_2 的体积也一定最大。

【答案】 A

【例题1-10】 在同温同压下,3 g 氢气和________g 氧气所占的体积相等。

【分析】 此题可有两种解法。

解法一: 根据阿伏加德罗定律可知,在同温同压下,体积相等的气体,其物质的量也必然相等。

3 g H_2 的物质的量为 $\frac{3\ g}{2\ g \cdot mol^{-1}} = 1.5\ mol$

所以,O_2 的物质的量也一定是 1.5 mol,其质量为

$$1.5\ mol \times 32\ g \cdot mol^{-1} = 48\ g$$

即 48 g O_2 与 3 g H_2 在同温同压下所占的体积相同。

解法二: 同温同压体积相同的气体,其物质的量也相同,因此可得如下关系式

$$\begin{array}{lcl} H_2 & —— & O_2 \\ 2\ g \cdot mol^{-1} & & 32\ g \cdot mol^{-1} \\ 3\ g & & x \end{array}$$

$$\frac{2\ g \cdot mol^{-1}}{3\ g} = \frac{32\ g \cdot mol^{-1}}{x}$$

$$x = \frac{3\ g \times 32\ g \cdot mol^{-1}}{2\ g \cdot mol^{-1}} = 48\ g$$

显然解法二更为简单、快捷。

【答案】 48

【例题 1-11】 等质量的一氧化碳和二氧化碳，所含的氧原子数目之比为________。

【分析】 因为原子数目之比等于物质的量之比，所以，首先应求得等质量的 CO 和 CO_2 中，所含氧原子的物质的量。

设 CO 和 CO_2 的质量均为 1 g，则 1 g CO 中含氧原子的物质的量为

$$\frac{1\ \text{g}}{28\ \text{g}\cdot\text{mol}^{-1}}\times 1=\frac{1}{28}\ \text{mol}$$

1 g CO_2 中含氧原子的物质的量为

$$\frac{1\ \text{g}}{44\ \text{g}\cdot\text{mol}^{-1}}\times 2=\frac{1}{22}\ \text{mol}$$

其比值为

$$\frac{\frac{1}{28}}{\frac{1}{22}}=\frac{22}{28}=\frac{11}{14}$$

【答案】 11∶14

【例题 1-12】 标准状况下，6.8 g 某气体的体积为 4.48 L，该气体的相对分子质量为 ________。

【分析】 物质的相对分子质量与其摩尔质量的数值相同，所以求得该气体的摩尔质量，就可知其相对分子质量。

设该气体的摩尔质量为 x，则有

$$\frac{x}{22.4\ \text{L}\cdot\text{mol}^{-1}}=\frac{6.8\ \text{g}}{4.48\ \text{L}}\qquad x=34\ \text{g}\cdot\text{mol}^{-1}$$

即该气体的相对分子质量为 34。

【答案】 34

习题

(一)选择题

1. 现有如下物质：①液氨 ②漂白粉 ③干冰 ④胆矾 ⑤碘酒 ⑥液态空气，其中属于纯净物的是(　　)。

A. ①④⑤　　B. ①③④

C. ⑤②⑥　　D. ③④⑥

2. 下列物质中，都是单质的是(　　)。

A. 金刚石、胆矾　　B. 铁粉、醋酸

C. 水银、氢气　　D. 火碱、纯碱

3. 下列说法中，正确的是(　　)。

A. 一切物质都是由分子或离子构成的

B. 到现在为止，已经发现了 118 种元素，也就是 118 种原子

C. 水分子是由1个氧元素和2个氢元素构成的

D. 在化学变化中,分子可以分解成原子,而原子则不能分解成更小的粒子

4. 经分析,某物质只含一种元素,则该物质(　　)。

A. 一定是纯净物

B. 一定是化合物

C. 一定是混合物

D. 可能是纯净物也可能是混合物

5. 在 NH_4NO_3 中,2个氮原子的氧化数(　　)。

A. 一个是－3,一个是＋5　　B. 都是－3

C. 一个是－4,一个是＋5　　D. 都是＋5

6. 下列叙述中,错误的是(　　)。

A. 空气和碱石灰都是混合物

B. 盐类物质中,可能不含有金属离子

C. 金属氧化物一定是碱性氧化物

D. HCl 和 HClO 分子中所含元素种类不同,但它们都属于酸类物质

7. 下列物质中,属于碱类物质的是(　　)。

A. 纯碱　　B. 食盐

C. 生石灰　　D. 苛性钠

8. n 个水分子与 m 个硫酸分子中,氧原子个数比为(　　)。

A. 1∶1　　B. 1∶4

C. n∶m　　D. n∶$4m$

9. 跟80 g SO_3 中含氧元素的量一样多的 SO_2 的质量应是(　　)。

A. 64 g　　B. 80 g

C. 96 g　　D. 100 g

10. 下列叙述中,正确的是(　　)。

A. 8 g氢氧化钠固体中,含有钠离子数约为 6.02×10^{22} 个

B. 在标准状况下,3.36 L硫化氢气体中,含有原子的总数为 2.7×10^{23} 个

C. 0.5 mol二氧化碳气体和0.5 g氢气的体积,在同温同压下相等

D. 在同温同压下,质量相等的 N_2 和 O_2 的体积比为7∶8

11. 在相同条件下,物质的量相等的不同气体的下列各项中:①密度、②分子数、③质量、④体积,也相等的是(　　)。

A. ①③　　B. ②④

C. ①　　D. ②

12. 在标准状况下，与 12 g 氢气所占体积相等的氮气应是(　　)。

A. 12 g　　B. 6 mol　　C. 28 g　　D. 14 mol

(二) 填空题

13. 化学式为 H_xRO_y 的化合物其式量 M，则化合物中元素 R 的氧化数是________，相对原子质量（即原子量）是________。

14. 在 4 g NaOH 中，含有________ mol OH^-，________个 Na^+，________ g 氧元素。

15. 已知元素 A 为$+m$ 价、元素 B 为$-n$ 价，则 A 元素氧化物的化学式为________，B 元素的氢化物的化学式为________，A 与 B 形成化合物的化学式为________。

16. 已知 A 元素的氧化物的化学式是 A_xO_y，其氯化物的化学式为________。

(三) 计算题

17. (1)计算在 49 g 硫酸中，含有 H，S 和 O 元素各多少克？

(2)多少克 NO_2 中氧元素的质量和 49 g 硫酸中含氧元素的质量相等？

18. 在标准状况下，a L 氨气中所含有的原子数目和多少克 CO 中含有的原子数目相等？

19. 16g 氧气的物质的量是多少？

20. 2mol H_2O 的质量是多少？其中含氧原子和氢原子的物质的量各是多少？

21. 22g 二氧化碳含有多少个二氧化碳分子？含有多少个碳原子和氧原子？

22. 比较 4g H_2 和 18g H_2O 所含分子数哪个多？

23. 多少摩尔的 H_2O 含的分子数与 3 mol CH_4 含的分子数相等？

24. 多少克 CO 和 128g SO_2 所含的分子数相等？

25. 在标准状况下，6.72 L 的二氧化碳与多少克的三氧化硫所含氧原子数目相等。

26. 在标准状况下，质量相同的 N_2 和 O_2 所占体积比是多少？

27. 在一定温度和压强下，1 体积气体 X_2 和 3 体积气体 Y_2 化合成 2 体积气体化合物 Z，求 Z 的化学式(Z 的化学式用 X，Y 表示)。

1.4 物质的变化

1.4.1 物理变化和化学变化

专业术语

物理变化

فىزىكىلىق ئۆزگىرىش

化学变化

خىمىيىلىك ئۆزگىرىش

没有新物质生成的一类变化,称为物理变化。例如,水从气态变成液态,又从液态变成固态。

有新物质生成的一类变化,称为化学变化。例如,铁在潮湿的空气中锈蚀,锌在硫酸铜溶液中置换铜的反应。

1.4.2 化学方程式的含义

用化学式表示化学反应的式子,称为化学反应方程式,简称化学方程式。化学方程式可以表示出反应物、生成物各是什么物质,反应条件是什么;更为重要的是可以表示出反应中各物质间的定量关系,这是化学计算的重要依据。

书写化学方程式要遵守两个原则:一是以客观事实为基础,不能凭空臆想、臆造事实上不存在的物质和化学反应;二是遵守质量守恒定律,等号两边各原子种类与数目必须相等。

1. 书写化学方程式的步骤

在化学反应中,参加反应的各物质的质量总和等于反应后生成的各物质的质量总和。这就叫做质量守恒定律。

(1)根据反应的事实,在式子的左边写出反应物的化学式,在式子的右边写出生成物的化学式。反应物或生成物不止一种,就分别用加号把它们连接起来,并在式子左、右之间划一条短线段。在这一步里,一定要注意把各种物质的化学式写正确,否则,写出的式子无意义。

(2)根据质量守恒定律,用配系数的方法,使左、右两边同一元素原子的个数相等(即配平),然后将短线段改为等号。应当注意,配平时只能选择适当的系数,不能改变化学式。

(3)在等号或箭号上、下方注明反应条件,如点燃、通电、高温、加热(用“△”号表示)、催化剂等,同时,标明生成物中的气体或沉淀产物的状态。生成物是气体的在其化学式的右边加上“↑”号(反应物中如有气体,则气态生成物不再标“↑”符号);产物是沉淀的加“↓”号。

概而言之,在书写化学方程式时,必须要符合化学反应的客观规律,不能凭空臆造。书写程序一般是:写好化学式一系数要配平一中间联等号一条件要注清一生成气体或沉淀,要用箭号来标明。

要写好化学方程式,还要熟练掌握和运用酸、碱、盐的溶解性表,金属活动性顺序和常见元素、原子团的氧化数以及书写物质化学式的技能。

2. 氧化数法配平原则

(1)配平原则

①元素原子氧化数升高的总数等于元素原子的氧化数降低的总数。

②反应前后各元素的原子总数相等。

(2)配平步骤

①写出未配平的反应方程式，标出被氧化和被还原元素原子反应前后的氧化数。

例如　$S+HNO_3 \rightarrow SO_2+NO+H_2O$

②确定被氧化元素原子氧化数的升高值和被还原元素原子氧化数的降低值。

$$\overset{0}{S}+H\overset{+5}{N}O_3 \rightarrow \overset{+4}{S}O_2+\overset{+2}{N}O+H_2O$$

(S: 0 → +4, (+4); N: +5 → +2, (−3))

③上述元素原子氧化数的变化值乘以相应的系数，使其符合第一条原则。

$$\overset{0}{S}+H\overset{+5}{N}O_3 \rightarrow \overset{+4}{S}O_2+\overset{+2}{N}O+H_2O$$

(S: (+4)×3; N: (−3)×4)

④用观察法配平氧化数未改变的元素原子数目。则得

$$3S+4HNO_3=3SO_2+4NO+2H_2O$$

1.4.3　热化学方程式

1. 反应热

温度一定时，化学反应过程中所放出或吸收的热量，称为该反应的反应热。放出热量的反应，称为放热反应。吸收热量的反应，称为吸热反应。

2. 热化学方程式

表明反应放出或吸收热量的化学方程式，称为热化学方程式。例如

$$N_2(g) + 3H_2(g) = 2NH_3(g),$$

专业术语

反应热
رېئاكسىيە ئىسسىقلىقى

焓变
ئېنتالپىيىلىك ئۆزگىرىش

$$\Delta H = -92.4\ \text{kJ} \cdot \text{mol}^{-1}\text{(放热反应)}$$

$$CaCO_3(s) \xlongequal{\text{高温}} CaO(s) + CO_2(g),$$
$$\Delta H = 178\ \text{kJ} \cdot \text{mol}^{-1}\text{(吸热反应)}$$

热化学方程式中必须标明各物质的状态(固、液、气)。同样的反应式若物质的状态不同,其反应放出或吸收的热量也不同。故常在各物质后用小括号标明 s——固态,l——液态,g——气态和 aq——水溶液等。例如

$$2H_2(g) + O_2(g) = 2H_2O(l),\quad \Delta H = -571\ \text{kJ} \cdot \text{mol}^{-1}$$
$$2H_2(g) + O_2(g) = 2H_2O(g),\quad \Delta H = -484\ \text{kJ} \cdot \text{mol}^{-1}$$

1.4.4 化学反应的四种基本类型

1. 化合反应

由两种或两种以上的物质,生成另一种新物质的反应,称为化合反应。例如

$$2Na(s) + Cl_2(g) = 2NaCl(s)$$
$$3Br_2(l) + 2P(s) \xlongequal{\text{灼烧}} 2PBr_3(s)$$

2. 分解反应

由一种化合物生成两种或两种以上新物质的反应,称为分解反应。例如

$$CaCO_3(s) \xlongequal{\triangle} CaO(s) + CO_2(g)$$
$$2KClO_3(s) \xlongequal{\text{灼烧}} KClO_4(s) + KCl(s) + O_2(g)$$

3. 置换反应

由一种单质与一种化合物反应,生成一种新的单质和一种新的化合物的反应,称为置换反应。

置换反应可以在溶液中进行,也可以不在溶液中进行,这里主要讲溶液中的置换反应。

(1) 置换反应的类型

这里主要讲以下三种类型。

① 金属置换酸中的氢——金属与酸溶液的置换。例如

$$Zn + 2HCl = ZnCl_2 + H_2\uparrow$$
$$Fe + H_2SO_4\text{(稀)} = FeSO_4 + H_2\uparrow$$

② 金属置换盐中的金属——金属与盐溶液的置换。例如

$$Fe + CuSO_4 = FeSO_4 + Cu$$
$$Cu + 2AgNO_3 = Cu(NO_3)_2 + 2Ag$$

③ 非金属置换无氧酸盐中的非金属——非金属溶液的置换。例如

专业术语

化合反应
بىرىكىش رېئاكسىيىسى

分解反应
پارچىلىنىش رېئاكسىيىسى

置换反应
ئورۇن ئالمىشىش رېئاكسىيىسى

$$2KI + Cl_2 = 2KCl + I_2$$

$$2NaBr + Cl_2 = 2NaCl + Br_2$$

(2) 置换反应的条件

无论哪种类型的置换反应，都必须满足下述反应条件，否则就不能发生置换反应。

① 置换元素应比被置换元素活泼。

② 发生置换反应的化合物，应是可溶性的。因为这里讨论的主要是溶液中的置换反应。为此，应熟记常见酸、碱、盐的溶解性表和金属活动性顺序、非金属活动性顺序。

金属活动性顺序：

$$\xrightarrow[\text{金属活动性由强到弱}]{\text{K, Ca, Na, Mg, Al, Zn, Fe, Sn, Pb (H) Cu, Hg, Ag, Pt, Au}}$$

非金属活动性顺序：

$$\xrightarrow[\text{非金属活动性由强到弱}]{F_2,\ Cl_2,\ Br_2,\ I_2,\ S}$$

(3) 书写置换反应方程式时应注意的两个问题

① 不要用活动性很强的金属(如 K，Ca，Na 等)或非金属(如 F_2)与盐的水溶液发生反应，因为活动性很强的金属或非金属，都能与水发生反应。例如，金属钠放入硫酸铜溶液中，并不发生钠置换铜的反应

$$2Na + CuSO_4 \neq Na_2SO_4 + Cu$$

实际发生的反应是

$$2Na + 2H_2O = 2NaOH + H_2\uparrow$$

$$2NaOH + CuSO_4 = Na_2SO_4 + Cu(OH)_2\downarrow$$

反应生成的 $Cu(OH)_2$ 又有少量因其受热而发生分解

$$Cu(OH)_2 \overset{\triangle}{=} CuO + H_2O$$

② 铁单质发生置换反应时，生成物为低价的亚铁化合物。例如

$$Fe + 2HCl = FeCl_2 + H_2\uparrow$$

$$Fe + CuSO_4 = FeSO_4 + Cu$$

4. 离子互换反应

由两种化合物互相交换成分，生成另外两种新化合物的反应，称为复分解反应(离子互换反应)。可表示为

$$AB + CD \longrightarrow AD + CB$$

(1) 复分解反应的类型

复分解反应一般是指以下 4 类反应：

酸＋碱$\longrightarrow$盐＋水(又叫中和反应)

专业术语

离子互换反应

ئىئون ئالمىشىش رېئاكسىيىسى

中和反应

نېيتراللىشىش رېئاكسىيىسى

例　$2HCl+Ca(OH)_2 = CaCl_2+2H_2O$

酸+盐⟶新酸+新盐

例　$2HCl+CaCO_3 = CaCl_2+H_2O+CO_2\uparrow$

碱+盐⟶新碱+新盐

例　$2NaOH+CuSO_4 = Na_2SO_4+Cu(OH)_2\downarrow$

盐+盐⟶新盐+另一种新盐

例　$Na_2SO_4+BaCl_2 = 2NaCl+BaSO_4\downarrow$

(2) 复分解反应的条件

复分解反应中的中和反应发生条件比较简单，只要反应物中有一种是可溶性的，就可以发生反应。其余 3 类反应的条件比较复杂，归纳为：

① 反应物都必须是可溶性的，且生成物中必须有沉淀、气体或弱电解质(弱酸、弱碱和水)三者之一时，反应才能发生；

② 弱酸盐(多为碳酸盐或亚硫酸盐)与强酸(多为盐酸、硫酸、硝酸)反应，例如

$$CaCO_3+2HCl = CaCl_2+H_2O+CO_2\uparrow$$

例题

【例题 1-13】 下列变化中，前者属于物理变化，后者属于化学变化的是(　　)。

A. 盐水在阳光下蒸发，米酿成酒

B. 钢铁生锈，冰融化成水

C. 火药爆炸，蜡烛燃烧

D. 石油的分馏，电灯发光

【分析】 盐水蒸发只是使水汽化；冰融化成水也只是状态的变化；石油分馏是把多组分的混合物分离开来；电灯发光是金属丝受热。以上过程均无新物质生成，所以都是物理变化。

米酿成酒是淀粉变成了乙醇；钢铁生锈是铁被氧化成氧化物；蜡烛燃烧也是发生氧化反应，生成 CO_2 和 H_2O；火药爆炸是发生了较为复杂的反应。以上过程均有新物质生成，所以都是化学变化。

【答案】 A

【例题 1-14】 以下物质中，不能用金属和酸直接反应来制备的是(　　)。

A. $MgCl_2$　　B. $Al_2(SO_4)_3$　　C. $FeCl_3$　　D. $ZnSO_4$

【分析】 Mg，Al，Zn 均为氢前金属，都可与酸反应生成盐。例如

$$Mg+2HCl = MgCl_2+H_2\uparrow$$

$$2Al+3H_2SO_4(稀) = Al_2(SO_4)_3+3H_2\uparrow$$

$$Zn + H_2SO_4(稀) = ZnSO_4 + H_2\uparrow$$

Fe 虽然也是氢前金属，也可与酸反应，但若与盐酸发生置换反应，则生成 $FeCl_2$，而不是 $FeCl_3$。

【答案】 C

【例题 1－15】 下列反应能够进行的是(　　)。

A. $Na_2SO_4(s)$＋盐酸

B. $Mg+H_2SO_4$(稀)

C. $Ag+CuCl_2$ 溶液

D. NaOH 溶液＋$NaHCO_3$ 溶液

【分析】 A 项为离子互换反应，但生成物中无沉淀、气体或弱电解质，所以不反应。D 项也是离子互换反应，且产物中有水生成

$$NaOH+NaHCO_3 = Na_2CO_3+H_2O$$

所以，D 项能反应。

B 项和 C 项均为置换反应。Mg 在 H 之前，所以 B 项可以反应；Ag 在 Cu 后，所以 C 项不能反应。

【答案】 B，D

1.5　离子反应

1.5.1　离子方程式的书写

正确书写离子方程式的关键是知道什么物质应写离子式、什么物质应写化学式。应写离子式的物质有：可溶性强电解质，即能溶于水的强酸（HCl，H_2SO_4，HNO_3 等）、强碱[NaOH，KOH，$Ba(OH)_2$ 等]和大多数的盐。应写化学式的物质有：单质、氧化物、弱电解质（弱酸、弱碱和水）、气体和难溶物。

离子方程式的配平原则如下。

(1) 质量守恒原则　反应式中等号两端的原子的种类和数目要相等。

(2) 离子电荷守恒原则　反应式等号两端的离子总电荷数目要相等。

只有同时满足上述两个原则的离子方程式，才是正确的。

一般情况下，可先写出反应的化学方程式，然后将方程式中的可溶性强酸、强碱和盐的化学式改写成离子式，再把等号两边都有的离子（即不参加反应的离子）消去，即可得正确的离子方程式。

例如，实验室制氯气的反应方程式为

$$MnO_2+4HCl \xlongequal{\triangle} MnCl_2+Cl_2\uparrow+2H_2O$$

专业术语

电离
ئىئونلىنىش

电解质
ئېلېكترولىت

离子方程式
ئىئونلۇق تەڭلىمە

其中 HCl 为强酸，$MnCl_2$ 是盐，且均可溶，它们应改写成离子式；MnO_2 是氧化物，H_2O 是弱电解质，Cl_2 是气体，均应保留原化学式。即为

$$MnO_2 + 4H^+ + 4Cl^- \xlongequal{\triangle} Mn^{2+} + 2Cl^- + Cl_2\uparrow + 2H_2O$$

等号两边均有 Cl^-，各消去 2 个 Cl^-，得到离子方程式为

$$MnO_2 + 4H^+ + 2Cl^- \xlongequal{\triangle} Mn^{2+} + Cl_2\uparrow + 2H_2O$$

1.5.2　离子反应发生的条件

离子反应即有离子参加的化学反应。离子反应发生的条件如下。

专业术语

难溶物
ئېرىيدىغان ماددىلار
تەستە
弱电解质
ئاجىز ئېلېكترولىت

(1)生成难溶物

例如　$Ag^+ + Cl^- \xlongequal{} AgCl\downarrow$

(2)生成气体

例如　$NH_4^+ + OH^- \xlongequal{} NH_3\uparrow + H_2O$

$HCO_3^- + H^+ \xlongequal{} H_2O + CO_2\uparrow$

(3)生成弱电解质

$$H^+ + OH^- \xlongequal{} H_2O$$

$$2H^+ + S^{2-} \xlongequal{} H_2S$$

只要满足上述三个条件中的任何一个，都能使离子反应发生。

离子反应中有氧化还原反应和非氧化还原反应，它们发生反应的条件是不同的。

1. 氧化还原反应

按氧化还原反应的条件进行。即强氧化剂与强还原剂反应，生成相应的弱还原剂和弱氧化剂。

2. 非氧化还原反应

这类反应主要是酸、碱、盐之间的反应，其发生条件和离子交换反应的条件相似。

3. 离子反应方程式

(1)定义：用实际参加反应的离子符号来表示反应的式子。

(2)离子方程式的书写步骤：

①写——写出化学方程式；

②拆——把易容且易电离的物质拆成离子形式；

③删——把不参加反应的离子从方程式的两端删去；

④平——配平方程式；

⑤查——检查方程式两端各元素的原子个数和电荷数是否相等。

离子方程式跟一般的化学方程式不同，它不仅可以表示某一个具体的化学反应，而且还可以表示同一类型的离子反应。

表 1.4 中列出了几种不同强酸与不同强碱发生反应的化学方程式和离子方程式。

表 1.4　不同酸与不同碱的反应

化学方程式	离子方程式
$NaOH + HCl = NaCl + H_2O$	$H^+ + OH^- = H_2O$
$KOH + HCl = KCl + H_2O$	$H^+ + OH^- = H_2O$
$2NaOH + H_2SO_4 = Na_2SO_4 + 2H_2O$	$H^+ + OH^- = H_2O$
$2KOH + H_2SO_4 = K_2SO_4 + 2H_2O$	$H^+ + OH^- = H_2O$

表中的四个反应都是中和反应，虽然每一个反应的化学方程式都不同，但它们的离子方程式却是相通的。这表明：酸与碱发生中和反应的实质是由酸电离出来的 H^+ 与碱电离出来的 OH^- 结合生成了 H_2O。

例题

【例题 1-16】　下列离子方程式中，正确的是(　　)。

A. 向 $FeCl_2$ 溶液中通入 Cl_2：$Fe^{2+} + Cl_2 = Fe^{3+} + 2Cl^-$

B. $Ba(OH)_2$ 与 H_2SO_4 中和：$H^+ + OH^- = H_2O$

C. 石灰石与盐酸反应：$CaCO_3 + 2H^+ = Ca^{2+} + H_2O + CO_2\uparrow$

D. 氨水与醋酸反应：$NH_3 \cdot H_2O + H^+ = NH_4^+ + H_2O$

【分析】　离子方程式的常见错误有以下 4 种。

(1) 应写离子式的物质，错写成分子式；应写分子式的物质，错写成离子式。这是最为常见的一类错误。例如 D 选项中，醋酸应写化学式，不能写成 H^+。此反应的正确离子方程式应是

$$NH_3 \cdot H_2O + CH_3COOH = NH_4^+ + CH_3COO^- + H_2O$$

(2) 离子电荷不守恒，这是反应未配平造成的错误。例如 A 选项，配平后应是

$$2Fe^{2+} + Cl_2 = 2Fe^{3+} + 2Cl^-$$

(3) 书写不完整，即少写了一部分。例如 B 选项，该选项的正确书写应是

$$Ba^{2+} + 2OH^- + 2H^+ + SO_4^{2-} = BaSO_4\downarrow + 2H_2O$$

题目中只写了 $H^+ + OH^- = H_2O$，丢掉了

$$Ba^{2+} + SO_4^{2-} = BaSO_4\downarrow$$

(4)根本不能发生的反应，不能写离子方程式。例如将铁

与浓盐酸反应的离子方程式写成

$$2Fe+6H^+ = 2Fe^{3+}+3H_2\uparrow$$

此反应不能生成 Fe^{3+},只能生成 $2Fe^{2+}$。

【答案】 C

【例题1-17】 写出下列反应的离子方程式,并配平。

(1) 氢氧化铜与硫酸溶液反应

(2) 氯化铝溶液与氨水反应

(3) 在加热的条件下,铜与稀硝酸反应放出一氧化氮

(4) 碳酸氢钙与盐酸反应

【分析】 (1)首先写出反应方程式,并配平

$$Cu(OH)_2+H_2SO_4 = CuSO_4+2H_2O$$

其中 $Cu(OH)_2$ 为难溶物,H_2O 是弱电解质,都应写化学式。而 H_2SO_4 和 $CuSO_4$ 均为可溶性强电解质,应写成离子式。

(2) $AlCl_3+3NH_3\cdot H_2O = 3NH_4Cl+Al(OH)_3\downarrow$

其中 $AlCl_3$,NH_4Cl 应写离子形式,$NH_3\cdot H_2O$,$Al(OH)_3$ 应写化学式。

(3) $3Cu+8HNO_3(稀) \xlongequal{\triangle} 3Cu(NO_3)_2+2NO\uparrow+4H_2O$

其中 HNO_3,$Cu(NO_3)_2$ 应写成离子式,Cu,NO,H_2O 应写化学式。

(4) $Ca(HCO_3)_2+2HCl = CaCl_2+2H_2O+2CO_2\uparrow$

其中 $Ca(HCO_3)_2$,HCl,$CaCl_2$ 应写成离子式,H_2O,CO_2 应写化学式。须特别注意,HCO_3^- 是弱酸的酸式酸根,难电离,所以只能写成 HCO_3^-,不能写成 $H^+ + CO_3^{2-}$。

【答案】

(1) $Cu(OH)_2+2H^+ = Cu^{2+}+2H_2O$

(2) $Al^{3+}+3NH_3\cdot H_2O = 3NH_4^++Al(OH)_3\downarrow$

(3) $3Cu+2NO_3^-+8H^+ \xlongequal{\triangle} 3Cu^{2+}+2NO\uparrow+4H_2O$

(4) $HCO_3^-+H^+ = H_2O+CO_2\uparrow$

【例题1-18】 下列各组离子,可以在强酸性溶液中大量共存的是(　　)。

A. Cu^{2+},Na^+,Cl^-,S^{2-}

B. H^+,Fe^{3+},Cl^-,NO_3^-

C. Mg^{2+},NH_4^+,NO_3^-,OH^-

D. K^+,Na^+,HCO_3^-,SO_4^{2-}

【分析】 因此题已给定酸性介质,所以除了考虑给出的4种粒子间能否发生反应之外,还要考虑这些粒子是否能与 H^+ 反应。

一般说来,弱酸的酸根和酸式酸根不能与 H^+ 共存,当然,

OH^- 也不能与 H^+ 共存。

A 项：Cu^{2+} 与 S^{2-} 反应生成难溶的 CuS，此外，S^{2-} 可与 H^+ 反应生成弱电解质 H_2S，所以它们不能共存。

B 项：可以共存。

C 项：Mg^{2+} 与 OH^- 反应生成难溶物 $Mg(OH)_2$，此外，OH^- 与 H^+ 生成 H_2O，所以它们不能共存。

D 项：HCO_3^- 与 H^+ 反应生成 H_2O 和 CO_2，所以它们也不能在酸性介质中共存。

【答案】 B

习题

(一)选择题

1. 下列变化中，属于物理变化的是(　　)。

A. 从液态空气中分离出氧气

B. 铁制品生锈

C. 用稀硫酸除去铁锈

D. 煤气燃烧

2. 热化学方程式 $2H_2(g) + O_2(g) = 2H_2O(l)$，$\Delta H = -571.5\ kJ \cdot mol^{-1}$，化学式前面的计量数表示(　　)。

A. 分子数　　B. 物质的量

C. 质量数　　D. 体积数

3. 下列反应能够进行的是(　)。

A. $Na_2SO_4(s)$+盐酸　　B. $Mg+H_2SO_4$(稀)

C. $Ag+CuCl_2$ 溶液　　D. NaOH 溶液+$NaHCO_3$

4. 某反应的离子方程式是 $Ba^{2+}+SO_4^{2-} = BaSO_4\downarrow$，此反应属于(　　)。

A. 化合反应　　B. 置换反应

C. 离子互换反应　　D. 分解反应

5. 下列化学方程式中，可用离子方程式 $H^+ + OH^- = H_2O$ 表示的是(　　)。

A. $H_2SO_4+Ba(OH)_2 = BaSO_4+H_2O$

B. $HAc+KOH = KAc+H_2O$

C. $2HCl+Cu(OH)_2 = CuCl_2+2H_2O$

D. $HNO_3+NaOH = NaNO_3+H_2O$

6. 下列离子方程式中，错误的是(　　)。

A. 碳酸钙与盐酸反应：

$$CaCO_3+2H^+ = Ca^{2+}+H_2O+CO_2\uparrow$$

B. 往 KI 溶液中滴入溴水：$2I^-+Br_2 = 2Br^-+I_2$

C. Fe 与 $CuSO_4$ 溶液反应:$Fe+Cu^{2+}=Fe^{3+}+Cu$

D. Cl_2 与 H_2O 反应:$Cl_2+H_2O=Cl^-+ClO^-+2H^+$

7. 下列各组离子,可以在溶液中大量共存的是(　　)。

A. Cu^{2+},Na^+,NO_3^-,SO_4^{2-}

B. K^+,NH_4^+,HCO_3^-,Cl^-

C. Mg^{2+},K^+,OH^-,NO_3^-

D. Na^+,Fe^{3+},SO_4^{2-},S^{2-}

8. 下列反应方程式中,正确的是(　　)。

A. $BaSO_4+2HNO_3=H_2SO_4+Ba(NO_3)_2$

B. $2NaCl+Br_2=2NaBr+Cl_2$

C. $CaCO_3+2HCl=CaCl_2+H_2O+CO_2\uparrow$

D. $2Fe(OH)_3+3MgSO_4=Fe_2(SO_4)_3+3Mg(OH)_2$

9. 18 g 碳在 64 g 氧气中完全燃烧,生成二氧化碳的质量是(　　)。

A. 44 g　　B. 82 g　　C. 66 g　　D. 88 g

(二)填空题

10. 根据下列离子方程式,分别写出一个相应的化学方程式。

(1) $H^++OH^-=H_2O$ ________。

(2) $Ag^++Br^-=AgBr\downarrow$ ________。

(3) $NH_4^++OH^-=NH_3\uparrow+H_2O$ ________。

(4) $Fe+Cu^{2+}=Fe^{2+}+Cu$ ________。

11. 已知某金属 M 与氧气反应的方程式为 $4M+3O_2=2M_2O_3$,生成物中 M 与氧的质量比为 7∶3,则 M 的相对原子质量为________。

12. 在温度和压力一定时,10 cm^3 A_2 气体与 30 cm^3 B_2 气体恰好完全反应,生成 20 cm^3 C 气体。则 C 气体的化学式为________。

(三)写离子方程式

13. 写出下列化学反应的离子方程式

(1) 硫化亚铁和稀硫酸反应

(2) 碳酸氢钙和稀盐酸反应

(3) 醋酸和氢氧化钠反应

(4) 碳酸钡溶解于稀硝酸的反应

(5) 氢氧化铝溶解于稀硫酸的反应

14. 下列物质间能否发生反应?能反应的写出其离子方程式,不能反应的说明理由。

(1) 醋酸溶液和氨水

(2) 硝酸银溶液和碘化钾溶液

(3) 硝酸钠溶液和氢氧化钾溶液

(4) 硫化钠溶液和稀硫酸

(5) 碘水和溴化钠溶液

1.6 氧化还原反应

1.6.1 氧化还原反应及有关概念

专业术语

氧化剂
ئوكسىدلىغۇچ

还原剂
ئوكسىدسىزلاندۇرغۇچ

氧化-反应
رېئاكسىيىسى
ئوكسىدلىنىش

还原-反应
رېئاكسىيىسى
ئوكسىدسىزلىنىش

1. 氧化还原反应

反应过程中,有电子转移或共用电子对偏移现象发生,这类反应称为氧化还原反应。

氧化还原反应的特征是:有关元素的氧化数在反应前后发生了变化。由于氧化数的变化很直观,容易发现,所以常利用观察化学反应中元素的氧化数有无变化,来判断是否是氧化还原反应。

2. 氧化-反应和还原-反应、氧化剂和还原剂

在实际应用中,也是根据化学反应中物质所含元素氧化数的变化来判断哪种物质是氧化剂,哪种物质是还原剂;或判断哪种物质发生氧化反应(被氧化),哪种物质发生还原反应(被还原)。

另外还需注意,一个氧化还原反应的氧化剂和还原剂,都是指反应物而言。

$$\overset{+4}{Mn}O_2+4H\overset{-1}{Cl}\xlongequal{\triangle}\overset{+2}{Mn}Cl_2+\overset{0}{Cl_2}\uparrow+2H_2O$$

反应中,MnO_2 所含锰元素的氧化数从＋4 变为＋2,氧化数降低,所以 MnO_2 是氧化剂,发生还原反应,或说反应中锰元素被还原。同样,反应中 HCl 中氯元素的氧化数从－1 变为 0,氧化数升高,所以 HCl 是还原剂,发生氧化反应,或说反应中氯元素被氧化。

3. 氧化剂和还原剂的相对强弱判断

(1) 根据化学方程式判断

① 氧化剂(氧化性)＋还原剂(还原性) →还原产物＋氧化产物,氧化剂→还原产物,得电子,氧化数降低,被还原,发生还原反应;还原剂→氧化产物,失电子,氧化数升高,被氧化,发生氧化反应。氧化性:氧化剂＞氧化产物;还原性:还原剂＞还原产物。

② 可根据同一个反应中的氧化剂、还原剂判断。

氧化性：氧化剂＞还原剂；还原性：还原剂＞氧化剂

(2)根据物质活动性顺序比较

① 对于金属还原剂来说，金属单质的氧化性强弱一般与金属活动性顺序相反，即越位于后面的金属，越不容易得电子，氧化性越强。

② 金属阳离子氧化性的顺序：

$K^+ < Ca^{2+} < Na^+ < Mg^{2+} < Al^{3+} < Mn^{2+} < Zn^{2+} < Cr^{3+} < Fe^{2+} < Ni^{2+} < Sn^{2+} < Pb^{2+} < (H) < Cu^{2+} < Hg^{2+} < Fe^{3+} < Ag^+$(注意 Sn^{2+} Pb^{2+}，不是 Sn^{4+}，Pb^{4+})(Pt、Au 很稳定，未列出)

③ 金属单质的还原性与氧化性顺序完全相反，对应的顺序为：

K＞Ca＞Na＞Mg＞Al＞Mn＞Zn＞Cr＞Fe＞Ni＞Sn＞Pb＞(H)＞Cu＞Hg＞Ag＞Pt＞Au

④ 非金属活动性顺序(常见元素)

$F \rightarrow Cl/O \rightarrow Br \rightarrow I \rightarrow S \rightarrow N \rightarrow P \rightarrow C \rightarrow Si \rightarrow H$

原子(或单质)氧化性逐渐减弱，对应阴离子还原性增强。

(3)根据反应条件判断

当不同氧化剂分别与同一还原剂反应时，如果氧化产物价态相同，可根据反应条件的难易来判断。反应越容易，该氧化剂氧化性就越强。例如

$$16HCl_{(浓)} + 2KMnO_4 = 2KCl + 2MnCl_2 + 8H_2O + 5Cl_2\uparrow$$

$$4HCl_{(S)} + MnO_2 \xlongequal{\triangle} MnCl_2 + 2H_2O + Cl_2\uparrow$$

$$4HCl_{(浓)} + O_2 \xlongequal{\triangle} 2H_2O + 2Cl_2\uparrow$$

氧化性：$KMnO_4 > MnO_2 > O_2$

(4)根据氧化产物的价态高低来判断

当含有变价元素的还原剂在相似的条件下作用于不同的氧化剂时，可根据氧化产物价态的高低来判断氧化剂氧化性强弱。例如 $2Fe + 3Cl_2 \xlongequal{\triangle} 2FeCl_3$　$Fe + S \xlongequal{\triangle} FeS$

氧化性：$Cl_2 > S$

(5)根据元素周期表判断

① 同主族元素(从上到下)

非金属原子(或单质)氧化性逐渐减弱，对应阴离子还原性逐渐增强。金属原子还原性逐渐增强，对应阳离子氧化性逐渐减弱。

② 同周期主族元素(从左到右)

单质还原性逐渐减弱，氧化性逐渐增强。阳离子氧化性逐

渐增强,阴离子还原性逐渐减弱。

(6) 根据元素酸碱性强弱比较

根据元素最高价氧化物的水化物酸碱性强弱比较,酸性越强,对应元素氧化性越强。碱性越强,对应元素还原性越强。

(7) 根据原电池的电极反应判断

两种不同的金属构成的原电池的两极。负极金属是电子流出的极,正极金属是电子流入的极。其还原性:负极金属>正极金属。

(8) 根据物质的浓度大小判断

具有氧化性(或还原性)的物质浓度越大,其氧化性(或还原性)越强,反之则越弱。

(9) 根据元素氧化数价态高低判断

一般来说,变价元素位于最高价态时只有氧化性,处于最低价态时只有还原性,处于中间价态时,既有氧化性又有还原性。一般处于最高价态时,氧化性最强,随着氧化数降低,氧化性减弱还原性增强。

4. 离子电子法配平氧化还原反应方程式

(1)配平原则

① 反应过程中氧化剂得到电子的总数必须等于还原剂失去电子的总数。

② 反应前后各元素的原子总数相等。

(2)配平步骤

①写出未配平的离子方程式。例如:

$$MnO_4^- + SO_3^{2-} + H^+ \rightarrow Mn^{2+} + SO_4^{2-} + H_2O$$

②将反应分解为二个半反应方程式,并使每一个半反应式两边相同元素的原子数目相等。

$MnO_4^- \rightarrow Mn^{2+}$式中,左边多 4 个 O 原子,若加 8 个 H^+,则在右边要加 4 个 H_2O 分子:$MnO_4^- + 8H^+ \rightarrow Mn^{2+} + 4H_2O$

$SO_3^{2-} \rightarrow SO_4^{2-}$ 式中,左边少 1 个 O 原子,若加 1 个 H_2O 分子,则在右边要加 2 个 H^+:$SO_3^{2-} + H_2O \rightarrow SO_4^{2-} + 2H^+$

③用加、减电子数的方法使两边电荷数相等。

$MnO_4^- + 8H^+ + 5e^- \rightarrow Mn^{2+} + 3H_2O$ 加上 5 个电子,因为:电荷改变量 $5=(2+0)-(-1+8)$;

$SO_3^{2-} + H_2O - 2e^- \rightarrow SO_4^{2-} + 2H^+$ 减去 2 个电子,因为:电荷改变量 $2=(-2+2)-(-2+0)$。

④根据第一条原则,用适当系数乘以两个半反应式,然后将两个半反应方程式相加、整理,即得配平的离子反应方程式:

$$2MnO_4^- + 5SO_3^{2-} + 6H^+ = 2Mn^{2+} + 5SO_4^{2-} + 3H_2O$$

例题

【例题 1 - 19】 下列反应不属于氧化还原反应的是(　　)。

A. $2FeCl_3 + Cu = 2FeCl_2 + CuCl_2$

B. $3NO_2 + H_2O = 2HNO_3 + NO\uparrow$

C. $NH_4HCO_3 \xlongequal{\triangle} NH_3\uparrow + CO_2\uparrow + H_2O$

D. $2KClO_3 \xlongequal[\triangle]{MnO_2} 2KCl + 3O_2\uparrow$

【分析】 判断氧化还原反应，主要看反应中元素的氧化数是否发生变化。

A 项中 Fe 和 Cu 元素的氧化数有变化，B 项中 N 元素的氧化数有变化，D 项中 Cl 和 O 元素的氧化数有变化，所以它们都是氧化还原反应。

只有 C 项中无氧化数变化，是非氧化还原反应。

【答案】 C

【例题 1 - 20】 下列离子中，既有还原性又有氧化性的是(　　)。

A. S^{2-}　　B. Fe^{2+}　　C. Al^{3+}　　D. Cu^{2+}

【分析】 解答此题时应根据给定离子中元素氧化数的变化趋向。

A 项中的硫为最低价，只能升高，所以只有还原性。C 项中的铝和 D 项中的铜，均为它们的最高价，只能降低，所以只有氧化性。B 项中的铁为中间价态，既可上升为 +3 价，又可下降为 0 价，所以 Fe^{2+} 既有还原性又有氧化性。

【答案】 B

【例题 1 - 21】 氯气通入热的 KOH 溶液中，发生如下反应

$$3Cl_2 + 6KOH = 5KCl + KClO_3 + 3H_2O$$

反应中，氧化剂是________，还原剂是________，被氧化的原子数与被还原的原子数之比是________。

【分析】 (1)在反应中氧化数升高的是还原剂，氧化数降低的是氧化剂，由反应式可知，Cl_2 的氧化数既有升高，又有降低，所以，Cl_2 既是氧化剂又是还原剂。这就叫做歧化反应。

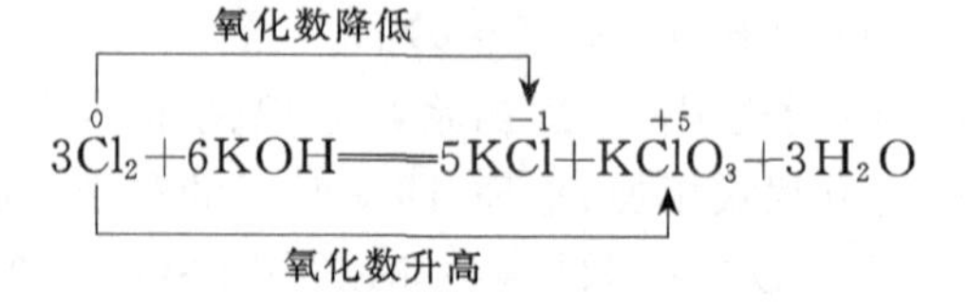

(2)被氧化的原子就是作还原剂的原子,即氧化数升高的原子。从 0 价升为+5 价的氯原子数为 1。被还原的原子就是作氧化剂的原子,即化合价降低的原子。从 0 价降为-1 价的氯原子数为 5。

其比值为 1∶5。

【答案】 Cl_2　　Cl_2　　1∶5

【例题 1-22】 (1)NH_3 和 Cl_2 可以发生如下的氧化还原反应

$$8NH_3+3Cl_2 = 6NH_4Cl+N_2$$

若反应中有 1 mol 还原剂被氧化,在标准状况下可生成__________ L 氮气。有__________ mol 电子发生转移。

【分析】 (1)首先根据氧化数变化,知道反应中 Cl_2 是氧化剂,NH_3 是还原剂。

(2)更为重要的是应知道反应物中的"$8NH_3$"中,作还原剂的,也就是被氧化的只是"$2NH_3$"。由此得到解答此题的重要关系式为

$2NH_3$——N_2——转移电子 6 mol

2 mol　　22.4 L　　6mol

1mol　　x　　y

$$\frac{2\ \text{mol}}{1\ \text{mol}}=\frac{22.4\ \text{L}}{x}\qquad x=11.2\ \text{L}$$

$$\frac{2\ \text{mol}}{1\ \text{mol}}=\frac{6\ \text{mol}}{y}\qquad y=3\ \text{mol}$$

【答案】 11.2　　3

【例题 1-23】 配平下列反应方程式

$$MnO_2+HCl —— MnCl_2+Cl_2\uparrow+H_2O$$

并说明在此反应中,若消耗 0.1 mol 氧化剂。则氧化剂被氧化的物质的量是__________ mol。

【分析】 首先将此方程式配平

氧化数降 2×1

$$\overset{+4}{Mn}O_2+H\overset{-1}{Cl} —— \overset{+2}{Mn}\overset{-1}{Cl_2}+\overset{0}{Cl_2}\uparrow+3H_2O$$

氧化数升 1×2

由此可得

$$MnO_2+2HCl —— MnCl_2+Cl_2\uparrow+2H_2O$$

又知反应中生成物 $MnCl_2$ 还有 2 个 Cl^-,所以,反应物 HCl 的系数是 2+2=4,且生成物 H_2O 的系数是 2。即反应方程式为

$$MnO_2+4HCl = MnCl_2+Cl_2\uparrow+2H_2O$$

由此式得到如下关系式：消耗1 mol氧化剂时，被氧化的还原剂为2 mol(注意不是4 mol)；若消耗0.1 mol氧化剂时，被氧化的还原剂为x mol，则有

$$\frac{1\ \text{mol}}{0.1\ \text{mol}}=\frac{2\ \text{mol}}{x\ \text{mol}}\qquad x=0.2$$

【答案】 0.2

习题

(一)选择题

1. 下列反应中，需加入还原剂才能发生的是(　　)。

A. $CO_2 \longrightarrow H_2CO_3$　　B. $H_2SO_4 \longrightarrow SO_2$

C. $NH_4Cl \longrightarrow NH_3$　　D. $KBr \longrightarrow Br_2$

2. 下列反应中，属于氧化还原反应的是(　　)。

A. $Ba(NO_3)_2+Na_2SO_4 = BaSO_4\downarrow+2NaNO_3$

B. $Ca(OH)_2+CO_2 = CaCO_3\downarrow+H_2O$

C. $FeS+2HCl = FeCl_2+H_2S\uparrow$

D. $Cl_2+2NaOH = NaCl+NaClO+H_2O$

3. 下列各组离子中，既有氧化性又有还原性的是(　　)。

A. Cl^-，Br^-　　B. S^{2-}，SO_4^{2-}

C. Fe^{2+}，SO_3^{2-}　　D. Fe^{3+}，Cu^{2+}

4. 下列物质与水的反应中，水既不是氧化剂，又不是还原剂的是(　　)。

A. $Na+H_2O$　　B. Cl_2+H_2O

C. F_2+H_2O　　D. $CaO+H_2O$

5. 气态反应中，气态物质只作还原剂的是(　　)。

A. SO_2通入氯气中　　B. Cl_2通入石灰水中

C. NO_2通入水中　　D. SO_2通入氢硫酸中

6. 在盐酸与铁钉的反应中，盐酸是(　　)。

A. 氧化剂　　B. 还原剂

C. 催化剂　　D. 既是氧化剂，又是还原剂

7. 氧化还原反应$5NH_4NO_3 = 4N_2\uparrow+2HNO_3+9H_2O$，发生氧化反应的N原子与发生还原反应的N原子的个数比是(　　)。

A. 5∶8　　B. 5∶4

C. 3∶5　　D. 5∶3

(二)填空题

8. 在$MnO_2+4HCl = MnCl_2+Cl_2\uparrow+2H_2O$反应中，氧化剂是________，还原剂是________。若有4 mol电子发生

转移，则被氧化的物质有________ mol。

9. 在 $3Cl_2 + 6KOH = 5KCl + KClO_3 + 3H_2O$ 反应中，氧化剂与还原剂的质量比是________。若有 2 mol Cl_2 发生反应，则有________ mol 电子发生转移。

10. 在 $3Cu + 8HNO_3 = 3Cu(NO_3)_2 + 2NO + 4H_2O$ 反应中，发生氧化反应的物质是________。若在标准状况下生成 5.6 L NO 气体，应有________ g 氧化剂发生还原反应。

(三)写出氧化还原反应的方程式

11. 分析下列反应中，水是氧化剂还是还原剂？标出电子转移的方向和数目。

(1) $2F_2 + 2H_2O = 4HF + O_2\uparrow$

(2) $Mg + 2H_2O \xlongequal{\triangle} Mg(OH)_2 + H_2\uparrow$

(3) $CaO + H_2O = Ca(OH)_2$

(4) $2H_2O \xlongequal{\text{电解}} 2H_2\uparrow + O_2\uparrow$

(5) $3NO_2 + H_2O = 2HNO_3 + NO$

12. 配平下列氧化还原反应方程式。

(1) $C + HNO_3(\text{浓}) \longrightarrow CO_2\uparrow + NO_2\uparrow + H_2O$

(2) $MnO_2 + KClO_3 + KOH \longrightarrow K_2MnO_4 + KCl + H_2O$

(3) $K_2Cr_2O_7 + FeSO_4 + H_2SO_4 \longrightarrow K_2SO_4 + Cr_2(SO_4)_3 + Fe_2(SO_4)_3 + H_2O$

(4) $Zn + HNO_3 \longrightarrow Zn(NO_3)_2 + NH_4NO_3 + H_2O$

(5) $KI + KIO_3 + H_2SO_4 \longrightarrow K_2SO_4 + I_2 + H_2O$

阅读

聚合物锂离子电池

根据锂离子电池所用电解质材料不同,锂离子电池可以分为液态锂离子电池(Liquified Lithium - IonBattery,简称为LIB)和聚合物锂离子电池(Polymer Lithium Ion Battery,简称为PLIB)两大类。聚合物锂离子电池所用的正负极材料与液态锂离子都是相同的,正极材料可分为钴酸锂、锰酸锂、三元材料和磷酸铁锂材料,负极为石墨,电池的工作原理也基本一致。它们的主要区别在于电解质的不同,液态锂离子电池使用的是液体电解质,而聚合物锂离子电池则以固体聚合物电解质来代替,这种聚合物可以是“干态”的,也可以是“胶态”的,目前大部分采用聚合物胶体电解质。与常规电池相比,锂电池有以下优点。

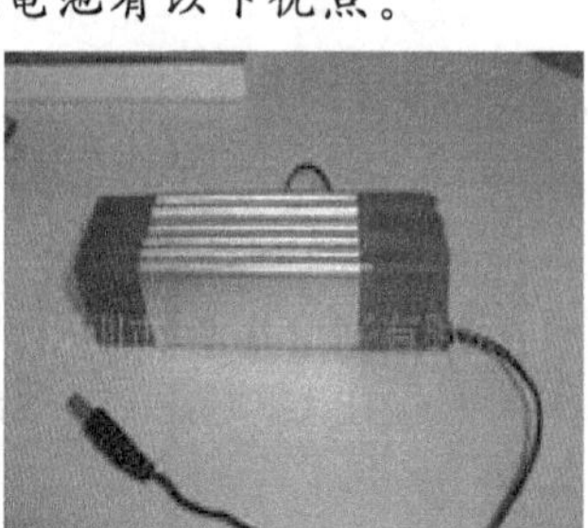

首先,工作电压高。锂电池的工作电压可达3.6 V,是镍镉和镍氢电池工作电压的三倍。

第二,能量比高。锂电池能量比目前已达140 Wh/kg,是镍镉电池的3倍,镍氢电池的1.5倍;

第三,循环寿命长。目前锂电池循环寿命已达1 000次以上,在低放电深度下可达几万次,大大优于其他二次电池。

第四,自放电小。锂电池月自放电率仅为6%～8%,远低于镍镉电池(25%～30%)及镍氢电池(30%～40%)。

第五,无记忆效应。可以根据要求随时充电,而不会降低电池性能。

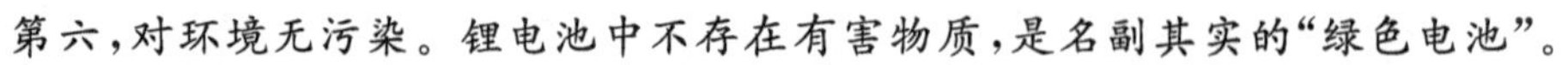

第六,对环境无污染。锂电池中不存在有害物质,是名副其实的“绿色电池”。

锂离子电池的工作原理如下。其中,液态锂离子电池是指以Li和嵌入化合物为正、负极的二次电池。正极采用锂化合物$LiCoO_2$,$LiNiO_2$或$LiMn_2O_4$,负极采用锂-碳层间化合物Li_xC_6,典型的电池体系为:

$$(-)\ C \mid LiPF_6—EC+DEC \mid LiCoO_2(+)$$

聚合物锂离子电池

负极反应(氧化反应):

$LiCoO_2 = Li_{1-x}CoO_2 + xLi + xe^-$

正极反应(还原反应):

$6C + xLi + xe^- = Li_xC_6$

电池总反应:

$LiCoO_2 + 6C = Li_{1-x}CoO_2 + Li_xC_6$

第2章　物质结构　元素周期律

本章主要包括原子结构、元素周期律和化学键三个部分。

对于原子结构的探索，源于古希腊哲学中对于物质本质的思考。但真正成为一门科学，则始于道尔顿的原子论。从科学意义上的原子被确认以来，无数科学家对于原子的结构进行了研究和讨论。这张照片中，就包括了当时对原子结构做出杰出贡献的科学家，诸如爱因斯坦、普朗克、玻尔、康普顿、德布罗意、薛定谔、海森堡、泡利等。本章只对原子结构作一初步介绍，并力求读者能从中对原子结构及元素周期律有一个概念上的了解。

学习内容

本章主要介绍原子结构、元素周期和化学键的内容,其中包括原子的组成以及原子核外电子排布的规律,元素的原子结构、性质及其在周期表中位置的相互关系,离子键和共价键。

学习目的

1. 了解元素原子核外电子排布、原子半径、主要氧化数的周期性变化,进而认识元素周期律。

2. 认识元素周期表结构、周期和族的概念,理解原子结构与元素在周期表中位置间的关系。

3. 了解离子键与共价键的概念,能够正确判断不同元素相互化合时的化学键类型。

4. 了解极性键和非极性键的概念,能够区分两类不同的共价键。

2.1 原子结构

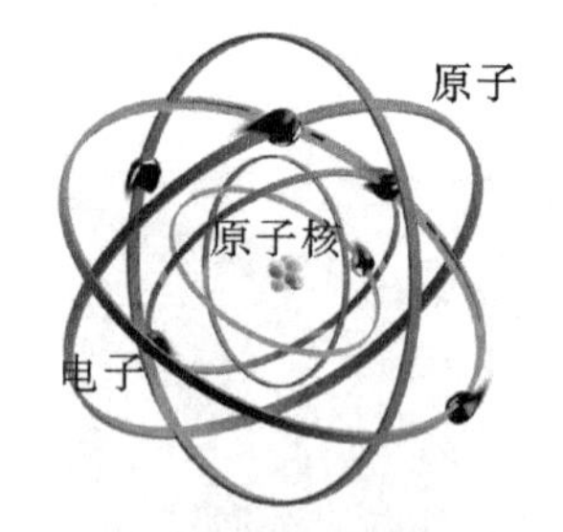

原子结构示意图

专业术语

原子核
ئاتوم يادروسى

质子
پروتون

中子
نېترون

电子
ئېلېكترون

绝对质量
موتلەق ماسسا

相对质量
نسبىي ماسسا

2.1.1 原子的组成

组成原子的微粒有质子、中子和电子。原子的组成可表示为

原子 { 原子核 { 质子、中子 }、核外电子 }

1. 质子、中子和电子的性质

质子、中子和电子的关系见表 2.1。

表 2.1 粒子之间的相互关系

微粒	质量		带电情况	作用
	绝对质量/kg	相对质量		
质子	$1.672\,6\times10^{-27}$	$1.007\approx1$	$+1$	决定元素
中子	$1.674\,8\times10^{-27}$	$1.008\approx1$	电中性	质子数相同时,决定同位素
电子	$9.109\,5\times10^{-31}$	$\frac{1}{1\,836}$	-1	主要决定元素的化学性质

1 个电子所带电量为 1.602×10^{-19} C,若以此为单位电量,则质子为+1,电子为-1。

由于质子、中子的绝对质量非常小,为了方便,通常用相对质量(近似为 1)表示。电子的质量更小,在计算微粒质量时可以忽略。

2. 重要关系式

根据质子、中子、电子的上述性质,可得如下关系式:

原子质量数(A)=质子数(Z)+ 中子数(N)

原子质量数可近似地看成原子的相对原子质量(即原子量)。

核电荷数 = 质子数 = 核外电子数 = 原子序数

此式只适用于原子,若是离子,需要变换成原子后再用此式。

这两个关系式常用来计算原子或离子中的质子或中子的数目,也可用来画出原子或离子的结构示意图。

例如 Na:(+11) 2 8 1

3. 同位素

质子数相同、中子数不同的同一种元素的原子互称同位素。常用符号“$^{A}_{Z}X$”表示。其中 X 表示元素符号,Z 为核电荷数,A 为质量数。例如,氢元素的 3 种同位素为:

$^{1}_{1}H$ 表示原子中有 1 个质子,没有中子,质量数为 1 的同位素,叫做氕,用符号 H 表示;

$^{2}_{1}H$ 表示原子中有 1 个质子,1 个中子,质量数为 2 的同位素,叫做氘,也叫重氢,用符号 D 表示;

$^{3}_{1}H$ 表示原子中有 1 个质子,2 个中子,质量数为 3 的同位素,叫做氚,也叫超重氢,用符号 T 表示。

专业术语

同位素
ئىزوتوپ
氕
پروتىي
氘
دېيتېرىي
氚
ترىتىي

2.1.2　原子核外电子排布的规律

1. 电子层

原子核外的多个电子,根据它们的能量高低,分别排在距核远近不同的电子层中。电子层的符号、能量高低及距核的远近见表 2.2。

专业术语

电子层
ئېلېكترون قەۋىتى

核外电子排布
يادرو سىرتىدىكى
ئېلېكترونلارنىڭ تىزىلىشى

核电荷
يادرو زەرىتى

表 2.2 电子层的符号、能量高低及距核的距离关系表

电子层	1	2	3	4	5
符号	K	L	M	N	O
离核距离	近——→远				
能量	低——→高				

(1) 电子亚层

通过对许多元素的电离能的进一步分析，人们发现，在同一电子层中的电子能量也不完全相同，仍可进一步分为若干个电子组。这一点在研究元素的原子光谱中得到了证实。电子亚层分别用 s、p、d、f 等符号表示。不同亚层的电子云形状不同。s 亚层的电子云是以原子核为中心的球形，p 亚层的电子云是纺锤形，d 亚层为花瓣形，f 亚层的电子云形状比较复杂。K 层只包含一个 s 亚层；L 层包含 s 和 p 两个亚层；M 层包含 s、p、d 三个亚层；N 层包含 s、p、d、f 四个亚层。

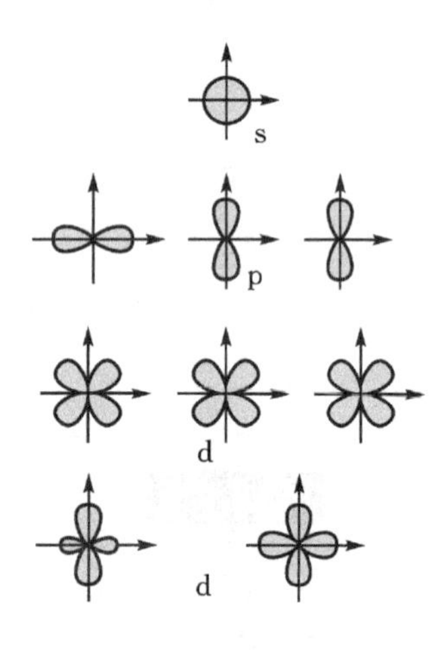

电子云角度分布图形

(2)原子轨道

描述原子中单个电子运动状态的波函数 ψ 常称作原子轨道。原子轨道仅仅是波函数的代名词，绝无经典力学中的轨道含义。严格地说原子轨道在空间是无限扩展的，但一般把电子出现概率在 99%的空间区域的界面作为原子轨道的大小。

2. 核外电子排布

(1)Pauli 不相容原理

同一原子中不可能有两个电子具有四个完全相同的量子数。

(2)能量最低原理又称构造原理

基态原子电子排布时，总是先占据能量最低的轨道。当低能量轨道占满后，才排入高能量的轨道，以使整个原子能量最低。

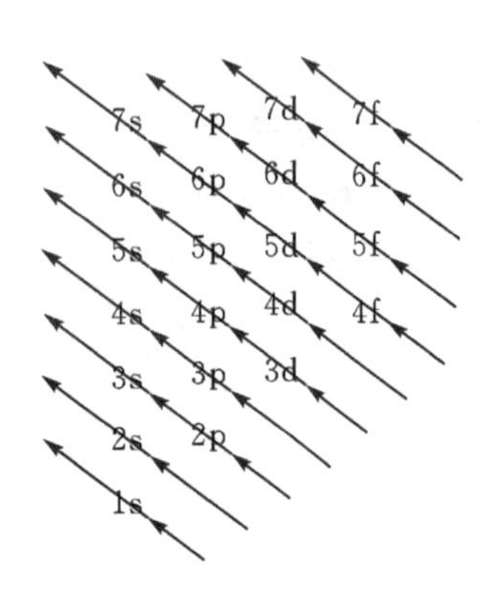

原子轨道能级交错图

(3) Hund 规则

电子在能量相同的轨道(简并轨道)上排布时，总是尽可能以与自旋相同的方向，分占不同的轨道，因为这样的排布方式总能量最低。

3. 原子结构示意图

原子核及核外电子的排布，常用一种形象的示意图表示。如 Li 原子，其原子核内有 3 个质子，核外有 3 个电子。其中 2 个电子排在能量较低的第一电子层上，此时第一电子层已排满，第 3 个电子只能排在能量较高的第二电子层上。所以，Li

原子的结构示意图为

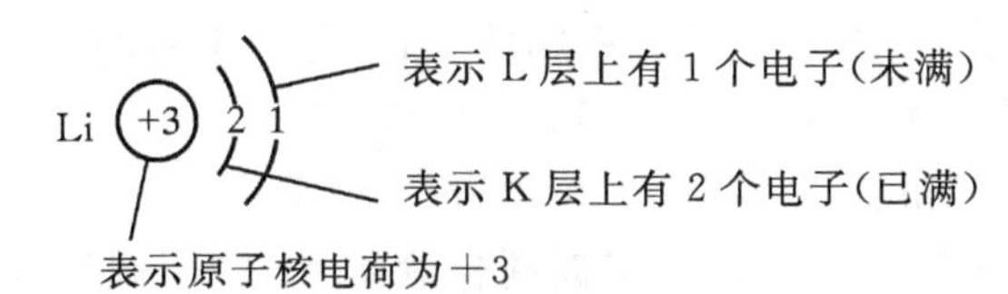

这种结构示意图也可以表示简单离子的电子层结构。如 Mg 原子失去最外层上的 2 个电子形成 Mg^{2+}；Cl 原子得到 1 个电子，排在未满的最外层上，形成 Cl^-。在原子得失电子的过程中，只是核外的电子层结构改变了，原子核并未发生变化。所以 Mg^{2+}，Cl^- 的结构示意图分别为

Mg^{2+} (+12) 2 8　　Cl^- (+17) 2 8 8

例 题

【例题 2－1】 Mg 和 Mg^{2+} 两种粒子中，不同的是(　　)。

①核内质子数　　②核外电子数

③最外层电子数　④核外电子层数

A. ①②　　B. ①②③

C. ③④　　D. ②③④

【分析】 解答此题应具备以下知识。

(1) 应熟知 1～18 号元素的名称、符号和原子结构示意图。见到 Mg 和 Mg^{2+}，就应能画出它们的结构示意图

Mg (+12) 2 8 2　　Mg^{2+} (+12) 2 8

由图很容易看出它们的异同。

(2) 应掌握主族元素的原子形成简单阴、阳离子时的电子得失情况和电子层结构变化的规律。

阳离子：原子失去所有最外层电子，所以阳离子比原子少一个电子层。

阴离子：原子得到电子，并使最外电子层上的电子数达到 8 个(H^- 例外)，所以阴离子的电子层数与原子一样。

由此可知，在原子形成离子的过程中，只有核外电子数和电子层数发生变化，原子核和核内的质子数、中子数是不变的。

专业术语

核内质子数
يادرو ئىچكى پروتون سانى

核外电子数
يادرو سرتىدىكى ئېلېكترون سانى

阴离子
ئانئون، مەنپىي ئىئون

阳离子
كاتئون؛ مۇسبەت ئىئون

【答案】 D

【例题 2-2】 下列各组物质中,互为同位素的是(　　)。

A. ${}^{40}_{19}K$ 和 ${}^{40}_{18}Ar$　　B. ${}^{40}_{19}K$ 和 ${}^{39}_{19}K$

C. ${}^{39}_{19}K$ 和 ${}^{39}_{19}K^+$　　D. ${}^{56}_{26}Fe^{2+}$ 和 ${}^{56}_{26}Fe^{3+}$

【分析】 (1)首先要掌握同位素的定义,明确定义中的 3 个要点:①同位素指的是原子,不是离子及其它粒子;②质子数相同;③中子数不同。

(2) 要全面理解符号"${}^{A}_{Z}X$"的含义:①X 要相同,且应是元素符号;②Z 要相同;③A 值不同,即反映核内的中子数不同。

【答案】 B

【例题 2-3】 下列原子或离子的结构示意图,错误的是(　　)。

A. $_{19}K^+$ (+19) 2 8 8　　B. $_9F$ (+9) 2 7

C. $_{16}S^{2-}$ (+16) 2 8 6　　D. $_{10}Ne$ (+10) 2 8

【分析】 判断原子或离子的结构示意图是否正确,可从两个方面分析。

(1) 符合电子排布原则,即各电子层的电子数不超过 $2n^2$ 个,最外电子层的电子数不超过 8 个,次外电子层的电子数不超过 18 个(注意例外)。

(2) 核外电子数(因电子带负电荷,所以取负值)与核内质子数(因质子带正电荷,所以取正值)的代数和,应等于离子所带的电荷;对原子来说,应等于零。

A 项:质子数=19,电子数=18,离子电荷=+19-18=+1,与 $_{19}K^+$ 相符,正确。

B 项:质子数=9,电子数=9,+9-9=0,与 $_9F$ 相符,正确。

C 项:质子数=16,电子数=16,离子电荷=+16-16=0,与 $_{16}S^{2-}$ 不相符,错误。

D 项:质子数=10,电子数=10,+10-10=0,与 $_{10}Ne$ 相符,正确。

【答案】 C

【例题 2-4】 已知阴离子 X^{2-} 有 3 个电子层,相对原子质量是 32,则该离子的核内质子数是________,中子数是

德谟克利特
(前 460—前 370)
希腊哲学家,他提出所有的物质都是由一种很小的、肉眼看不到的粒子组成的,那就是原子。

道尔顿
John Dalton
(1766—1844)
英国化学家、物理学家。提出了原子的科学假说"原子论",开创了化学的新时代。

________，离子结构示意图是________。

【分析】 解答本题除了要掌握有关的知识外，在审题时，还应抓住题中的关键信息。

(1) X^{2-} 有 3 个电子层。由此可知该离子的结构示意图为：(+z) 2 8 8，于是得到 Z＝18－2＝16。

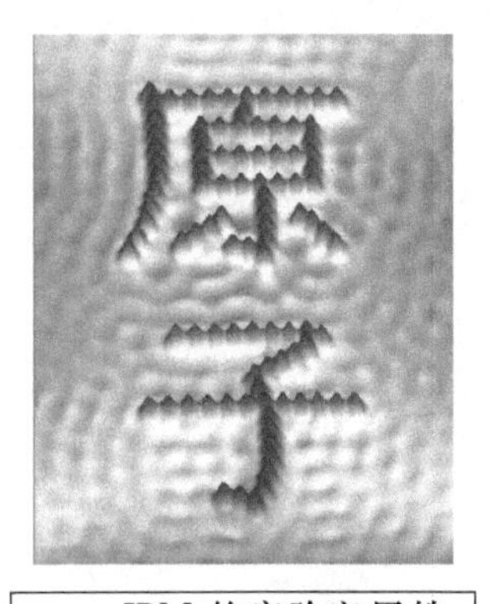

IBM 的实验室用铁原子拼出的汉字“原子”。

(2) 相对原子质量是 32，即相对原子质量数是 32，所以中子数是 N＝A－Z＝32－16＝16。

【答案】 16　16

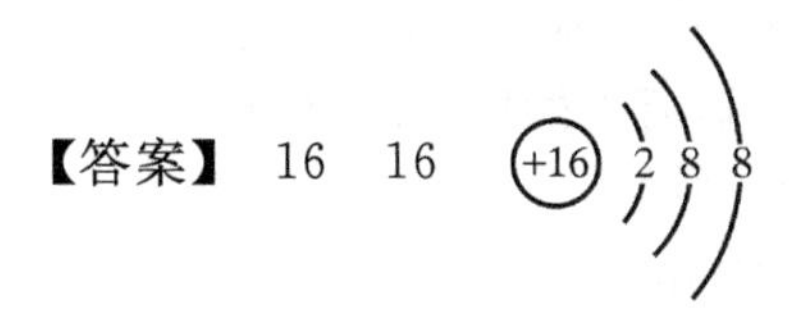

【例题 2－5】 A 元素的阴离子是 A^{2-} 和 B 元素的阳离子 B^{2+} 的核外电子层排布，都与氩原子的电子层排布相同。已知 A 原子的中子数为 16，B 原子的中子数为 20，则 A，B 两原子的质量数分别为________和________。

【分析】 (1) 本题已知中子数，欲求质量数。根据关系式 A＝Z＋N 得知，只要求得 A，B 两元素原子中的质子数 Z，即可得到答案。

(2) 因为质子数＝原子核外电子数，所以，首先要求得原子核外的电子数。

(3) 氩为 18 号元素，其原子结构示意图为

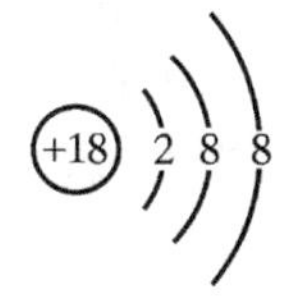

所以，A^{2-}，B^{2+} 核外均为 18 个电子。即

$$Z_A+2=18 \qquad Z_A=16$$

$$Z_B-2=18 \qquad Z_B=20$$

【答案】 32　40

玻尔

Niels Bohr

(1885—1962)

丹麦物理学家，他提出了氢原子的模型，在模型中，电子位于不连续的能量层中，或者说在不同的轨道上，并围绕着核子，只有当它在不同的能量层中运动时才会放射或吸收能量。这一观点与古代物理学中阐述的沿轨道运行的电子(移动电荷)会不断地释放能量不同，为此，他获得了诺贝尔物理学奖。

习题

(一)选择题

1. 今有 ${}^{12}_{6}C$，${}^{13}_{6}C$，${}^{14}_{6}C$ 三种原子，它们不同的是(　　)。

A. 质子数　　　　B. 中子数

C. 核外电子数　　D. 核外电子排布

2. 下列原子中,核内有 21 个中子的是(　　)。

A. $^{14}_{7}N$　　B. $^{21}_{10}Ne$

C. $^{40}_{19}K$　　D. $^{45}_{21}Sc$

3. 下列数字分别是 4 种原子的核电荷数,其中最外层电子数最多的一种原子是(　　)。

A. 9　　B. 11

C. 14　　D. 16

4. 某元素的 2 价阳离子有 18 个电子,其质量数为 40,则核内中子数为(　　)。

A. 20　　B. 22　　C. 16　　D. 58

5. 1994 年,科学家发现了一种新元素,它的原子核内有 161 个中子,质量数为 272。该元素的原子序数为(　　)。

A. 111　　B. 161

C. 272　　D. 433

6. 在 S 和 S^{2-} 两种微粒中,不同的是(　　)。

①核内质子数　②核外电子数

③最外层电子数　④核外电子层数

A. ①②　　B. ②③

C. ①②③　　D. ②③④

7. 某元素原子的 M 电子层上的电子数,比 L 电子层上的电子数少 5 个,则该元素的符号是(　　)。

A. N　　B. F　　C. Al　　D. P

8. 同种元素的各种同位素的原子,可以不同的是(　　)。

A. 质子数　　B. 电子数

C. 原子序数　　D. 质量数

9. 某种带有 2 个单位正电荷的阳离子,其原子核内有 12 个质子,该阳离子的结构示意图为(　　)。

A. (+12) 2 8 2　　B. (+16) 2 8 6

C. (+16) 2 8 8　　D. (+12) 2 8

10. 某元素的 −2 价阴离子有 18 个电子,核内有 16 个中子,则该元素的相对原子质量约为(　　)。

A. 34　　B. 32　　C. 18　　D. 16

11. 下列各组粒子中,具有相同的电子层结构的是(　　)。

A. ${}^{12}_{6}C$ 和 ${}^{14}_{6}C$　　B. ${}^{23}_{11}Na$ 和 ${}^{23}_{11}Na^{+}$

C. ${}^{24}_{12}Mg$ 和 ${}^{19}_{9}F^{-}$　　D. ${}^{40}_{20}Ca$ 和 ${}^{40}_{18}Ar$

(二)填空题

12. 现有下列 5 种分子，${}^{1}H_2^{16}O$，${}^{2}H_2^{17}O$，${}^{2}H_2^{18}O$，${}^{1}H^{35}Cl$，${}^{1}H^{37}Cl$，其中共有________种元素，________种原子，互为同位素的原子是________、________及________。

13. 元素的种类由________决定；元素的原子序数由________决定；同位素种数由________决定；原子的相对原子质量主要由________决定；元素的化学性质主要由________决定。

14. 核外电子层结构与氩原子的电子层结构相同的粒子有________、________、________和________。

15. 元素 X，Y，Z 均为 18 号以前的元素。X 元素原子的最外电子层上的电子数，比次外电子层上的电子数少 3 个。Y 元素原子的最外电子层上的电子数，是其电子层数的 3 倍。Z 元素原子的 L 电子层上有 4 个电子。则 X，Y，Z 三种原子的结构示意图分别为________、________和________。

2.2　元素周期

无论在原理上还是在应用中，元素周期律都被认为是化学中最重要的规律之一。它清楚地证明了这样的事实，即化学元素并不是一堆无规则的东西，而是彼此间存在着诸多关系，显示出种种趋势。了解这种规律对于每一位希望认识世界并弄清世界是怎样由化学的基本结构单元——化学元素所构成的人来说非常重要，因为它是科学修养的一部分。

门捷列夫
Mendeleev
(1834—1907)

在化学教科书中，都附有一张元素周期表。看到这张表，人们便会想到它的最早发明者、俄国最伟大的化学家门捷列夫。他的思想包罗万象，涉及到众多的学科。他一生发表的作品有 500 多部，内容涉及化学、力学、哲学、教育学、工艺学、天文学、宇宙学、气象学、地质学、生理学、农业、经济、度量衡、航空学、炮兵学等，是一位百科全书式的科学家。

2.2.1　元素周期律

1. 元素周期律的内容

元素的性质随其原子序数的递增而呈现周期性的变化，这一规律称为元素周期律。

元素性质之所以呈现周期性变化，是因为元素的原子核外电子排布随原子序数的递增而呈现周期性变化。

2. 元素性质的周期性变化

(1) 核外电子排布的周期性变化　这主要表现在最外层的电子数都是从 1 个开始逐渐递增到 8 个，然后又从 1 个开始，再递增到 8 个(1～2 号元素例外)。

(2) 原子半径的周期性变化　从 Li 元素开始，原子半径随原子序数的递增,由大逐渐变小;经过稀有气体元素后,又由大逐渐变小。

(3) 金属性和非金属性的周期性变化　从金属元素 Li 开始,金属性逐渐减弱;经过两性元素过渡到非金属元素,非金属性逐渐增强;经过稀有气体元素后,又从金属元素开始,金属性逐渐减弱;过渡到非金属元素,非金属性逐渐增强;然后又是稀有气体元素。

(4) 氧化数的周期性变化　氧化数从+1 开始,逐渐增加至+5(二周期例外,无+6,+7);经过稀有气体元素后,氧化数又从+1 开始,再逐渐增加至+7;非金属元素的负氧化数也从−4 开始,逐渐增加至−1。

2.2.2　元素周期表

- 周期表
  - 周期(横行)
    - 3 个短周期
      - 第一周期:2 种元素
      - 第二周期:8 种元素
      - 第三周期:8 种元素
    - 3 个长周期
      - 第四周期:18 种元素
      - 第五周期:18 种元素
      - 第六周期:32 种元素
    - 第七周期:不完全周期
  - 族(纵行)
    - 主族:IA～VIIA(7 个)
    - 副族:IIIB～VIIB, IB, IIB(7 个)
    - VIII 族:第 8,9,10 三个纵行(1 个)
    - 零族:稀有气体元素族(1 个)

1. 周期

周期表中具有相同电子层数,且按原子序数递增顺序排列的一系列元素(或说一横行元素),叫做周期。

周期表中共有 7 个周期,分类如下。

(1) 短周期　含有元素数较少的周期叫做短周期。第一、第二、第三周期即为 3 个短周期,它们分别含有 2,8,8 种元素。

(2) 长周期　含有元素数较多的周期叫做长周期。第四、五、六周期即为 3 个长周期。

(3) 不完全周期　指第七周期,因为该周期元素数目未将本周期填满。

2. 族

周期表中的纵行除 8,9,10 三个纵行组成第Ⅷ族外,其余每一纵行都叫做一个族。

族又分为主族和副族。

(1) 主族　由短周期元素和长周期元素共同构成的族叫

专业术语

元素
ئېلېمېنت

元素周期律
ئېلېمېنتلار دەۋرىلىك قانۇنىيىتى

周期
دەۋرىي

主族
ئاساسىي گۇرۇپپا

副族
قوشۇمچە گۇرۇپپا

原子序数
ئاتوم رەت نومۇرى

稀有气体
ئاز ئۇچرايدىغان گازلار

非金属性
مېتاللوئىدلىق خۇسۇسىيىتى

两性元素
ئىككى ياقلىملىق ئېلېمېنت

做主族，用 A 表示。周期表中共有ⅠA～ⅦA 7 个主族。

(2) 副族 完全由长周期元素构成的族叫做副族，用 B 表示。周期表中有ⅠB～ⅦB 7 个副族。

此外，还有一个第Ⅷ族、一个零族。

3. 元素分区

据元素外层价电子构型的不同，周期表分为 5 个区。

(1)s 区：元素价层电子组态是 ns^1 和 ns^2，IA 和ⅡA 族，活泼金属，易形成＋1 或＋2 价离子。没有可变的氧化数。但 H 不是金属元素，在化合物中的氧化数是＋1，在金属氢化物中是－1。

(2)p 区：价层电子组态是 $ns^2np^{1\sim6}$，ⅢA～ⅦA，零族元素，大部分是非金属，零族是稀有气体。元素多有可变的氧化数。但 He 的电子组态是 $1s^2$，属稀有气体。

(3)d 区：价层电子组态为 $(n-1)d^{1\sim8}ns^2$ 或 $(n-1)d^9ns^1$ 或 $(n-1)d^{10}ns^0$，有例外。ⅢB～ⅦB，Ⅷ族元素，金属有多种氧化数。

(4)ds 区：价层电子组态为 $(n-1)d^{10}ns^{1\sim2}$，IB 和ⅡB 族，它们都是金属，一般有可变氧化数。

(5)f 区：价层电子组态 $(n-2)f^{0\sim14}(n-1)d^{0\sim2}ns^2$，镧系和锕系。最外层电子数、次外层电子数大都相同，$(n-2)$层电子数目不同，每个系内元素化学性质极相似。都是金属，有可变氧化数。

2.2.3 元素的原子结构、性质及其在周期表中位置的相互关系

1. 元素的原子结构与其在周期表中的位置

周期序数 ＝ 电子层数

主族序数 ＝ 最外层电子数 ＝ 最高正价

负价 ＝ 8－最高正价

2. 周期表内元素单质和化合物性质的递变规律

① 原子半径和离子半径的递变规律。

② 金属性和非金属的递变规律。

③ 元素最高价氧化物及其水化物的酸碱性递变规律。元素的金属性越强，其最高氧化物的水化物的碱性也越强；元素的非金属性越强，其最高氧化物的水化物的酸性也越强。气态氢化物热稳定性的递变规律。元素的非金属性越强，其气态氢化物越稳定。

④ 化合价的递变规律。同周期：自左至右由＋1 增至＋7；

同主族:最高正价相同。

主族元素的金属性、非金属性、原子半径的递变规律见表 2.3。

专业术语

氢化物
هدرىدلار
气态氢化物
گاز ھالەتتىكى ھدرىدلار
热稳定性
ئىسسىقلىققا بولغان
氧化物
ئوكسىدلار
水化物
ھدرولىزلار
水化物的酸碱性
گىدرولىزلارنىڭ
كىسلاتا ـ ئىشقارلىقى
酸
كىسلاتا
碱
ئاساس، ئىشقار

表 2.3　主族元素的金属性、非金属性、原子半径的递变规律

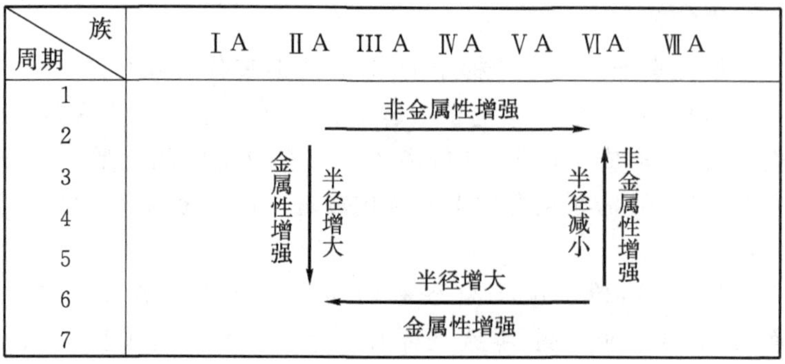

周期 \ 族	ⅠA	ⅡA	ⅢA	ⅣA	ⅤA	ⅥA	ⅦA
1							
2							
3							
4							
5							
6							
7							

非金属性增强 (→)
金属性增强 (↓)　半径增大 (↓)
半径减小 (↑)　非金属性增强 (↑)
半径增大 (←)
金属性增强 (←)

主族元素最高价氧化物的水化物的酸碱性、气态氢化物稳定性的递变规律见表 2.4。

表 2.4　主族元素最高价氧化物的水化物的酸碱性、气态氢化物稳定性的递变规律

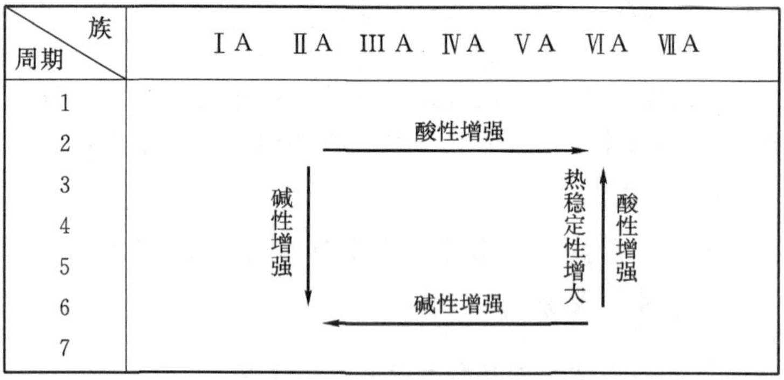

周期 \ 族	ⅠA	ⅡA	ⅢA	ⅣA	ⅤA	ⅥA	ⅦA
1							
2							
3							
4							
5							
6							
7							

酸性增强 (→)
碱性增强 (↓)
热稳定性增大 (↑)　酸性增强 (↑)
碱性增强 (←)

例 题

专业术语

硫
گۆڭگۈرت
最高价氧化物
ئەڭ يۇقىرى ۋالېنتلىق ئوكسىدلار

【例题 2-6】 原子序数为 16 的元素,应在周期表中的第________周期,第________族。其阴离子的化学式是________。

【分析】 本题的解题思路如下。

(1) 欲知元素在周期表中的位置,应知该元素原子的电子层结构,而原子的电子层结构可由原子序数求得。所以,第一步,应根据原子序数为 16,画出原子结构示意图:(+16) 2 8 6;

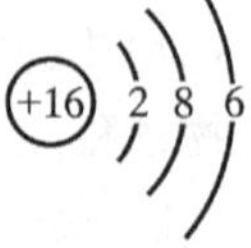

第二步，根据原子的电子层数和最外电子层的电子数，得到周期序数和主族序数。

（2）写阴离子的化学式。首先，16 号元素的名称是硫，符号为 S；其次，因原子最外层有 6 个电子，形成稳定的 8 电子结构需得到 2 个电子，即其离子电荷数为“2^-”。

【答案】 三　ⅥA　S^{2-}

【例题 2 - 7】 下列粒子中，半径最大的是（　　）。

A. S　　B. S^{2-}　　C. Al^{3+}　　D. Mg^{2+}

【分析】 欲解此题，需熟知原子、离子半径的变化规律。

（1）S^{2-}，Al^{3+}，Mg^{2+} 分别是同周期元素的阴阳离子，根据同周期阴离子半径大于阳离子半径的规律，可知 S^{2-} 的半径最大。

（2）S 和 S^{2-} 是同一种的原子和阴离子，根据同种元素：$r_{阴} > r_{原子}$ 的规律，可知 $r_{S^{2-}} > r_S$。

【答案】 B

【例题 2 - 8】 X，Y，Z 三种元素，它们的原子结构示意图分别为：(+8) 2 6，(+15) 2 8 5，(+16) 2 8 6。它们的非金属性逐渐增强的顺序是________。

【分析】 本题要求根据原子结构示意图，判断元素在周期表中的位置。然后利用同周期和同主族内元素非金属的递变规律，求得非金属性逐渐增强的顺序。

（1）由 X 原子与 Z 原子的最外层电子数相同，可知它们为同族元素。

再由 Y 原子与 Z 电子的电子层数相同，可知它们是同周期元素。X，Y，Z 三种元素在周期表中的位置是

	X
Y	Z

（2）根据同周期元素自左至右非金属性增强，可知 Z 元素的非金属性强于 Y 元素，即 Z>Y。

根据同主族元素自下而上非金属性增强，可知 X 元素的非金属性比 Z 元素强，即 X>Z。

【答案】 Y<Z<X

【例题 2 - 9】 同一周期中的 X，Y，Z 三种元素，若最高价氧化物的水化物酸性强弱顺序是 $H_3XO_4 < H_2YO_4 < HZO_4$，则下列判断正确的是（　　）。

A. 非金属性 X>Y>Z

B. 阴离子还原性 $X^{3-}>Y^{2-}>Z^{-}$

C. 热稳定性 $XH_3>H_2Y>HZ$

D. 原子半径 X>Y>Z

专业术语

还原性
ئوكسىدسىزلىنىش
خۇسۇسىيىتى

最低价氢化物
ئەڭ تۆۋەن ۋالېنتلىق
گىدرىدلار

质量分数
ماسسا ئۈلۈشى

相对分子质量
نىسبىي مولېكۇلا ماسسىسى

最高正价
ئەڭ يۇقىرى مۇسبەت ۋالېنت

最低负价
ئەڭ تۆۋەن مەنپىي ۋالېنت

【分析】 (1)根据最高价含氧酸酸性强弱顺序是 $H_3XO_4<H_2YO_4<HZO_4$,可知元素的非金属性强弱顺序应是 X<Y<Z,所以 A 选项错。

(2) 元素的非金属性越强,其阴离子的还原性就越弱,所以还原性顺序是 $X^{3-}>Y^{2-}>Z^{-}$,即 B 选项正确。

(3) 元素的非金属性越强,其气态氢化物的热稳定性就越大,所以氢化物热稳定性顺序是 $XH_3<H_2Y<HZ$,即 C 选项错。

(4) 同周期自左至右,非金属性增强,原子半径减小,所以原子半径是 X>Y>Z,即 D 选项正确。

【答案】 B ,D

【例题 2-10】 某元素 R 的最高价氧化物的分子式为 RO_2,它的最低价气态氢化物中含氢 12.5%(质量分数)。该气态氢化物的相对分子质量为(　　)。

A. 32　　B. 34　　C. 28　　D. 16

【分析】 此题的解题思路如下。

(1) 已知氢化物的含氢量,必须知道氢化物的分子式。

(2) 要知道氢化物的分子式,必须知道该元素与氢化合时的化合价。这里应特别注意:非金属元素与氧化合时一般显正价,与氢化合时显负价。所以,此时应求得该元素的最低负化合价。

(3) 根据题目给出的最高价氧化物的分子式 RO_2,可求得该元素的最高化合价。再根据:负价=8-最高正价,可求得最低负价。

具体解法是:根据分子式 RO_2,知最高正价为+4,所以:负价=8-4=4,即为-4 价。氢化物分子式为 RH_4。

设其相对分子质量为 x,则

$$\frac{4H}{RH_4}=\frac{4H}{x}=\frac{4\times1}{x}=12.5\%$$

解得　　$x=32$

【答案】 A

【例题 2-11】 完全与氖原子的核外电子排布相同的离子所形成的化合物是(　　)。

A. $MgBr_2$　　B. Na_2S　　C. NaF　　D. MgO

【分析】 (1) 氖元素为第 10 号元素,其原子结构示意图为：(+10) 2 8。

(2) 与氖原子的核外电子排布相同的离子，可有两种。

① 阳离子。第三周期元素的阳离子，如 Na^{+}，Mg^{2+}，Al^{3+} 等；

② 阴离子。第二周期元素的阴离子，如 O^{2-}，F^{-} 等。

该化合物应由以上阴、阳离子组成，即为 NaF 或 MgO。

【答案】 C，D

【例题 2-12】 某元素的原子核外有 3 个电子层，最外层的电子数是原子核外电子总数的 $\frac{1}{6}$。该元素的元素符号为________，原子结构示意图为________。

【分析】 (1) 该元素原子核外有 3 个电子层，所以，第一、第二层必为满层，即共有 $2+8=10$ 个电子。

(2) 若设第三层中的电子数为 x 个，则原子核外的电子数的电子总数为 $(10+x)$ 个。

(3) 根据题意可知 $\frac{x}{10+x}=\frac{1}{6}$

解得 $x=2$

即该元素为第 12 号元素 Mg。

【答案】 Mg 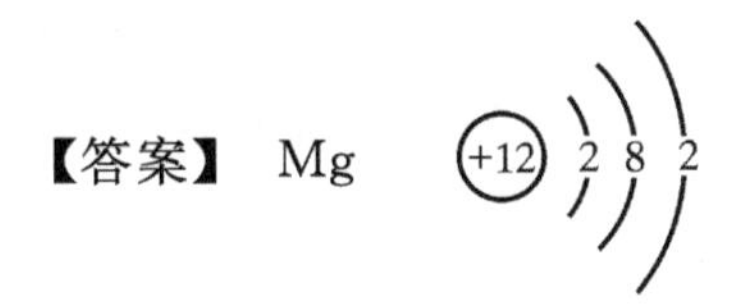

【例题 2-13】 下列各组物质的性质比较中，错误的是(　　)。

A. 稳定性：$SiH_4<PH_3<NH_3<H_2O$

B. 酸性：$H_2SiO_3<H_3PO_4<H_2SO_4<HClO$

C. 离子半径：$Al^{3+}<Mg^{2+}<F^{-}<O^{2-}$

D. 碱性：$Al(OH)_3<Mg(OH)_2<NaOH<KOH$

【分析】 A 项：正确。元素的非金属性越强，其气态氢化物就越稳定。非金属性强弱顺序为：$Si<P<N<O$。

B 项：错误。元素的非金属性越强，其最高价含氧酸的酸性就越强。HClO 中 Cl 不是其最高价。

C 项：正确。Al^{3+}，Mg^{2+}，F^{-}，O^{2-} 的核外电子排布相同，所以核电荷数最大的是 Al^{3+} 半径一定最小。然后，按 Mg，F，O 顺序核电荷数依次减小，其离子半径则依次增大。

D 项：正确。金属性越强，其最高价氢氧化物的碱性也越强。

【答案】 B

【例题 2-14】 元素X,Y,Z和G的原子序数都小于18,X所处的周期数、族序数都与它的原子序数相同。YO_3^- 含有32个电子,G原子最外层比次外层电子层少2个电子。Z和G位于同一周期,它们相互作用可形成化合物 Z_2G。元素的符号为________,Y位于第________族,Z的原子结构示意图为________,化合物 Z_2G 分子式为________。

【分析】 本题主要是根据题目给出的关于X,Y,Z和G原子结构的特征,来判断该元素在周期表中的位置。

(1) 周期数、族序数和原子序数都相同的元素只有1个,即H元素。所以X即是H。

(2) YO_3^- 含有32个电子,Y原子的电子数为:$32-1-8\times3=7$,即Y是N元素。

(3) G原子最外层比次外电子层少2个电子,即G为第三周期元素,最外层有 $8-2=6$ 个电子。G是S元素。

(4) Z与G同周期,且可化合成 Z_2G,即Z为+1价元素Na。

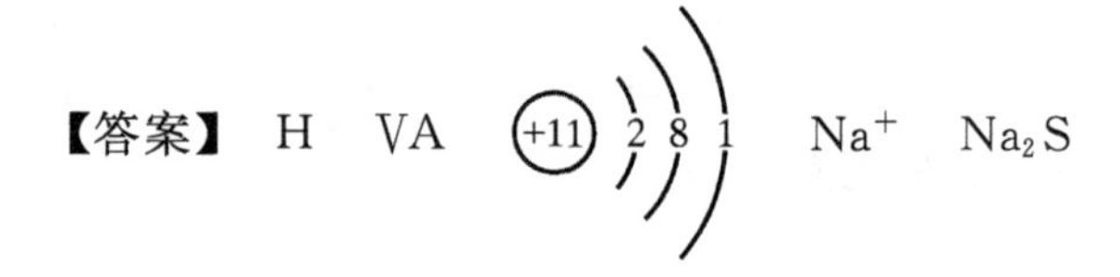

习题

(一)选择题

1. 处在同一主族的元素的原子,下列说法正确的是(　　)。

A. 它们的原子序数相同

B. 它们的核外电子层数相同

C. 它们的质子数相同

D. 它们的最外层电子数相同

2. 下列各组中的元素,按非金属性逐渐增强的顺序排列的是(　　)。

A. Cl,Br,I　　B. P,S,O

C. N,P,Cl　　D. C,N,P

3. 下列各组元素中,从左到右原子半径依次增大的是(　　)。

A. Be,Mg,Ca　　B. I,Br,Cl

C. Al,Si,P　　D. C,N,P

4. 两种元素可以形成 AB_2 型化合物，它们的原子序数是(　　)。

A. 3 和 9　　B. 8 和 14

C. 6 和 10　　D. 7 和 12

5. 下列气态氢化物中，最不稳定的是(　　)。

A. H_2O　　B. PH_3

C. H_2S　　D. HF

6. 下列粒子的半径，按由大到小的顺序排列正确的是(　　)。

A. $F^- > F > Br^- > Br$

B. $Na > Na^+ > K > Rb$

C. $Al^{3+} > Mg^{2+} > Na^+ > F^-$

D. $F^- > Na^+ > Mg^{2+} > Al^{3+}$

7. 同一周期中的 X，Y，Z 三种元素，若其最高价含氧酸的酸性是 $H_3XO_4 < H_2YO_4 < HZO_4$，则下列判断正确的是(　　)。

A. 非金属性：X＞Y＞Z

B. 阴离子还原性：$X^{3-} > Y^{2-} > Z^-$

C. 稳定性：$XH_3 > H_2Y > HZ$

D. 原子半径：X＞Y＞Z

8. 在周期表中，A，B，C 是相邻的主族元素。A 和 B 同周期，A 和 C 同主族，它们形成稳定结构的离子，其还原性是 B＞A＞C，则 B，C 的原子序数相对大小是(　　)。

A. A＞B＞C　　B. B＞C＞A

C. C＞A＞B　　D. C＞B＞A

9. 某元素的氢化物分子式为 RH_4，最高价氧化物中含氧 53%(质量分数)。该元素原子中质子数和中子数相等，则元素在周期表中的位置是(　　)。

A. 第二周期　　B. 第三周期

C. IIA 族　　D. VA 族

(二)填空题

10. 第三周期元素中，原子半径最小的是________，常见离子半径最小的是________，常见离子半径最大的是________，气态氢化物最稳定的是________。

11. 某元素 R 的原子序数是 15，R 元素位于周期表的第________周期，第________族，名称是________，原子的 L 层电子数是________，最高正价是________。

12. 某元素的阳离子核外有 10 个电子，0.2 mol 该元素的单质与足量稀硫酸反应，生成 6.72 L(标准状况下)氢气。该元素位于周期表中________周期,第________族,元素符号是________。

13. 元素 X 和 Y 位于第二周期,元素 Z 和 G 位于第三周期。G 和 Y 位于同一主族,Y 是地壳中含量最多的元素。在一定条件下,X 和 Y 能直接化合生成无色气体 XY_2,Z 和 G 能直接化合生成固态物质 Z_2G。元素 X 位于第 ________族,Y 的元素符号是________,Z_2G 的分子式为________,G 的原子结构示意图为________。

14. 元素 X,Y,Z 的原子序数都小于 18,元素 X 的单质分子为双原子分子,常温下能跟水剧烈反应。1 mol Y 的单质跟足量盐酸反应,生成 22.4 L(标准状况下)氢气。元素 Y 的原子序数为________,其原子结构示意图为________。元素 Y 与 Z 相互作用形成 YZ_2 的化合物,则此化合物的分子式为 ________。

2.3 化学键

相邻的原子或离子间强烈的相互作用力叫化学键,根据作用力的性质化学键又可分为

- 化学键
  - 离子键
  - 共价键
    - 极性共价键
    - 非极性共价键
  - 金属键

2.3.1 离子键

专业术语

化学键
خىمىيلىك باغ
离子键
ئىئونلۇق باغ
共价键
كوۋالېنتلىق باغ
极性共价键
قۇتۇپلۇق كوۋالېنتلىق باغ

阴、阳离子间以静电作用形成的化学键,称为离子键。以离子键结合而成的化合物,称为离子化合物。活泼金属氧化物(如 Na_2O,CaO 等)、过氧化物(如 Na_2O_2)、强碱(如 $NaOH$,KOH,$Ba(OH)_2$ 等)和大多数的盐(如 $NaCl$,K_2CO_3,$Ca(NO)_2$ 等)都是离子化合物。

离子化合物中一定要有离子键,但不只限于离子键,离子化合物可用电子式表示。例如 $NaCl$,$MgCl_2$ 的电子式为

$$Na^+[:\ddot{\underset{..}{Cl}}:]^- \qquad [:\ddot{\underset{..}{Cl}}:]^- Mg^{2+} [:\ddot{\underset{..}{Cl}}:]^-$$

2.3.2 共价键

原子间以共用电子对形成的化学键,称为共价键。

根据成键原子间共用电子对是否发生偏移,共价键可以分为极性共价键(不同种原子间的共价键)和非极性共价键(同种

原子间的共价键)两种类型。

以共价键结合而成的化合物,称为共价化合物。非金属元素的气态氢化物(如 HCl,H_2S,NH_3 等)、非金属氧化物(如 CO_2,H_2O,SO_2 等)、酸类物质(如 HNO_3,H_2SO_4 等)以及非金属元素之间相互化合形成的化合物(如 PCl_5,CS_2 等)都是共价化合物。

共价化合物分子中,只有共价键。例如:H_2O,HCl 中含极性共价键;H_2O_2 中含极性和非极性共价键。

一些含有复杂离子的离子化合物中,也可以含有共价键。例如:Na_2O_2 中含离子键和非极性共价键;KOH,$NaNO_3$ 含离子键和极性共价键。

共价化合物也能用电子式表示。例如 H_2O,HCl 的电子式为

$$\mathrm{H}:\underset{\cdot\cdot}{\overset{\cdot\cdot}{\mathrm{O}}}:\mathrm{H} \qquad \mathrm{H}:\underset{\cdot\cdot}{\overset{\cdot\cdot}{\mathrm{Cl}}}:$$

专业术语

共价键
كوۋالېنتلىق باغ

极性共价键
قۇتۇپلۇق كوۋالېنتلىق باغ

非极性共价键
قۇتۇپسىز كوۋالېنتلىق باغ

静电作用
ئېلېكترستاتىك رولى

共用电子对
ئورتاق پايدىلىنىدىغان ئېلېكترون جۈپى

电子式
ئېلېكترون فورمۇلاسى

2.3.3　分子极性

分子极性取决于共价键极性的合作用。分子是否存在极性,不能简单的只看分子中的共价键是否有极性,而要看整个分子中的电荷分布是否均匀、对称。

根据组成分子的原子种类和数目的多少,可将分子分为单原子分子、双原子分子和多原子分子,各类分子极性判断依据如下。

(1)单原子分子

分子中不存在化学键,故无极性分子或非极性分子之说,如 He、Ne 等稀有气体分子。

(2)双原子分子

对于双原子分子来说,分子的极性与共价键的极性是一致的。若含极性键就是极性分子,如 HF、HI 等;若含非极性键就是非极性分子,如 I_2、O_2、N_2 等。

(3)多原子分子

以非极性键结合的多原子单质分子,都是非极性分子,如 P_4 等。以极性键结合的多原子化合物分子,其分子的极性判断比较复杂,可能是极性分子,也可能是非极性分子,这主要由分子中各键在空间的排列位置来决定。若分子中的电荷分布均匀,排列位置对称,则为非极性分子,如 CO_2、BF_3、CH_4 等;若分子中的电荷分布不均匀,排列位置不对称,则为极性分子,如 H_2O、NH_3、PCl_3 等。

例题

【例题2-15】 在下列物质的分子中,只有极性共价键的是(　　)。

A. H_2O　　　　B. H_2

C. Na_2O_2　　　　D. NaOH

【分析】

(1) 首先看到 H_2 为单质,单质分子不可能有极性共价键,所以B项不对。

(2) NaOH为离子化合物,所以D项也不对。

(3) Na_2O_2 也是离子化合物,所以C项也不对。

(4) H_2O 分子中,2个O—H均为极性共价键,所以A项正确。

【答案】 A

【例题2-16】 下列粒子的电子式中,不正确的是(　　)。

A. $[:\underset{..}{\overset{..}{Cl}}:]^-$　　　　B. $[:\underset{..}{\overset{..}{O}}:H]^-$

C. 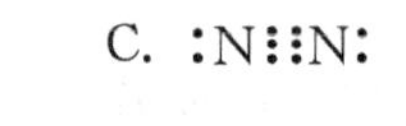　　　　D. $\mathrm{H:\underset{\underset{H}{..}}{\overset{\overset{H}{..}}{N}}}$

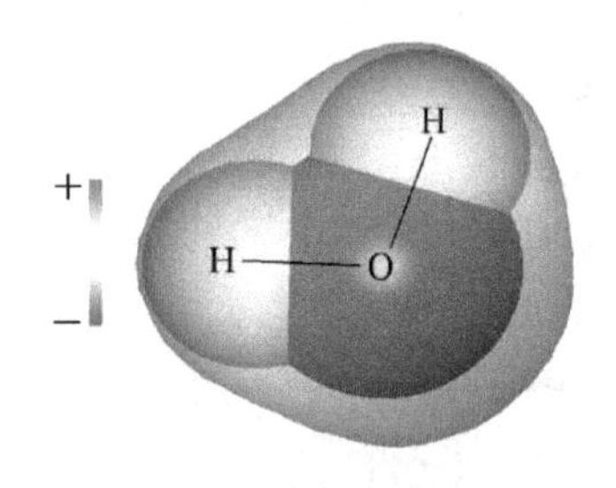

水分子成键示意图

【分析】 A项为 Cl^- 的电子式,应注明离子电荷,并有方括号,所以A项正确。

B项为 OH^- 的电子式,也是正确的。

C项是 N_2 的电子式,N原子最外层有5个电子。为了形成8电子稳定结构,需与另一N原子共用3个电子对,所以C项也正确。

D项为 NH_3 分子的电子式,N原子最外层有5个电子,但此式只画出3个,还有一对孤对电子未画出,所以D项是错误的。

【答案】 D

【例题2-17】 某元素X的原子核内,质子数比中子数少1,原子质量数为23。它与核内电荷数为8的元素Y,形成化合物的化学式是________,化学键是________键。

【分析】 (1) X元素原子核内的质子数为 $(23-1)\times\frac{1}{2}=11$。

其核外电子排布是:(+11) 2 8 1。X元素是活泼金属Na。

(2) Y 是 O 元素，其原子核外电子排布是：(+8) 2 6。

由此可知：Na 为＋1 价，O 为－2 价，所以，形成化合物的化学式为 Na_2O。

Na 原子易失去 1 个电子，形成 Na_2O 中的化学键是离子键。

【答案】 Na_2O　离子键

【例题 2－18】 元素 X，Y，Z 和 R 的原子序数按 X，Y，Z，R 的顺序依次增大，但是小于 18；X 和 Y 位于第二周期，它们的单质能化合生成无色无味的气体 XY_2；Z 和 R 的单质能化合生成易水解的固态物质 Z_2R；R 和 Y 是同族元素。X 的原子序数是＿＿＿＿，Y 位于第＿＿＿＿族，R 的原子结构示意图为＿＿＿＿，Z_2R 中的化学键为＿＿＿＿键。

鲍林

Linus Pauling

(1901—1994)

美国化学家，著名的量子化学家，他在化学的多个领域都有过重大贡献。曾两次荣获诺贝尔奖金（1954 年化学奖，1962 年和平奖），鲍林在 1928—1931 年，提出了杂化轨道的理论。解释甲烷的正四面体结构。在有机化学结构理论中，鲍林还提出过有名的“共振论”。

【分析】 本题给出了一些化合物的性质，解题时要根据元素周期律及上述性质作出判断。

(1) X 和 Y 位于第二周期。第二周期元素形成的 XY_2 型化合物可能有 BeF_2 和 CO_2，其中 CO_2 为无色无味气体，所以 X 为碳元素，Y 为氧元素。

(2) Z 和 R 的原子序数大于氧，且它们形成固态化合物 Z_2R，其中 Z 应为金属元素，所以 Z 和 R 都应是第三周期元素。

(3) 第三周期元素形成的 Z_2R 是一种不含氧酸盐(因易水解)，所以可能是 Na_2S 和 Mg_2Si 中的一种。

(4) 根据 R 和 Y 是同主族元素，可知 R 是 S 元素而不是 Si，Z 是 Na 元素而不是 Mg。

(5) Z_2R 是活泼金属与活泼非金属形成的化合物，必是以离子键结合的离子化合物。

【答案】 6　VIA
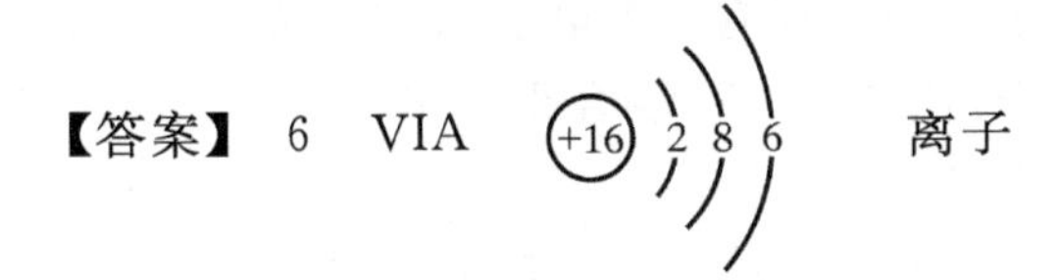

离子

sp^3 杂化轨道

习题

(一)选择题

1. 下列数字分别是不同元素原子序数。其中能与原子序数为 8 的元素形成共价化合物的是(　　)。

A. 3　　B. 6　　C. 12　　D. 18

2. 下列物质中,既含有极性共价键,又含有离子键的是(　　)。

A. HNO_3　　B. Na_2O_2

C. $CaCl_2$　　D. $NaNO_3$

3. 元素X的L电子层和元素Y的M电子层各有6个电子,它们在一定条件下可相互化合生成化合物YX_2。YX_2中的化学键是(　　)。

A. 极性共价键　　B. 非极性共价键

C. 离子键　　D. 离子键和非极性共价键

4. 下列物质中,属于含有非极性共价键的共价化合物是(　　)。

A. CCl_4　　B. Cl_2

C. C_2H_4　　D. NH_4Cl

5. 下列各式是用电子式表示的化合物的形成过程,其中正确的是(　　)。

(1) $H\cdot + :\overset{..}{\underset{..}{Cl}}: \longrightarrow H^+[:\overset{..}{\underset{..}{Cl}}:]^-$

(2) $Na\cdot + :\overset{..}{\underset{..}{Cl}}: \longrightarrow Na^+[:\overset{..}{\underset{..}{Cl}}:]^-$

(3) $\cdot Mg\cdot + 2:\overset{..}{\underset{..}{Cl}}: \longrightarrow Mg^{2+}[:\overset{..}{\underset{..}{Cl}}:]_2^-$

(4) $3H\cdot + \cdot\overset{\cdot}{\underset{..}{N}}\cdot \longrightarrow H:\overset{H}{\underset{..}{N}}:H$

A. (1)(2)　　B. (3)(4)　　C. (3)　　D. 全不对

(二)填空题

6. 质子数为12的原子,其原子结构示意图是________,它与氧原子形成的化合物的电子式是________。

7. R元素的M电子层上有4个电子,该元素的元素符号是________,它与H原子结合形成化合物的化学式是________,其中的化学键是________。

8. X原子的M电子层有2个电子,Y原子的L层电子比K层电子多5个,则X与Y结合形成化合物的化学式为________,其电子式为________。

9. X,Y,Z三种元素的原子序数都小于18,它们的原子序数依次增大,最外层电子数依次为4,1,7。其中X元素的原子次外层电子数为2,Y元素的原子次外层电子数为8,Z元素与Y元素位于同一周期。X元素的原子结构示意图为________。Z元素位于第________周期,第________族。元素Y和Z相互作用形成化合物的化学键属于________键。该化合物的电子式为________。

阅读

原子结构理论模型发展史

近代原子结构量子力学模型理论的建立，大体上经历了以下四个重要阶段：道尔顿"原子说"、汤姆逊发现带负电荷的原子、卢瑟福"天体行星模型"、玻尔原子模型。20世纪20年代，随着科学技术的发展，用量子力学来描述微观粒子具有量子化特性和波粒二象性得到了满意的结果，从而建立了近代原子结构的量子力学模型理论。

1. 道尔顿的原子模型(1803)

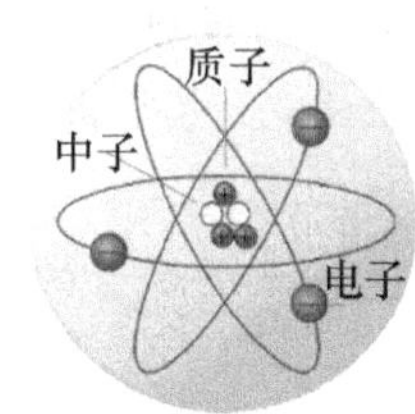

英国自然科学家约翰·道尔顿提出了世界上第一个原子的理论模型。他的理论主要有以下三点：(1)原子都是不能再分的粒子；(2)同种元素的原子的各种性质和质量都相同；(3)原子是微小的实心球体。

2. 汤姆逊的原子结构模型(1903)

1897年英国物理学家汤姆逊发现了电子，并于1904年提出了原子的"枣糕式"模型。他认为：原子是一个球体，正电荷均匀分布在整个球内，电子像枣糕里的枣子那样镶嵌在原子里面。但是，汤姆逊的原子结构模型存在无法解决的困难：一方面要满足经典理论对稳定性的要求，另一方面要能解释实验事实，而这两方面往往是矛盾的。

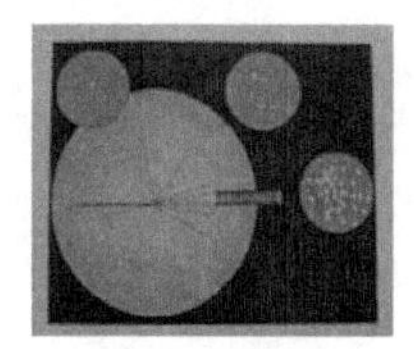

3. 卢瑟福的原子结构模型(1911)

汤姆逊的学生卢瑟福在研究粒子散射实验的基础上，提出了一种新的原子结构模型。他认为：整个原子由带正电的原子核和带负电的核外电子组成。核外电子绕核做高速运动。由于电子绕核的运动看起来像行星绕太阳运动一样，所以又称为"行星模型"。随着科学的进步，氢原子线状光谱的事实表明行星模型是不正确的。

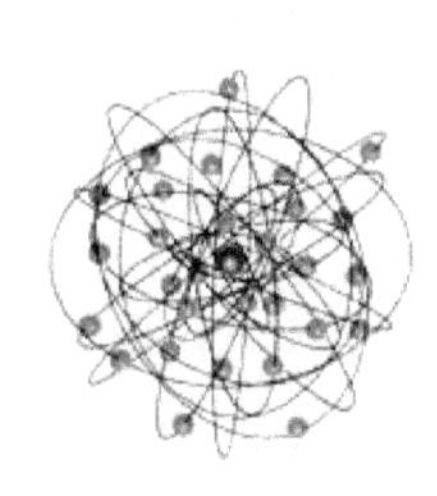

4. 玻尔电子分层排布模型(1913)

按照经典电磁场理论，电子绕核运动必然向外辐射能量，电子的半径和速度越来越小，频率便会发生连续的变化。因此，辐射的应该是连续谱，这与原子线状光谱的实验事实不符。同时，由于辐射，电子的能量就会减少，最终电子将会落到核上。这与原子系统是稳定的相矛盾。为了解决上述困难，丹麦物理学家玻尔于1913年将量子化概念引入"核式结构"模型，提出了玻尔理论，包含定态假设、跃迁假设和轨道量子化假设。

(1)原子中的电子在具有确定半径的圆周轨道(orbit)上绕原子核运动，不辐射能量。

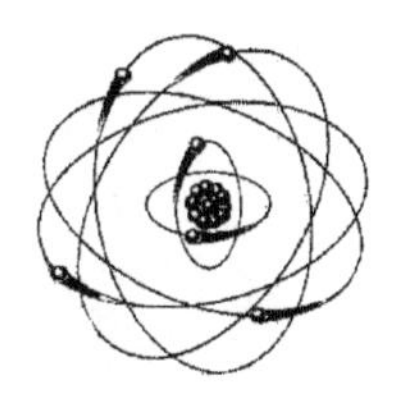

(2)在不同轨道上运动的电子具有不同的能量(E)，且能量是量子化的，轨道能量值依$n(1,2,3,\cdots)$的增大而升高，n称为量子数。而不同的轨道则分别被命名为K($n=1$)、L($n=2$)、N($n=3$)、O($n=4$)、P($n=5$)。

(3)当且仅当电子从一个轨道跃迁到另一个轨道时,才会辐射或吸收能量。如果辐射或吸收的能量以光的形式表现并被记录下来,就形成了光谱。玻尔的原子模型很好的解释了氢原子的线状光谱,但对于更加复杂的光谱现象却无能为力。利用这一理论成功解释了氢原子的发光规律。

5. 量子力学为基础的原子结构模型(1925)

玻尔理论无法对复杂原子的发光规律作出解释。后来随着量子力学的发展,逐渐建立了以量子力学为基础的原子结构模型,取得了很大成就,近代量子力学所描述的原子结构也是一种模型,这种模型对物质的性质、化学变化的机理只是提出了一个合理的令人满意的解释。但是,随着21世纪高科技的深入发展,原子内部的秘密必将被揭开,可以肯定地说这个模型必将被新的模型所代替。电子云模型和原子行星模型不一样:行星有固定的轨道;电子云不是固定轨道,是电子出现的概率。

电子运动的规律跟宏观物体运动的规律截然不同,电子在核外的空间近似于分层排布。根据微观粒子的波粒二象性,在波尔模型基础上加以修正。

第3章　化学反应速率及化学平衡

本章主要包括化学反应速率、化学平衡两个部分。

主要介绍化学反应速率、化学平衡等概念，并讨论反应物浓度、温度、压强及催化剂等外界条件对化学反应速率的影响，以及运用化学平衡移动原理判断化学平衡移动的方向。

学习内容

本章主要介绍化学反应速率和化学平衡,其中包括了化学反应速率及影响化学反应速率的因素,可逆反应,化学平衡及化学平衡的移动和催化剂的作用。

学习目的

1. 理解化学反应速率的概念。
2. 掌握反应物浓度、温度、压力及催化剂等外界条件对化学反应速率的影响。
3. 掌握化学平衡状态的特征。
4. 掌握化学平衡移动原理,并能运用该原理判断化学平衡移动的方向。

3.1 化学反应速率

专业术语

反应速率
رېئاكسىيە سۈرئىتى
物质的量浓度
مىقدارى قويۇقلۇغى ماددا
平均速率
ئوتتۇرىچە سۈرئەت
分子式
مولېكولا فورمۇلىسى

3.1.1 化学反应速率

单位时间内参与化学反应的物质浓度的变化,叫做化学反应速率。用化学反应速率来表示化学反应进行的快慢程度。

关于反应速率的几点说明如下。

(1) 物质的浓度是指物质的量浓度($mol \cdot dm^{-3}$ 或 $mol \cdot L^{-1}$),时间可用秒(s)、分(min)等,所以化学反应速率的单位常用 $mol \cdot L^{-1} \cdot s^{-1}$ 或 $mol \cdot L^{-1} \cdot min^{-1}$ 表示。

(2) 浓度变化可以是反应物浓度的减小,也可以是生成物浓度的增大,但反应速率是正值,不能取负值。

(3) 同一个化学反应,可用不同的物质的浓度变化来表示反应速率,但它们所得的数值是不同的。其数值比等于反应方程式中物质的系数比(又称为化学计量系数之比)。

(4) 化学反应速率的数值随时间的变化而变化。通常计算出的反应速率,都是在一定时间间隔内的平均速率。

例如:合成氨反应

$$N_2 + 3H_2 \rightleftharpoons 2NH_3$$

	N_2	$3H_2$	$2NH_3$	
开始时	5	10	0	$mol \cdot L^{-1}$
5 分钟后	3	4	4	$mol \cdot L^{-1}$

该反应在 5 分钟内的平均反应速率为

用 N_2 表示:$\frac{5-3}{5} = 0.4\ mol \cdot L^{-1} \cdot min^{-1}$

用 NH_3 表示:$\frac{4-0}{5} = 0.8\ mol \cdot L^{-1} \cdot min^{-1}$

其速率之比(0.4 ∶0.8)等于它们的系数之比(1 ∶2)。

即:用不同物质表示的反应速率数值不同,但它们之间有一定的关系。

用反应进度来表示反应速率。

反应进度是一个衡量化学反应进行程度的物理量。当反应进行后,某参与反应的物质的物质的量从始态的 n_1 变到终态的 n_2,则该反应的反应进度 ξ 为

$$\xi = \frac{n_2 - n_1}{\nu} = \frac{\Delta n_B}{\nu_B}$$

式中,n_B 为反应方程式中任一物质 B 的物质的量;ν_B 为该物质在方程式中的化学计量数。对于产物 Δn_B, ν_B 均为正值,而对于反应物 Δn_B, ν_B 均为负值。

例如,某合成氨反应,始终态各物质的物质的量如下:

	$N_{2(g)}$ +	3 $H_{2(g)}$ =	2 $NH_{3(g)}$
始态 n/mol	3	8	0
终态 n/mol	1	2	4

该反应过程若用 N_2 的变化来表示反应进度,则

$$\xi = \frac{(1-3)\text{mol}}{-1} = 2\ \text{mol}$$

若选用 H_2 来表示,则

$$\xi = \frac{(2-8)\text{mol}}{-3} = 2\ \text{mol}$$

若选用 NH_3 来表示,则

$$\xi = \frac{(4-0)\text{mol}}{2} = 2\ \text{mol}$$

可见,无论选用何种物质来表示该反应的反应进度,都可得到相同的结果。

又

$$\nu = \frac{d\xi}{Vdt} = \frac{1}{\nu_B}\frac{dc_B}{dt}$$

所以,用反应进度来表示反应速率也可得到相同的结果。

3.1.2 影响化学反应速率的因素

反应速率除取决于反应物的本性外,外界条件对它也有强烈的影响。这些外界条件主要是浓度、压强、温度和催化剂等。

1. 浓度对反应速率的影响

在其它条件不变的情况下,增加反应物的浓度,反应速率也随之增大;反之,减小反应物的浓度,反应速率也相应减小。

这是因为反应物浓度增大,单位体积内的分子数目就增多,单位时间内反应物分子相互碰撞的次数也增多。而化学反应是反应物分子因相互碰撞而破裂成原子,然后原子再重新组

专业术语

浓度
قويۇقلۇق
压强
بېسىم كۈچىنىشى
物质浓度
ماددىنىڭ قويۇقلۇقى
反应物
رېئاكسىيىلەشكۈچىلەر
反应物浓度
رېئاكسىيىلەشكۈچىلەر قويۇقلۇقى
生成物
ھاسىلات، مەھسۇلات
生成物浓度
ھاسىلات قويۇقلۇقى

合成生成物的分子的过程。所以,反应物分子相互碰撞次数增多,反应速率就加快。

2. 压强对反应速率的影响

对反应物中有气态物质的反应来说,在其它条件不变时,增大体系的压强,反应速率也相应增大;减小体系的压强,反应速率也相应减小。

这是因为气态物质在其它条件不变时,压强增大,体积要相应缩小,即浓度增大。所以,对于有气体物质参加的化学反应,增大压强相当于增大浓度,所以反应速率加快。

对于只有固体、液体或溶液参加的化学反应,由于压强的变化对它们的体积影响很小,可以认为压强对反应速率没有影响。

3. 温度对反应速率的影响

在其它条件不变时,升高温度,反应速率加快;降低温度,反应速率减慢。

这是因为温度升高,一方面,反应物分子的动能增大,使反应物分子因相互碰撞而破裂的可能性增大;另一方面,反应物分子的运动速度也加快,使单位时间内分子的碰撞次数增多。这两方面都使反应速率加快。

专业术语

催化剂
كاتالىزاتور
反应历程
رېئاكسىيە مۇساپىسى

4. 催化剂对反应速率的影响

(1) 催化剂　能改变反应速率,而本身的化学性质和质量在反应前后均保持不变的物质,叫做该反应的催化剂,工业上把催化剂也叫触媒。

(2) 催化作用　催化剂改变反应速率的作用叫做催化作用。一般情况下,改变反应速率多指加快反应速率,所以使用催化剂可使反应速率加快。

(3) 催化作用的原因 一般来说,催化剂是指参与化学反应中间历程的,又能选择性地改变化学反应速率,而其本身的数量和化学性质在反应前后基本保持不变的物质。

例题

【例题 3-1】　下列化学反应,进行速率最快的是(　　)。

A. 在 25℃的 0.1 mol · L^{-1}盐酸中,加入 0.1 g 锌粒

B. 在 80℃的 0.01 mol · L^{-1}盐酸中,加入 0.1 g 锌粒

C. 在 80℃的 0.1 mol · L^{-1}盐酸中,加入 0.1 g 锌粒

D. 在 80℃的 0.1 mol · L^{-1}醋酸中,加入 0.1 g 锌粒

【分析】　酸与锌的反应,本质上是 H^+ 与锌的反应,所以该反应的速率与以下因素有关。

(1) 反应温度　温度越高，反应速率越快。本题温度为25℃和 80℃，当然 80℃时反应速率快。

(2) 酸的浓度　对强酸(本题是盐酸)来说，酸的浓度越大，一般情况下 H^+ 浓度也大，反应速率也越快。本题盐酸浓度分别为 0.1 $mol \cdot L^{-1}$ 和 0.01 $mol \cdot L^{-1}$，当然浓度为 0.1 $mol \cdot L^{-1}$时反应速率快。

(3) 酸的强弱程度　强酸完全电离，弱酸部分电离。在酸的浓度相同时，强酸溶液中 H^+ 浓度比弱酸溶液中 H^+ 浓度大，所以强酸的反应速率快。本题为盐酸和醋酸，所以盐酸反应速率快。

综上分析其结果是：题中 80℃ 0.1 $mol \cdot L^{-1}$ 的盐酸与锌的反应速率为最快。

【答案】 C

【例题 3-2】 一定条件下，在 A L 的密闭容器中进行合成氨反应：$N_2+3H_2 \rightleftharpoons 2NH_3$。2 min 后，消耗了 B mol H_2，若用 NH_3 的浓度变化来表示此时间间隔内该反应的平均速率，则

$$v_{NH_3} = \_\_\_\_\_\_\_\_ \ mol \cdot L^{-1} \cdot min^{-1}$$

式中：v 表示平均反应速率。

【分析】 本题涉及反应速率的概念和根据化学方程式进行的简单计算，具体解法可有两种。

解法一：首先求出 NH_3 在 2 min 内物质的量变化为 x，则

$$N_2 + 3H_2 \rightleftharpoons 2NH_3$$

$$\quad 3\ mol \qquad 2\ mol$$

$$\quad B\ mol \qquad x$$

$$\frac{3\ mol}{B\ mol} = \frac{2\ mol}{x}$$

解得

$$x = \frac{2B}{3}\ mol$$

NH_3 的浓度变化量为 $\frac{x}{A\ L} = \frac{2B}{3A}\ mol \cdot L^{-1}$

所以 $v_{NH_3} = \dfrac{\frac{2B}{3A}\ mol \cdot L^{-1}}{2\ min} = \dfrac{B}{3A}\ mol \cdot (L \cdot min)^{-1}$

解法二：(1)首先求出用 H_2 表示的反应速率 v_{H_2}

$$v_{H_2} = \frac{\frac{B\ mol}{A\ L}}{2\ min} = \frac{B}{2A}\ mol \cdot (L \cdot min)^{-1}$$

(2)求出用 NH_3 表示的反应速率 v_{NH_3}。设 v_{NH_3} 为 x，则

$$N_2 + H_2 \quad = \quad 2NH_3$$

$$3\ mol \qquad\qquad 2\ mol$$

$$\frac{B}{2A}\ mol \cdot (L \cdot min)^{-1} \qquad x$$

$$\frac{3\ \text{mol}}{\frac{B}{2A}\ \text{mol}\cdot(\text{L}\cdot\text{min})^{-1}}=\frac{2\ \text{mol}}{x}$$

解得 $$x=\frac{B}{3A}\ \text{mol}\cdot(\text{L}\cdot\text{min})^{-1}$$

【答案】 $x=\frac{B}{3A}$

3.2 化学平衡

3.2.1 可逆反应

在同一条件下,既能向正反应方向进行,同时又能向逆反应方向进行的反应,称为可逆反应。

在可逆反应的反应方程式中,应把"══"改写成"⇌"。例如,合成氨反应即是一个可逆反应,其反应方程式应写成

$$N_2+3H_2 \rightleftharpoons 2NH_3$$

在可逆反应中,把向生成物方向(向右)进行的反应叫做正反应;向反应物方向(向左)进行的反应叫做逆反应。

> **专业术语**
>
> 可逆反应
> قايتما رېئاكسىيە
> 不可逆反应
> قايتماس رېئاكسىيە
> 正反应
> ئوڭ رېئاكسىيە
> 逆反应
> ئەكسى رېئاكسىيە

3.2.2 化学平衡

1. 化学平衡状态

若在氨的合成容器中通入一定量的 N_2 和 H_2,正反应开始发生。随着反应的发生,反应物(N_2 和 H_2)的浓度逐渐减小,所以正反应速率($v_{正}$)也将随时间的变化而减小。

与此同时,因生成物(NH_3)的量随时间的增加而增多,即逆反应速率($v_{逆}$)将随时间的变化而逐渐加大。

这种变化的最终结果是,当正反应速率等于逆反应速率时,反应混合物中各物质的量都保持不变。这一状态叫做化学平衡状态,习惯上叫做化学平衡。

2. 化学平衡状态的特征

(1) 可逆反应到达平衡状态后,从宏观上看,反应好像停止了;但从微观上看,正反应和逆反应仍在继续进行,只是其速率相等。这种平衡称为动态平衡。

(2) 平衡状态时,反应混合物中各物质的百分含量保持不变。

(3) 当平衡条件发生改变时,平衡状态即被破坏,发生平衡移动,建立新的平衡状态。

(4) 平衡状态可以从正反应开始,也可以从逆反应开始。

> **专业术语**
>
> 化学平衡
> خېمىيىلىك مۇۋازىنەت
> 平衡状态
> مۇۋازىنەت ھالەت
> 非平衡状态
> مۇۋازىنەتسىز ھالەت
> 化学平衡移动
> مۇۋازىنەتنىڭ سىلجىشى
> خىمىيىلىك
> 动态平衡
> ھەرىكەتچان مۇۋازىنەت
> 电离平衡
> ئىئونلىنىش مۇۋازىنىتى

只要条件相同，平衡状态就相同。

3. 标准化学平衡常数

在可逆反应中，为了比较反应进行程度的大小，需要规定一个状态作为比较的标准。所谓标准状态，是在指定温度 T 和标准压力 p^{θ} 下该物质的状态，简称标准态。

对具体系统而言，纯理想气体的标准态是该气体处于标准压力 p^{θ}(100 kPa)下的状态；混合理想气体的标准态是指任一气体组分的分压力为 p^{θ} 的状态；纯液体（或纯固体）物质的标准态是标准压力 p^{θ} 下的纯液体（或纯固体）。溶液中溶质的标准态，是在指定温度 T 和标准压力 p^{θ}，质量摩尔浓度 1 mol/kg 的状态。因压力对液体和固体的体积影响很小，故可将溶质的标准态浓度改用 $c=1$ mol/L 代替。

对一般的可逆化学反应

$$aA(g)+bB(aq)+cC(s) \rightleftharpoons xX(g)+yY(aq)+zZ(l)$$

其标准平衡常数表达式为

$$K^{\theta}=\frac{\{p(X)/p^{\theta}\}^{x}\{c(Y)/c^{\theta}\}^{y}}{\{p(A)/p^{\theta}\}^{a}\{c(B)/c^{\theta}\}^{b}}$$

K^{θ} 越大，反应进行的程度就越大。

3.2.3　化学平衡的移动

1. 化学平衡的移动

当化学平衡条件发生改变时，原平衡状态即被破坏，同时在新的条件下建立新的平衡状态。这一过程叫做化学平衡的移动。

若平衡移动的结果是新平衡状态中生成物的百分含量大于原平衡状态中生成物的百分含量，这种移动称为平衡向右（或说向正反应方向）移动；反之，称为平衡向左（或说向逆反应方向）移动。

2. 影响化学平衡移动的因素

（1）浓度对化学平衡移动的影响　增大反应物浓度或减小生成物浓度，平衡向正反应方向移动；减小反应物浓度或增大生成物浓度，平衡向逆反应方向移动。

（2）压强对化学平衡移动的影响　对有气体物质（反应物或生成物均可）参加，且反应前后气态物质的量有变化的平衡体系：增大体系的压强，平衡向气体体积数减小的方向（即气体物质的量减小的方向）移动；减小体系的压强，平衡向气体体积数增大的方向（即气体物质的量增大的方向）移动。

（3）温度对化学平衡移动的影响　在其它条件不变时，升

专业术语

平衡常数
مۇۋازىنەت تۇراقلىقى

反应方向
رېئاكسىيە يۆنىلىشى

正反应方向
ئوڭ رېئاكسىيە يۆنىلىشى

逆反应方向
ئەكسى رېئاكسىيە يۆنىلىشى

吸热反应
ئىسسىقلىق سۈمۈرۈش رېئاكسىيىسى

放热反应
ئىسسىقلىق چىقىرىش رېئاكسىيىسى

高温度,平衡向吸热反应方向移动;降低温度,平衡向放热反应方向移动。

3.2.4 催化剂的作用

1. 催化剂的作用

由于催化剂以同样的倍数改变正、逆反应速率,所以使用催化剂不能改变平衡状态,但可缩短到达平衡状态所需的时间。因此,在实际生产中,催化剂仍然有着广泛的应用。有关催化剂的研究也是目前重要的研究领域。

2. 催化剂反应的原理

(1)只能对热力学上可能发生的反应起作用。

(2)通过改变反应途径以缩短达到平衡的时间。

(3)催化剂有选择性,选择不同的催化剂会有利于不同种产物的生成。

(4)只有在特定的条件下催化剂才能表现活性。

应注意的几个问题如下。

① 催化剂在改变反应速率方面的作用与化学平衡体系应用催化剂是有本质区别的。催化剂不能改变平衡状态,只能缩短到达平衡状态所需要的时间。

② 反应速率的大小与平衡移动的方向之间没有必然的联系和规律。与平衡移动方向密切相关的是 $V_{正}$ 与 $V_{逆}$ 的相对大小,即:$V_{正}>V_{逆}$ 非平衡状态,平衡一定向正反应方向移动;$V_{正}<V_{逆}$ 非平衡状态,平衡一定向逆反应移动:$V_{正}=V_{逆}$ 平衡状态(见图 3.1),此时平衡不发生移动。

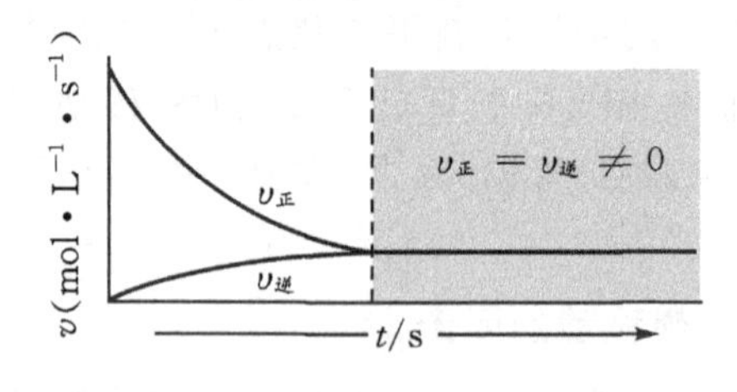

图 3.1

具体地说,只是 $V_{正}$ 增大,不好说平衡是否移动,更不能说移动的方向如何,还必须考虑 $V_{逆}$ 如何变化及变化后 $V_{正}$ 以及 $V_{逆}$ 的相对大小。

例题

【例题 3 - 3】 对密闭容器内的可逆反应

$$CO + H_2O(g) \rightleftharpoons CO_2 + H_2$$

下列叙述能充分判断反应已达到平衡的是(　　)。

A. 反应容器内的压强不随时间变化

B. 反应容器内总物质的量不变

C. 容器内 CO,H_2O,CO_2,H_2 四种气体的物质的量相等

D. CO_2 和 CO 的生成速率相等

【分析】 首先应注意到本题的反应是一个特殊反应,反应前后气体物质的化学计量数之和相等。因此反应过程中,反应容器内的压强、总物质的量都不发生变化,所以 A,B 选项都不对。

气相反应在平衡状态时,各物质的物质的量不一定相等,所以 C 选项也不对。

在 D 项中,CO_2 是生成物,CO 是反应物,且它们的化学计量数相同,所以平衡状态时,它们各自的生成速率(即反应的 $v_{正}$ 和 $v_{逆}$,必是 $v_{正} = v_{逆}$。因此,D 选项是正确的。

【答案】 D

【例题 3 - 4】 反应 $CO + NO_2 \rightleftharpoons CO_2 + NO$(正反应放热)到达平衡后,若想使 CO 的转化率增大,应(　　)。

A. 增大压强　　B. 使用催化剂

C. 升高温度　　D. 降低温度

专业术语

转化率(α)
ئۆزگىرىش نىسبىتى

【分析】 回答此题首先应该明确转化率的含义。转化率指的是反应物变化的物质的量或浓度与反应物起始的物质的量或浓度的比值。CO 的转化率增大,就是平衡向正反应方向移动。然后依据平衡移动的原理,逐项讨论。

(1) 此反应中所有物质均为气态,且反应前后计量数之和相等,所以,压强变化,将不会影响平衡状态。因此 A 选项不正确。

(2) 正反应中所有物质均为气态,所以使平衡向正反应方向移动,需降低温度。由此可知 D 选项正确,C 选项不对。

(3) 催化剂以同样的比率改变正、逆反应速率,所以催化剂不能改变平衡状态,即使用催化剂也不能使平衡移动。因此 B 选项不对。

应该注意:不能因催化剂加快反应速率,就错误地理解为能使反应向正反应方向移动。

【答案】 D

【例题 3 - 5】 可逆反应 $2A \rightleftharpoons B + C$ 达到平衡后,在

其它条件不变的情况下：

(1) 降低温度，A 的转化率增大，则正反应是________反应(填“放热”或是“吸热”)；

(2) 如果 A 为气态物质，并且平衡不受压强的影响，则 B 一定是 ________态物质。

【分析】 (1) 降低温度，A 的转化率增大，即平衡向正反应方向移动。根据平衡移动原理可知，降低温度使平衡向放热方向移动，所以正反应方向是放热方向。

(2) A 为气态物质，其计量数为 2，且平衡不受压强影响，所以生成物中一定要有气态物质，且气态物质的计量数之和也应为 2。此反应的生成物只有 B 和 C，且它们的计量数均为 1，所以 B 和 C 都应是气体。

【答案】 放热　气

【例题 3－6】 HClO 的酸性比 H_2CO_3 弱，可逆反应为

$$Cl_2 + H_2O \rightleftharpoons HClO + HCl$$

到达平衡后，要使 HClO 的浓度显著增大，可加入(　　)。

A. $CaCO_3(s)$　　B. HCl(g)

C. NaOH(s)　　D. $H_2O(l)$

专业术语

水解

ھىدرولىزلىنىش

【分析】 要使 HClO 的浓度显著增大，就是使平衡向右移动。题目给出的 $CaCO_3$，HCl，NaOH，H_2O 中，HCl 使平衡向左移动，所以 B 选项不对。

其余 3 种物质能使平衡向右移动，但又有如下区别。

(1) 加入 H_2O，可使平衡向右移动，生成的 HClO 较多，但同时加入 H_2O 也使溶液体积增大，所以 HClO 的浓度不一定增大，即使增大，也不是“显著”增大。所以 D 选项不对。

(2) 加入 NaOH，因消耗了 HCl 和 HClO 而使平衡向右移动，但反应最终得到的是 NaCl 和 NaClO，所以不能使 HClO 浓度增大。因此 C 选项不对。

(3) 加入 $CaCO_3$，因 $CaCO_3$ 可与强酸 HCl 反应，而不与弱酸 HClO 反应，所以因消耗 HCl 而使平衡向右移动，最终使 HClO 的浓度显著增大。所以 A 选项正确。

【答案】 A

【例题 3－7】 往 Na_2S 溶液中加入少量固体 KOH，则 $\left(\frac{[Na^+]}{[S^{2-}]}\right)$的比值 ________(填“增大”、“减小”或“不变”)。

【分析】 Na_2S 是一种盐，讨论盐溶液中的离子浓度或盐溶液的酸碱性时，首先应考虑盐的水解。此题中 Na^+ 不水解，其 $[Na^+]$浓度为一定值，S^{2-} 则水解

$$S^{2-} + H_2O \rightleftharpoons HS^- + OH^-$$

向其中加入固态 KOH，OH^- 使上述平衡向左移动，结果使$[S^{2-}]$值增大，所以$\frac{[Na^+]}{[S^{2-}]}$的比值将减小。

【答案】 减小

【例题 3-8】 可逆反应 $mA(g)+nB(g) \rightleftharpoons pC(g)$ 到达平衡后，温度和压强对平衡的影响如图 3.2 所示。下列判断正确的是(　　)。

A. 正反应是吸热反应，且 $p>m+n$

B. 正反应是吸热反应，且 $p<m+n$

C. 正反应是放热反应，且 $p>m+n$

D. 正反应是放热反应，且 $p<m+n$

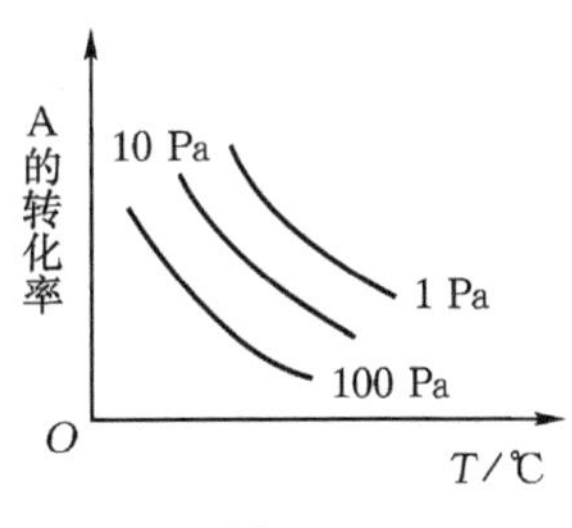

图 3.2

【分析】 这是一道识图题，首要信息靠识图来获得，因此要仔细分析所给图形。首先要确切地知道横、纵坐标的含义，其次要掌握一定的识图方法。

(1) 题中给出的 3 条线，每一条都表示出在恒压的条件下，A 的转化率与温度的关系。可任取其中一条线进行分析，从图中曲线可得结论是：温度升高，A 的转化率下降，即平衡向左移动。由此可知，逆反应为吸热反应，正反应为放热反应。根据此结论，选项 A，B 均是错误的。

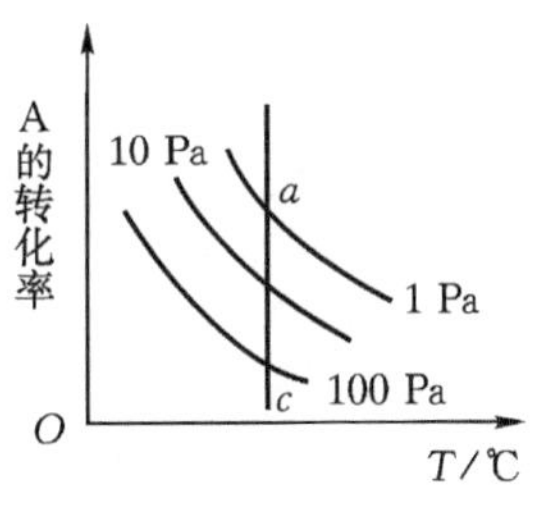

图 3.3

(2)讨论在温度不变条件下压强与平衡的关系时，需作一条与纵轴平行的 ac 线(见图 3.3)。ac 线表明了压强增大时，A 的转化率减小，即平衡向左移动。所以，逆反应方向是气体体积减小的方向，也就是 $p>m+n$。由此可知，C 选项正确，D 选项错误。

【答案】 C

习题

(一)选择题

1. 下列化学反应中，进行得最快的是(　　)。

A. 在 20℃时，将 1 g 铁粉放入 0.1 $mol \cdot L^{-1}$ 的 H_2SO_4 溶液中

B. 在 60℃时，将 1 g 铁粉放入 0.01 $mol \cdot L^{-1}$ 的 H_2SO_4 溶液中

C. 在 60℃时，将 1 g 铁粉放入 0.1 $mol \cdot L^{-1}$ 的 H_2SO_4 溶液中

D. 在 60℃时，将 1 g 铁粉放入 0.1 $mol \cdot L^{-1}$ 的醋酸溶液中

2. 在合成氨的反应中，经过 2 s 后氨的浓度增加了

0.4 mol · L^{-1}，若用氮气的浓度变化表示，在 2 s 内的平均反应速率为(　　)。

A. 0.4 mol · L^{-1} · s^{-1}

B. 0.3 mol · L^{-1} · s^{-1}

C. 0.2 mol · L^{-1} · s^{-1}

D. 0.1 mol · L^{-1} · s^{-1}

3. 下列反应已达到平衡，此时升高温度或降低压强，都能使平衡向右移动的反应是(　　)。

A. $N_2 + 3H_2 \rightleftharpoons 2NH_3$，$\Delta H = -Q$ kJ · mol^{-1}(表示正反应是放热反应)

B. $N_2 + O_2 \rightleftharpoons 2NO$，$\Delta H = Q$ kJ · mol^{-1}(表示正反应是吸热反应)

C. $C(s) + H_2O(g) \rightleftharpoons CO + H_2$，$\Delta H = Q$ kJ · mol^{-1}

D. $2SO_2 + O_2 \rightleftharpoons 2SO_3$，$\Delta H = -Q$ kJ · mol^{-1}

4. 当合成氨反应 $N_2 + 3H_2 \rightleftharpoons 2NH_3$，$\Delta H = -Q$ kJ · mol^{-1}，在一定条件下达到平衡时，下列说法中不正确的是(　　)。

A. 各物质的浓度为一定值

B. 各物质的百分含量不变

C. 以各物质分别表示的反应速率一定相等

D. 反应仍在继续进行，但反应物和生成物的量不再变化

5. 要使下列平衡 $C(s) + H_2O(g) \rightleftharpoons CO(g) + H_2(g)$，$\Delta H = Q$ kJ · mol^{-1}，向右移动，应采取的措施是(　　)。

A. 减小压强　　B. 降低温度

C. 加入催化剂　　D. 增大 H_2 的浓度

6. 可逆反应 $N_2 + 3H_2 \rightleftharpoons 2NH_3$，$\Delta H = -Q$ kJ · mol^{-1}，到达平衡后，为使 H_2 的转化率增大，下列选项中采用的 3 种方法都正确的是(　　)。

A. 升高温度、降低压强、增加氮气

B. 降低温度、增大压强、加入催化剂

C. 升高温度、增大压强、增加氮气

D. 降低温度、增大压强、分离出部分氨

7. 现有可逆反应 $A + B \rightleftharpoons 2C$，到达平衡后，若增大压强，体系中 C 的百分含量减小，下列叙述中正确的是(　　)。

A. B 为固体，A，C 为气体

B. A，B，C 都是气体

C. C 为固体，A，B 为气体

D. A 为气体，B，C 为固体

8. 在一定条件下，反应 $CO + NO_2 \rightleftharpoons CO_2 + NO$ 达到平衡后，降低温度，混合物的颜色变浅，下列关于该反应的叙述正

确的是(　　)。

A. 该反应为吸热反应

B. 该反应为放热反应

C. 降温后 CO 的浓度增大

D. 降温后各物质的浓度不变

9. 在密闭容器中,反应 $mA(g)+nB(s) \rightleftharpoons pC(g)$ 达到平衡后,把密闭容器体积减小,则 A 的转化率降低。下列关系式中正确的是(　　)。

A. $m+n>p$　　B. $m+n<p$

C. $m<p$　　D. $m>p$

10. 在水溶液中,$HCO_3^- \rightleftharpoons CO_3^{2-}+H^+$ 达到平衡后,若要使 $\frac{[CO_3^{2-}]}{[HCO_3^-]}$ 的比值显著增大,可加入(　　)。

A. HCl　　B. $NaHCO_3$

C. $MgSO_4$　　D. NaOH

(二)填空题

11. 对于可逆反应 $2SO_2(g)+O_2(g) \rightleftharpoons 2SO_3(g)$, $\Delta H=-Q\ kJ \cdot mol^{-1}$,当达到平衡后,升高温度,正反应速率 ________,逆反应速率 ________(选填"加快"、"减慢"或"不变"),平衡 ________移动(选填"向右"、"向左"或"不")。

12. 可逆反应 $A+B \rightleftharpoons 2C$(A,B,C 可能是固体或是气体)达到平衡后,在其它条件不变的情况下:

(1) 增大压强,B 的质量增大,则 C 一定是 ________态物质;

(2) 升高温度,B 的质量增大,则反应一定是 ________反应(选填"放热"或是"吸热")。

13. 在一定条件下,反应

$2SO_2(g)+O_2(g) \rightleftharpoons 2SO_3(g)$,$\Delta H=-Q\ kJ \cdot mol^{-1}$

达到平衡后,升高温度,气体总的物质的量________(选填"增大"、"减小"或是"不变");增大压强,气体总的物质的量________(选填"增大"、"减小"或是"不变")。

14. 可逆反应 $2A \rightleftharpoons B+C$ 达到平衡后,在其它条件不变的情况下:

(1) 降低温度,A 的转化率增大,则正反应是 ________反应(选填"放热"或是"吸热");

(2) 若 A 为气态物质,并且在压强增大时平衡不移动,则 B 物质一定是 ________态物质。

15. 重铬酸钾($K_2Cr_2O_7$)溶液中存在如下平衡

$Cr_2O_7^{2-}+H_2O \rightleftharpoons 2CrO_4^{2-}+2H^+$

(橙红色)　　　　(黄色)

往此溶液中加入过量氢氧化钠,平衡________移动,溶液呈________色。

16. 可逆反应 $aA(s)+bB(g) \rightleftharpoons cC(g)+dD(g)$ 达到平衡时,B 的质量分数 $\omega(B)$ 与压强 P 及温度 $T(T_2>T_1)$ 的关系如图 3.4 所示。则

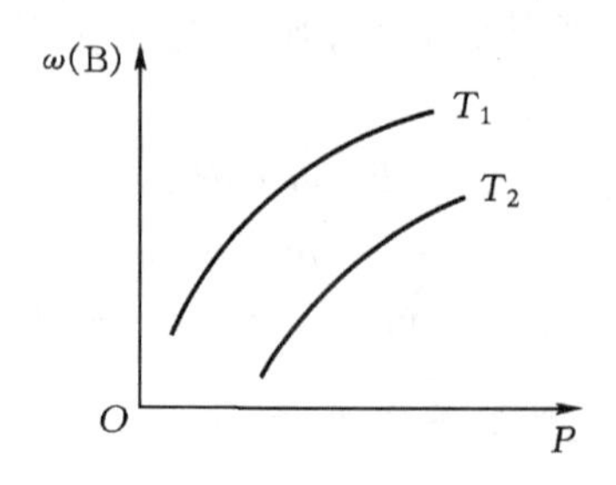

图 3.4　质量分数(ω)

(1) 当压强不变时,升高温度,$\omega(B)$ 变________,其反应为________反应(选填"放热"或是"吸热")。

(2) 当温度不变时,增大压强,B% 变________,平衡向________方向移动。

17. 可逆反应 $N_2O_4(g) \rightleftharpoons 2NO_2$, $\Delta H = Q\ kJ \cdot mol^{-1}$,达到平衡后,现有示意图 3.5 所示,见图 A,B,C,D。

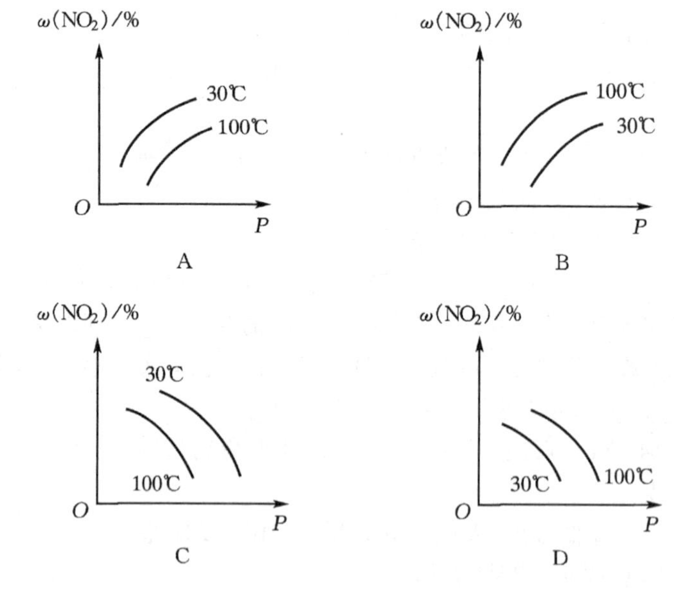

图 3.5

其中能够正确表示 30℃ 和 100℃ 时,平衡混合物中 NO_2 的质量分数 $\omega(NO_2)$ 与压强 (P) 的关系是________。

阅读

汽车尾气净化催化剂

催化在化工生产和科学实验中大量应用，最常见的催化剂是固体，反应物为气体或液体，在催化剂分类中称多相催化。

在实际应用上，催化剂常常附着在一些不活泼的多孔性物质上，这种物质称为催化剂的载体。载体的作用是使催化剂分散在载体上，产生较大的表面积。选用导热性好的载体有助于反应过程中催化剂散热，避免催化剂表面熔结或结晶增大。催化剂分散在载体上只需薄薄的一层，因此可节省催化剂的用量。

另外，在催化过程中，催化剂里加入少量某种物质而使催化剂效率大大提高，但单独使用这些物质时却丝毫没有催化作用，这些物质称为助催化剂。

在汽车尾气有害废弃物的“无害化”处理过程中，现在普遍使用稀土催化剂。催化剂的组成为：多孔耐高温陶瓷为催化剂载体；Pt，Pd，Ru 为主催化剂，CeO_2 为助催化剂。

催化机理属多相催化。反应在固相催化剂表面的活性中心上进行，催化剂分散在陶瓷载体上，其表面积很大，活性中心足够多，尾气可与催化剂充分接触。催化过程中相关化学反应方程式为

$$2NO(g) + CO(g) \xrightarrow{Pt,\ Pd,\ Rh} N_2(g) + CO_2(g)$$

$$CO + C_8H_{18} + 13O_2 = 9CO_2 + 9H_2O$$

稀土催化剂的实际效果：汽车尾气有害物质（NO 和 CO）催化转化率超过 90%。但实际应用时要注意：少量的铅即可使其中毒，从而失去催化活性。因此，安装这种尾气净化催化剂的汽车是不能够使用含铅汽油的。

第4章　溶液及电解质溶液

本章介绍溶液的组成及其表示方法、固体和气体溶解度的概念以及溶液的混合和稀释等问题。对于电解质溶液,介绍了电解质的电离,弱电解质的电离平衡、电离度,溶液的pH计算以及盐的水解等问题。重点强调弱电解质的电离平衡属于化学平衡的一种。对于电解质溶液中溶液导电能力的差异及常用的酸碱指示剂也作了简单介绍。对于如何把化学能转变为电能的原电池装置、金属的腐蚀和防护作了重点介绍。

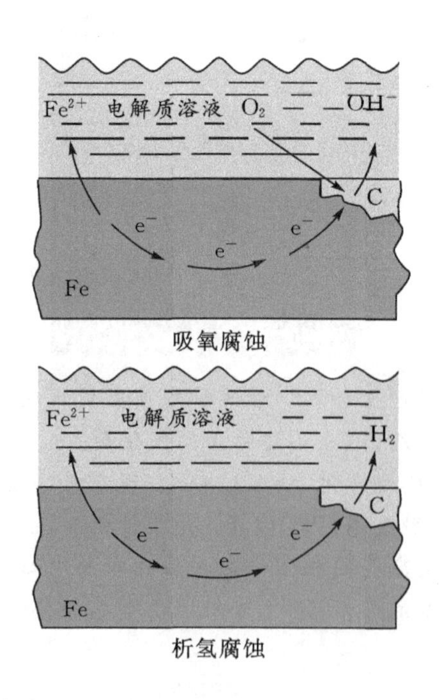

学习内容

本章主要介绍溶液，电解质溶液和原电池、金属的腐蚀与保护，其中包括溶液的组成，饱和溶液和不饱和溶液，结晶和结晶水合物，溶解度，溶液组成的表示方法，溶液的混合与稀释，电解质的电离，溶液的 pH，盐类的水解，原电池，金属的腐蚀与保护。

学习目的

1. 了解饱和与不饱和的概念及它们之间的相互转化方法。在使用中，应掌握溶液是否饱和的判断方法；了解结晶水合物的概念。

2. 了解溶解度，掌握溶质的质量分数、物质的量浓度等概念。记住定义及计算式，并能进行互相求算。

3. 掌握强弱电解质在结构、电离程度、电离式的书写等方面的区别，记住一些常见的强弱电解质，了解他们在溶液中的存在状态。

4. 理解溶液的酸碱性与$[H^+]$、pH 的关系，并能进行有关 pH 的简单计算。掌握盐的水解规律。

5. 理解原电池的工作原理，原电池两极的判断，会写电极反应。

6. 了解电化学腐蚀的原理，理解原电池的形成将会加快金属的腐蚀效率。

4.1　溶　液

4.1.1　溶液的组成

溶液由溶质和溶剂组成。被溶解的物质称为溶质，溶解溶质的物质称为溶剂。

溶质、溶剂和溶液间的质量关系为

$$溶液质量=溶剂质量+溶质质量$$

专业术语

溶液
ئېرىتمە

溶质
ئېرىگۈچى

溶剂
ئېرىتكۈچى

4.1.2　饱和溶液和不饱和溶液

$$饱和溶液\underset{降低温度或减少溶剂}{\overset{升高温度或增加溶剂}{\rightleftharpoons}}不饱和溶液$$

4.1.3　结晶和结晶水合物

从溶液中析出晶体的过程称为结晶。有些物质的晶体里常结合一定数目的水分子，这样的水分子称为结晶水。含有结晶水的化合物称为结晶水化合物。

专业术语

饱和溶液
تويۇنغان ئېرىتمە
结晶
جەۋھەر، كىرىستال
结晶水合物
كىرىستال گىدرولىزلار
溶解度
ئېرىش دەرىجىسى

4.1.4　溶解度

1. 固体物质的溶解度

在一定温度下,某物质在 100 g 溶剂中达到饱和状态时所能溶解溶质的质量(单位:g),称为该物质在这种溶剂中的溶解度。

温度对固体溶解度的影响:

① 大多数物质的溶解度随温度的升高而增大;

② 少数物质的溶解度受温度影响很小,例如食盐;

③ 个别物质的溶解度随温度升高而减小,例如熟石灰。

2. 气体物质的溶解度

气体物质的溶解度随温度升高而减小,随压强增大而增大。

4.1.5　溶液组成的表示方法

1. 溶质的质量分数

溶液中的溶质质量与溶液质量之比,称为溶质的质量分数。溶质的质量分数常用百分数的形式表示,其计算式是

$$\text{溶质的质量分数}=\frac{\text{溶质质量}}{\text{溶液质量}}\times 100\%$$

2. 物质的量浓度

用单位体积(常用 1 dm^3 或 1 L)溶液中所含溶质的物质的量表示溶液浓度,称为物质的量浓度。常用单位($mol \cdot dm^{-3}$或 $mol \cdot L^{-1}$)物质的量浓度计算式是

$$\text{物质的量浓度}(mol \cdot L^{-1})=\frac{\text{溶质的物质的量}(mol)}{\text{溶液的体积}(L)}$$

4.1.6　溶液的混合与稀释

专业术语

混合
ئارىلاشتۇرۇش
稀释
سۇيۇلدۇرۇش

$$\omega_1 m_1 = \omega_2 m_2$$

$$c_1 V_1 = c_2 V_2$$

式中:ω 表示溶质的质量分数;m 表示溶液的质量;c 表示物质的量浓度;V 表示溶液的体积(dm^3 或 L);下角标 1 表示稀释(或混合)前;下角标 2 表示稀释(或混合)后。

例题

【例题 4-1】 在一定温度下,某溶液达到饱和时,以下叙述正确的是(　　)。

A. 溶解和结晶都不能再进行

B. 已溶解的溶质和未溶解的溶质的质量相等

C. 溶液的浓度不变

D. 此溶液一定是浓溶液

【分析】 A 项：不正确。饱和溶液是溶解与结晶达到平衡状态，此时溶解与结晶处于"动态平衡"，仍在进行，只是溶解的量和结晶的量相等而已。

B 项：不正确。已溶解的溶质质量和未溶解的溶质质量间没有必然关系。

C 项：正确。饱和溶液的浓度是一个定值，只要温度不变，浓度也不改变。

D 项：不正确。饱和溶液可能很浓，也可能很稀，这与物质的溶解度大小有关。

【答案】 C

【例题 4-2】 在 70℃时，向 30 g 水中加入 20 g 某物质。已知该温度时此物质的溶解度为 60 g，则所得溶液中溶质的质量分数是(　　)。

A. 40%　　B. 66.7%　　C. 37.5%　　D. 32.1%

【分析】 首先应判断 20 g 溶质是否完全溶解，因为完全溶解和不完全溶解所得的溶液的浓度是不同的。

(1) 设 30 g 水中可溶解溶质 x g，则

溶剂质量	——	溶质质量
100 g		60 g
30 g		x g

$$\frac{100\ g}{30\ g}=\frac{60\ g}{x\ g}\qquad x=18$$

即只能溶解 18 g 溶质。

(2) 求溶质的质量分数。根据已溶解的溶质质量为 18 g，可求得溶质的质量分数为

$$\frac{18\ g}{30\ g+18\ g}\times 100\%=37.5\%$$

因溶质有剩余，即溶液为饱和溶液，所以，也可根据溶解度求得溶质的质量分数

$$\frac{60\ g}{100\ g+60\ g}\times 100\%=37.5\%$$

【答案】 C

【例题 4-3】 已知某物质在某一温度时的溶解度为 a g，其在该温度时的饱和溶液中，溶质的质量分数为 b%。则 a 与 b 间的大小关系是(　　)。

A. $a>b$　　B. $a<b$　　C. $a=b$　　D. 都不对

【分析】 此题可用两种方法求解。

解法一:从溶解度和溶质的质量分数的概念出发求解。

因溶解的为 a g,即知溶质为 a g;溶剂为 100 g;溶液为 $(100+a)$ g。

饱和溶液中溶质的质量分数为

$$\frac{a}{100+a}\times 100\% = \frac{100a}{100+a}\%$$

即

$$b = \frac{100a}{100+a}$$

由此可得　$a>b$。

解法二:可用具体数值带入计算。

设 $a=5$,即溶解度为 5 g,饱和溶液中溶质的质量分数为

$$\frac{5}{100+5}\times 100\% = 4.76\%$$

即 $b=4.76<a$

【答案】 A

【例题 4－4】 现有 60 kg 质量分数为 20%的浓氨水,要将其稀释成质量分数为 0.3%的稀氨水,应加水________ kg。

【分析】 根据溶液的稀释定律进行计算。设加入水 x kg,则

$$60\ \text{kg}\times 20\% = (60\ \text{kg}+x\ \text{kg})\times 0.3\%$$

$$1200 = 18+0.3x$$

解得

$$x=3940$$

【答案】 3940

人体的正常生理活动也是建立在溶液基础上的,人体 60%以上的成分均为水。在不同年龄阶段,人体的含水量也不同,从婴幼儿期的 90%左右,到成人期减少为 80%。医生建议,每个人每天应饮水两升左右。

【例题 4－5】 实验室中常用的 65%的浓硝酸密度为 $1.4\ \text{g}\cdot\text{cm}^{-3}$,计算这种硝酸的物质的量的浓度。要配制 $3\ \text{mol}\cdot\text{L}^{-1}$的硝酸 $100\ \text{cm}^3$,需用此种浓硝酸多少毫升?

【分析】 (1)此题实际上是溶质的质量分数与物质的量浓度之间的换算问题,可有两种计算方法。

解法一:从两者的计算式出发。浓 HNO_3 为 65%,即在 100 g 溶液中,含溶质 65 g,所以溶质的物质的量为

$$\frac{65\ \text{g}}{63\ \text{g}\cdot\text{mol}^{-1}} = \frac{65}{63}\ \text{mol}$$

硝酸的物质的量浓度为

$$\frac{\frac{65}{63}\ \text{mol}}{(\frac{100}{1.4}\times 10^{-3})\ \text{L}} = 14.4\ \text{mol}\cdot\text{L}^{-1}$$

解法二:从物质的量浓度的定义出发。1 L 溶液中含有溶质的物质的量就是物质的量浓度。

1 L 浓硝酸中含溶质的质量为

$$1000\times1.4\ \text{g}\times65\%=(1000\times1.4\times65\%)\ \text{g}$$

1 L 浓硝酸中含溶质的物质的量为

$$\frac{(1000\times1.4\times65\%)\ \text{g}}{63\ \text{g}\cdot\text{mol}^{-1}}=14.4\ \text{mol}$$

所以 1 L 浓硝酸的物质的量浓度为

$$\frac{14.4\ \text{mol}}{1\ \text{L}}=14.4\ \text{mol}\cdot\text{L}^{-1}$$

(2)设配制 $3\ \text{mol}\cdot\text{L}^{-1}$ 的硝酸 $100\ \text{cm}^3$，需此种浓硝酸 $x\ \text{cm}^3$。则 $x\ \text{cm}^3$ 浓硝酸中含溶质的质量为

$$x\ \text{cm}^3\times1.4\ \text{g}\cdot\text{cm}^{-3}\times65\%=(x\times1.4\times65\%)\ \text{g}$$

$100\ \text{cm}^3$ $3\ \text{mol}\cdot\text{L}^{-1}$ 的硝酸中含溶质的质量为

$$3\ \text{mol}\cdot\text{L}^{-1}\times\frac{100\ \text{cm}^3}{1000\ \text{cm}^3\times\text{L}^{-1}}\times63\ \text{g}\cdot\text{mol}^{-1}$$

$$=(3\times\frac{100}{1000}\times63)\ \text{g}$$

解得　　$x=20.8$

应用稀释定律解答此题更为简单

$$x\times14.4\ \text{mol}\cdot\text{L}^{-1}=0.1\ \text{L}\times3\ \text{mol}\cdot\text{L}^{-1}$$

$$x=0.020\ 8\ \text{dm}^3=20.8\ \text{cm}^3$$

【答案】 这种硝酸的物质的量浓度为 $14.4\ \text{mol}\cdot\text{L}^{-1}$，需 $20.8\ \text{cm}^3$。

溶解与结晶是两个相反的过程，人们对结晶的现象进行仔细研究，从而可以人工生产大的单晶。晶体的用途很广泛，如上图所示的二阶非线性光学晶体，可用于激光制导以及激光变频等方面。

习题

(一)选择题

1. 下列关于饱和溶液的叙述中，正确的是(　　)。

A. 已溶解的溶质与未溶解的溶质质量相等

B. 溶解和结晶不再继续进行

C. 在当时温度下，加入固体溶质，溶液浓度不改变

D. 蒸发掉部分溶剂，保持原溶液温度，溶液浓度变大

2. 下列溶液中溶质的质量分数与溶质的溶解度可以相互换算的是(　　)。

A. 浓溶液　　B. 稀溶液

C. 饱和溶液　　D. 任何浓度的溶液

3. 下列叙述中正确的是(　　)。

A. 降低温度，一定能使不饱和溶液变成饱和溶液

B. 恒温下，向有固态 NaCl 存在的 NaCl 溶液中加入少量水，氯化钠的溶解度不变

C. 在 20℃时，100 g 水中溶解了 25 g KNO_3，则 20℃时 KNO_3 的溶解度为 25 g

D. 将5 g NaOH溶于100 g水中,可制得5%NaOH溶液

4. 在20℃时,向$CuSO_4$的饱和溶液中加入少量无水硫酸铜粉末,则饱和溶液的质量(　　)。

A. 减少　　B. 增加

C. 不变　　D. 先增加后减少

5. 在某温度时A物质的溶解度为20 g,则该温度时90 g饱和溶液中含A物质(　　)。

A. 12g　　B. 15 g

C. 18 g　　D. 20 g

6. 已知20℃时NH_4Cl的溶解度是37.2 g,则20℃时NH_4Cl的饱和溶液中,溶质的质量分数为(　　)。

A. 27.1%　　B. 37.2%

C. 42.5%　　D. 53.4%

7. 在500 cm^3溶液里含有0.1 mol氯化镁和0.2 mol氯化铝,溶液中氯离子的物质的量浓度为(　　)。

A. 0.3 $mol \cdot L^{-1}$　　B. 0.8 $mol \cdot L^{-1}$

C. 1 $mol \cdot L^{-1}$　　D. 1.6 $mol \cdot L^{-1}$

8. 100 cm^3 0.3 $mol \cdot L^{-1}$ Na_2SO_4溶液和100 cm^3 0.1 $mol \cdot L^{-1}$ $Al_2(SO_4)_3$溶液混合后,溶液中SO_4^{2-}的物质的量浓度是(　　)。

A. 0.2 $mol \cdot L^{-1}$　　B. 0.25 $mol \cdot L^{-1}$

C. 0.3 $mol \cdot L^{-1}$　　D. 0.4 $mol \cdot L^{-1}$

9. 欲把80 g 5%的KNO_3溶液浓度增大到10%,可采用的方法是(　　)。

A. 加入4 g KNO_3晶体　　B. 加入5 g KNO_3晶体

C. 蒸发掉38 g水　　D. 蒸发掉40 g水

(二)填空题

10. 已知某$Ba(OH)_2$溶液中,OH^-的浓度为0.1 $mol \cdot L^{-1}$,则$Ba(OH)_2$的物质的量浓度为________。

11. 某温度下,a g某物质的饱和溶液中有w g溶质,该物质在此温度下的溶解度是________。若在此温度下再加入b g溶剂,此时溶液中溶质的质量分数是________。

12. 在a L硫酸铁溶液中,含有b mol SO_4^{2-},则此溶液中Fe^{3+}的物质的量浓度(不考虑Fe^{3+}的水解)为 ________ 。

13. 分别把相同体积的$Al_2(SO_4)_3$,$CuSO_4$,Na_2SO_4三种溶液中的$SO_4{}^{2-}$完全沉淀,消耗$BaCl_2$的物质的量相等,这三种溶液的物质的量浓度之比为 ________。

14. 200 cm^3 $Al_2(SO_4)_3$溶液中含5.4 g Al^{3+}(不考虑

Al^{3+}的水解)，取此溶液 20 cm^3，加水稀释至 100 cm^3，则稀释后溶液中 SO_4^{2-} 的物质的量浓度为 ________ mol · L^{-1}。

(三)计算题

15. 已知某浓硫酸溶液的密度为 1.84 g · cm^{-3}，质量分数为 98%，计算此溶液的物质的量浓度。

16. 密度为 0.91 g · cm^{-3}的氨水，质量分数为 25%，该氨水用等体积的水稀释后，计算所得溶液中溶质的质量分数。

17. 将 15 g 食盐溶于 85 g 水中，求溶液中 NaCl 的质量分数。

18. 50 cm^3 密度为 1.24 g · L^{-1} 的硫酸溶液中，含纯 H_2SO_4 21.7 g，求此溶液中硫酸的质量分数。

19. 配制质量分数为 20%的硫酸溶液 400 g，需质量分数为 98%密度为 1.84 g/cm^3 的浓硫酸多少体积？水多少体积？

20. 在 30℃时，氯化铵的溶解度为 41.4 g，计算 30℃时氯化铵饱和溶液中氯化铵的质量分数。

21. 将 4 g 氢氧化钠固体溶于水，制成 250 cm^3 的溶液，求此溶液的物质的量浓度。

22. 要配制 0.1 mol · L^{-1}的硫酸铜溶液 500 cm^3，需胆矾($CuSO_4 \cdot 5H_2O$)多少克？

23. 将 0.1 mol 的 NaCl 和 0.1 mol 的 $CaCl_2$ 溶于水，配成 500 cm^3 溶液，求溶液中 Cl^- 的物质的量浓度。

4.2　电解质溶液

4.2.1　电解质的电离

1. 电解质与非电解质

(1) 定义　在水溶液中或熔化状态下能导电的化合物，叫做电解质。在水溶液中或熔化状态下不能导电的化合物，叫做非电解质。

专业术语

非电解质
غەيرى ئېلېكترولىت

在理解电解质概念时应注意以下内容。

①"在水溶液"或"熔化状态下"，这两种情况只要一种即可，不必同时满足。因为有些化合物在水中强烈水解，所以不能存在于水溶液中，那么只要在熔化状态下能导电，也属于电解质。另外还有些化合物，在加热时温度未达到熔点就分解了，那么其在水溶液中能导电，也是电解质。

②电解质是指能导电的化合物，不是单质。所以，在上述条件下能导电的单质不是电解质。例如，熔化状态下的金属能导电，但金属不是化合物，所以不是电解质。

(2) 常见的电解质与非电解质　为了使用时方便,应记住一些常见的电解质和非电解质。

①大多数的碱、酸、盐都是电解质。

②大多数有机化合物都是非电解质,如蔗糖、酒精等。

专业术语

蔗糖
ساخاروزا ، قومۇش شېكىرى
酒精
ئىسپىرت، ئالكول
电离式
ئىئونلىنىش فورمۇلاسى

2. 电解质电离

(1) 电离

① 定义:电解质在熔化状态下或水溶液中,离解成能自由移动的离子的过程,叫做电离。应注意:电离过程的发生,并不需要电流的作用。

② 电离式:表示电解质电离过程的方程式,叫做电离方程式,简称电离式。例如

$$NaCl = Na^+ + Cl^-$$

$$Ba(OH)_2 = Ba^{2+} + 2OH^-$$

$$KAl(SO_4)_2 = K^+ + Al^{3+} + 2SO_4^{2-}$$

$$NH_3 \cdot H_2O \rightleftharpoons NH_4^+ + OH^-$$

(2) 强电解质和弱电解质

① 定义:在水溶液中全部电离的电解质,叫做强电解质。在水溶液中只能部分电离的电解质,叫做弱电解质。

② 常见的强电解质和弱电解质:为了正确书写离子反应式以及准确判断复分解反应能否发生,应该记住一些常见的强电解质和弱电解质。

专业术语

强电解质
كۈچلۈك ئېلېكترولىت
离子反应式
ئىئون رېئاكسىيە تەڭلىمىسى
复分解反应
قايتا پارچىلىنىش رېئاكسىيىسى
强酸
كۈچلۈك كىسلاتا
强碱
كۈچلۈك ئاساس
弱酸
ئاجىز كىسلاتا
弱碱
ئاجىز ئاساس

强电解质:强酸(如 HNO_3, HCl, HBr, H_2SO_4)、强碱(KOH, NaOH, $Ba(OH)_2$)和绝大多数的盐。

弱电解质:弱酸(CH_3COOH, H_2CO_3, HF)、弱碱($NH_3 \cdot H_2O$)和水。

(3) 弱电解质的电离平衡

由于弱电解质在水溶液中只有一部分电离成离子,所以弱电解质在水溶液中的存在状态既有离子,又有分子。

当分子电离成离子的速率与由于阴阳离子运动相互碰撞而结合成分子的速率相等时,即达到平衡状态,把这一平衡状态叫做电离平衡。

由于弱电解质在水溶液中存在电离平衡,所以弱电解质的电离式用可逆符号"$\rightleftharpoons$"表示。而强电解质的电离式,因其全部电离而用等号"$=$"表示。例如:在醋酸溶液中,醋酸分子 CH_3COOH 部分电离成 H^+ 和 CH_3COO^-,其电离式为

$$CH_3COOH \rightleftharpoons H^+ + CH_3COO^-$$

4.2.2　溶液的 pH

1. 水的电离

水是一种极弱的电解质，它能发生微弱的电离，生成很少量的 H^+ 和 OH^-。其电离式为

$$H_2O \rightleftharpoons H^+ + OH^-$$

实验证明，在一定温度时，氢离子浓度（$[H^+]$）与氢氧根离子浓度（$[OH^-]$）的乘积是个常数，称为水的离子积常数，又叫水的离子积。用 K_w 表示，即

$$K_w = [H^+][OH^-]$$

K_w 是一个与温度有关的常数，其数值随温度的不同而不同。在 25℃时，K_w 为 1×10^{-14}，即

$$K_w = [H^+][OH^-] = 1\times10^{-14}$$

由于在纯水中 $[H^+]=[OH^-]$，所以 25℃时纯水中有

$$[H^+]=[OH^-]=1\times10^{-7}\ mol\cdot L^{-1}$$

专业术语

水的电离
سۇنىڭ ئىئونلىنىشى

水的离子积
سۇنىڭ ئىئون كۆپەيتمىسى

2. 溶液的酸碱性

事实证明，纯水中的上述关系，在水溶液中仍然存在，即在水溶液中也有如下关系式

$$K_w = [H^+][OH^-] = 1\times10^{-14}$$

这就是说，无论在酸溶液中还是在碱溶液中，都有 H^+ 和 OH^- 存在，所不同的是它们浓度的相对大小不同。

常温时，有如下关系：

中性溶液中，$[H^+]=[OH^-]=1\times10^{-7}\ mol\cdot L^{-1}$

酸性溶液中，$[H^+]>[OH^-]$，或 $[H^+]>1\times10^{-7}\ mol\cdot L^{-1}$

碱性溶液中，$[H^+]<[OH^-]$，或 $[H^+]<1\times10^{-7}\ mol\cdot L^{-1}$

由此可知，溶液的酸性和碱性都可以用 $[H^+]$ 来表示。

蓝、紫色

在自然界中，根据花朵颜色的变化也可以反映出土壤的酸碱性来。如牵牛花，当对其生长的土壤施加酸性物质时，花的颜色就会变浅红色；而当施加碱性物质时，花的颜色就会变成深的蓝、紫色。根据这个现象，人们从某些花朵中提取汁液，制成了最原始的酸碱指示剂。

3. 溶液的 pH

已经知道，可用 $[H^+]$ 来表示溶液的酸碱性，若 $[H^+]$ 用物质的量浓度来表示，则

$[H^+]>1\times10^{-7}\ mol\cdot L^{-1}$　溶液显酸性

$[H^+]=1\times10^{-7}\ mol\cdot L^{-1}$　溶液显中性

$[H^+]<1\times10^{-7}\ mol\cdot L^{-1}$　溶液显碱性

这样表示，无论书写或使用都不方便，所以，化学上规定 $[H^+]$ 的负对数叫做 pH。即

$$pH = -\lg[H^+]$$

用 pH 表示溶液的酸碱性更为方便。例如

纯水中 $[H^+]=1\times10^{-7}\ mol\cdot L^{-1}$

$$pH = -\lg[H^+] = -\lg(10^{-7}) = -(-7) = 7$$

$[H^+]=10^{-3}\ mol\cdot L^{-1}$的酸溶液

$$pH=-lg[H^+]=-lg(10^{-3})=-(-3)=3$$

$[OH^-]=10^{-3}\ mol\cdot L^{-1}=10^{-3}$的碱溶液

$$pH=-lg[H^+]=-lg(\frac{K_w}{[OH^-]})=-lg(\frac{1\times10^{-14}}{10^{-3}})$$

$$=-lg(10^{-11})=-(-11)=11$$

由此得到溶液酸碱性与pH的关系：

pH<7，溶液呈酸性，且pH越小，溶液的酸性越强；

pH=7，溶液呈中性；

pH>7，溶液呈碱性，且pH越大，溶液的碱性越强。

使用pH时应注意以下问题。

(1)溶液中$[H^+]$越大，即酸性越强，pH越小；$[H^+]$越小，即酸性越弱，pH反而越大。

(2)因为$[H^+]$与pH是对数关系，所以，氢离子浓度变化10倍，pH变化1个单位；氢离子浓度变化100倍，pH变化2个单位。

(3)$[H^+]$必须用物质的量浓度来表示，而不能用其它的浓度表示法。

专业术语

有机碱
ئورگانىك ئىشقار

4. 酸碱指示剂

酸碱指示剂一般是弱的有机酸碱。它们在不同酸碱性的溶液中，可以显示出不同的颜色。指示剂发生颜色变化的范围叫做指示剂的变色范围。表4.1中将常用酸碱指示剂的变色范围、配制方法以及在滴定过程中的用量都作了说明，以便于大家参考。

表4.1　常用酸碱指示剂的使用说明

酸碱指示剂	变色范围	$pK^{\ominus}_{HIn}$	颜色		浓度	用量
			酸色	碱色		(滴/10 cm³ 试液)
百里酚蓝(麝香草酚蓝)	1.2～2.8	1.65	红	黄	0.1%的20%酒精溶液	1～2
甲基黄	2.9～4.0	3.3	红	黄	0.1%的90%酒精溶液	1
甲基橙	3.1～4.4	3.40	红	黄	0.05%的水溶液	1
溴酚蓝	3.0～4.6	3.85	黄	蓝紫	0.1%的20%酒精溶液或其钠盐水溶液	1
甲基红	4.4～6.2	4.95	红	黄	0.1%的60%酒精溶液或其钠盐水溶液	1
溴百里酚蓝(溴麝香草酚蓝)	6.2～7.6	7.1	黄	蓝	0.1%的20%酒精溶液或其钠盐水溶液	1

续表 4.1

酸碱指示剂	变色范围	$pK^{\ominus}_{HIn}$	颜色		浓度	用量
			酸色	碱色		（滴/10 cm³ 试液）
中性红	6.8～8.0	7.4	红	黄	0.1%的 60%酒精溶液	1
酚红	6.7～8.4	7.9	黄	红	0.1%的 60%酒精溶液或其钠盐水溶液	1
酚酞	8.0～10.0	9.1	无	红	0.5%的 90%酒精溶液	1～3

4.2.3　盐类的水解

1. 定义

在溶液中盐的离子与水电离出的 H^+ 与 OH^- 生成弱电解质的反应，叫做盐类的水解。

在纯水中，由于水的电离生成的 H^+ 与 OH^- 浓度相等，即 $[H^+]=[OH^-]$，所以纯水呈中性。但在某些盐的溶液中，某些金属离子或某些弱酸根离子，可分别与 OH^- 和 H^+ 结合生成难电离的弱电解质，而使 $[H^+]$ 和 $[OH^-]$ 发生改变，因而出现 $[H^+]\neq[OH^-]$ 的状况，此时溶液就显示出酸性或碱性，这就是盐类水解的实质。

2. 水解规律

（1）强酸强碱盐不发生水解，所以其水溶液呈中性

例如 KNO_3，$NaCl$，Na_2SO_4 等均不发生水解反应。因为这些盐中的离子（K^+，Na^+，NO_3^-，Cl^-，SO_4^{2-}）不能与 H^+ 或 OH^- 反应生成弱电解质，因而不能改变 $[H^+]$ 或 $[OH^-]$，即 $[H^+]$ 仍然等于 $[OH^-]$，所以溶液呈中性。

（2）强酸弱碱盐水解，溶液呈酸性

例如 $AlCl_3$，NH_4NO_3，$Fe_2(SO_4)_3$ 等均能发生水解反应，使溶液呈酸性。因为这些盐中的 Al^{3+}，NH_4^+，Fe^{3+} 都能与水电离出的 OH^- 反应，生成相应的弱电解质

$$Al^{3+}+3OH^- \rightleftharpoons Al(OH)_3$$

$$NH_4^+ + OH^- \rightleftharpoons NH_3 \cdot H_2O$$

$$Fe^{3+}+3OH^- \rightleftharpoons Fe(OH)_3$$

由于上述反应的发生，消耗了 OH^-，因而使溶液中的 $[OH^-]$ 减小，$[H^+]$ 增大，即 $[H^+]>[OH^-]$，所以溶液呈酸性。

上述水解反应以 NH_4NO_3 为例来说明

$$NH_4NO_3 = NH_4^+ + NO_3^-$$

专业术语

强酸强碱盐
كۈچلۈك كىسلاتا كۈچلۈك ئاساس تۇزلىرى

强酸弱碱盐
كۈچلۈك كىسلاتا ئاجىز ئاساس تۇزلىرى

弱酸强碱盐
ئاجىز كىسلاتا كۈچلۈك ئاساس تۇزلىرى

弱酸弱碱盐
ئاجىز كىسلاتا ئاجىز ئاساس تۇزلىرى

$$+$$
$$H_2O \rightleftharpoons OH^- + H^+$$
$$\Updownarrow$$
$$NH_3 \cdot H_2O$$

其水解反应方程式为

$$NH_4NO_3 + H_2O \rightleftharpoons NH_3 \cdot H_2O + HNO_3$$

或
$$NH_4^+ + H_2O \rightleftharpoons NH_3 \cdot H_2O + H^+$$

（3）弱酸强碱盐的水解，溶液呈碱性

例如 CH_3COONa，Na_2CO_3，Na_2S 等均能发生水解反应，使溶液呈碱性。因为这些盐中的酸根离子 CH_3COO^-，CO_3^{2-}，S^{2-} 都能与水电离出的 H^+ 反应，生成相应的弱酸

$$CH_3COO^- + H^+ \rightleftharpoons CH_3COOH$$
$$CO_3^{2-} + 2H^+ \rightleftharpoons H_2CO_3$$
$$S^{2-} + 2H^+ \rightleftharpoons H_2S$$

由于上述反应的发生，消耗了溶液中的 H^+，因而使 $[H^+]$ 减小，$[OH^-]$ 增大，即 $[H^+] < [OH^-]$，所以溶液呈碱性。

上述过程以 CH_3COONa 为例来说明

$$CH_3COONa = CH_3COO^- + Na^+$$
$$+$$
$$H_2O \rightleftharpoons H^+ + OH^-$$
$$\Updownarrow$$
$$CH_3COOH$$

其水解反应方程式为

$$CH_3COONa + H_2O \rightleftharpoons CH_3COOH + NaOH$$

或
$$CH_3COO^- + H_2O \rightleftharpoons CH_3COOH + OH^-$$

由于盐类的水解，使其溶液呈现出酸性或碱性。例如 Na_2CO_3 是盐，但由于水溶液呈碱性，在日常生活中人们经常利用其碱性，所以 Na_2CO_3 俗称纯碱。

专业术语

碳酸钠

ناترىي كاربونات

纯碱

ساپ ئىشقار

水解反应

ھىدرولىزلىنىش رېئاكسىيىسى

另外，由于水解反应的发生，有些离子在水溶液中不能大量共存。如 Al^{3+} 与 CO_3^{2-} 就不能在溶液中大量共存。因为

$$Al^{3+} + 3H_2O \rightleftharpoons Al(OH)_3 + 3H^+$$
$$CO_3^{2-} + 2H_2O \rightleftharpoons H_2CO_3 + 2OH^-$$

由于 H^+ 与 OH^- 的中和反应，促进了上述水解反应的进行，最终生成 $Al(OH)_3$ 沉淀和 CO_2 气体。其反应方程式为

$$2Al^{3+} + 3CO_3^{2-} + 3H_2O = 2Al(OH)_3 \downarrow + 3CO_2 \uparrow$$

3. 水解反应方程式书写中应注意的几个问题

（1）由于盐的水解反应是酸碱中和反应的逆反应，即

$$酸+碱\underset{水解}{\overset{中和}{\rightleftharpoons}}盐+水$$

所以一般水解反应进行的程度都很低，所生成沉淀、气体、不稳定的酸或碱的量都很少，因而方程式中通常不用沉淀、气体符号表示(即不标“↓”和“↑”)。

(2) 水解反应多数为可逆反应，所以水解反应方程式中要用可逆号“$\rightleftharpoons$”表示，不能写成等号“$=$”。

(3) 水解反应一般不能用作物质的制取反应。

例 题

【例题 4 - 6】 下列物质中不能导电的是(　　)。

A. 食醋　　　B. 液态氯化氢

C. 食盐水　　D. 熔化态硝酸钾

【分析】 溶液导电的前提条件是有能自由移动的离子。

(1) 食醋是醋酸(CH_3COOH)的水溶液，食盐水就是食盐($NaCl$)的水溶液，CH_3COOH 和 $NaCl$ 均为电解质，能在水中电离出能自由移动的离子

$$CH_3COOH \rightleftharpoons H^+ + CH_3COO^-$$

$$NaCl \rightleftharpoons Na^+ + Cl^-$$

所以它们能导电。

(2)KNO_3 为离子化合物，熔化态离子可以自由移动，也能导电。

(3)液态氯化氢(HCl)是共价化合物，无离子存在，所以不能导电。注意：液态氯化氢不是盐酸。

【答案】 B

人体体液的正常 pH 值在 7 左右。而平常所吃食物的 pH 值则范围变化很宽。如西红柿、苹果的 pH 为 4 左右，牛奶的为 7 左右，茶为 8 左右。如果不是过量食用偏酸或偏碱的食物，人体可基本保持体液的 pH 值不发生大的变化，从而保证了人体的正常生理功能。

【例题 4 - 7】 体积相同、物质的量相同的盐酸和醋酸，分别与足量的锌粒反应。在同温同压下，生成氢气的速率________(选填“相同”或“不同”)，这是因为________。若经过足够长的时间后，反应完全，两个反应生成氢气的体积(相同状况下)________(选填“相同”或“不同”)，这是因为________。

【分析】 (1)在体积相同、物质的量浓度相同的盐酸和醋酸溶液中，含有溶质(HCl 和 CH_3COOH)的物质的量相同，即 $n_{HCl} = n_{CH_3COOH}$。但因盐酸为强酸，醋酸是弱酸，它们中的 $[H^+]$ 不同，$[H^+]_{HCl} > [H^+]_{CH_3COOH}$。

(2) Zn 与酸反应的本质是 Zn 与 H^+ 反应，反应速率决定于 $[H^+]$ 的大小。$[H^+]$ 大，反应速率就快；$[H^+]$ 小，反应速率就慢。

(3)充分反应后生成氢气的体积的大小，决定于酸的物质的量(压力、温度相同时)，物质的量 n 越大，产生氢气的体积也

就越大。

【答案】 不同　盐酸中$[H^+]$大，醋酸中$[H^+]$小　相同　$n_{HCl}=n_{CH_3COOH}$

【例题 4-8】 常温下,某一盐酸溶液的 pH=2.0,该溶液中$[OH^-]=$ ________。若把溶液用水稀释到原浓度的$\frac{1}{10}$,则$[OH^-]=$________。

【分析】 (1)原溶液 pH=2.0,即$[H^+]=10^{-2}\ mol\cdot L^{-1}$,所以

$$[OH^-]=\frac{K_w}{[H^+]}=\frac{1\times10^{-14}}{1\times10^{-2}}=1\times10^{-12}(mol\cdot L^{-1})$$

(2)稀释后

$$[H^+]=1\times10^{-3}(mol\cdot L^{-1})$$

同理可得

$$[OH^-]=1\times10^{-11}(mol\cdot L^{-1})$$

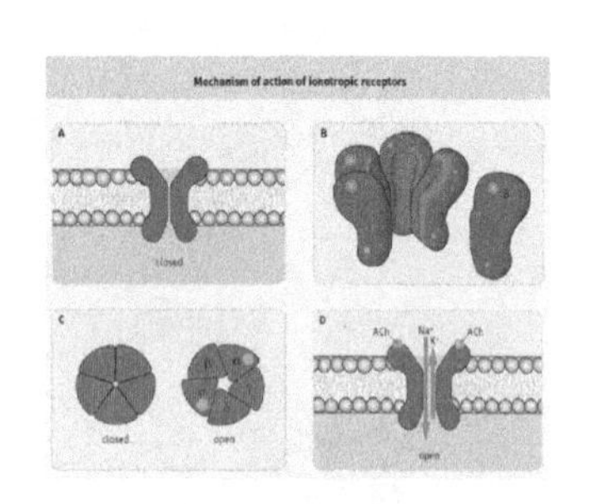

扩散方向总是从浓溶液指向稀溶液,所以我们无法直接从海水中获取淡水,但在人体中,钠离子却能从细胞外的稀溶液中转移向细胞内的浓溶液里,从而维持细胞的正常生理活动,这一现象直到最近才被解释得比较清楚。原来,在细胞膜上有一个离子通道,由于它的特殊构造,使得钠离子只能单向地从细胞外向细胞内转移。

值得注意的是,不能由稀释前$[OH^-]=1\times10^{-12}\ mol\cdot L^{-1}$,得到稀释后的$[OH^-]=1\times10^{-13}\ mol\cdot L^{-1}$。因加入的水中,$[H^+]=[OH^-]=1\times10^{-7}\ mol\cdot L^{-1}$,对$[H^+]$来说是稀释,而对$[OH^-]$来说不是稀释,是增大。

【答案】 $1\times10^{-12}\ mol\cdot L^{-1}$　　$1\times10^{-11}\ mol\cdot L^{-1}$

【例题 4-9】 室温下,下列溶液中的$[OH^-]$最小的是(　　)。

A. pH=0 的溶液

B. $0.05\ mol\cdot L^{-1}\ H_2SO_4$

C. $\frac{[H^+]}{[OH^-]}=1\times10^8$ 的溶液

D. $0.05\ mol\cdot L^{-1}\ Ba(OH)_2$

【分析】 首先将不同的表示溶液酸碱性的方法统一成一种表示方法,然后再进行比较。对此题来说,用$[H^+]$表示更方便。

A 项:pH=0,即$[H^+]=1\ mol\cdot L^{-1}$。

B 项:$[H^+]=0.05\ mol\cdot L^{-1}\times2=0.1\ mol\cdot L^{-1}$。

C 项:$\frac{[H^+]}{[OH^-]}=1\times10^8$,又知$[OH^-]=\frac{K_w}{[H^+]}$,合并后得$\frac{[H^+]^2}{K_w}=1\times10^8$,所以

$$[H^+]=\sqrt{K_w\times1\times10^8}=\sqrt{1\times10^{-14}\times1\times10^8}=1\times10^{-3}(mol\cdot L^{-1})$$

D 项:$[OH^-]=0.05\ mol\cdot L^{-1}\times2=0.1\ mol\cdot L^{-1}$,即$[H^+]=1\times10^{-13}\ mol\cdot L^{-1}$。

$[H^+]$越大,$[OH^-]$越小,所以 A 项中$[OH^-]$最小。

【答案】 A

【例题 4-10】 将 0.1 mol·L^{-1}的氨水和 0.1 mol·L^{-1}的盐酸等体积混合后，所得溶液中各种离子浓度从大到小的顺序是(　　)。

A. $[Cl^-]>[NH_4^+]>[OH^-]>[H^+]$

B. $[Cl^-]>[NH_4^+]>[H^+]>[OH^-]$

C. $[NH_4^+]>[Cl^-]>[OH^-]>[H^+]$

D. $[NH_4^+]>[Cl^-]>[H^+]>[OH^-]$

【分析】 首先看溶液混合后发生化学反应生成什么物质，再分析此种生成物的水解情况。氨水与盐酸等浓度、等体积混合，恰好完全反应后生成 NH_4Cl，且 NH_4Cl 浓度 0.05 mol·L^{-1}。NH_4Cl 为强电解质，在水中完全电离

$$NH_4Cl = NH_4^+ + Cl^-$$

$$H_2O = H^+ + OH^-$$

此外，还有 NH_4^+ 的水解反应

$$NH_4^+ + H_2O \rightleftharpoons NH_3 \cdot H_2O + H^+$$

所以有以下结果：

(1)NH_4^+ 有部分水解，而 Cl^- 不水解，故$[Cl^-]>[NH_4^+]$；

(2)NH_4^+ 水解生成了少量 H^+，所以$[H^+]>[OH^-]$；

(3)因 NH_4^+ 水解程度较低，所以$[NH_4^+]>[H^+]$。

【答案】 B

【例题 4-11】 现有浓度相同的下列 5 种溶液：① NH_4Cl；② NaCl；③ CH_3COOH；④ $NaHCO_3$；⑤ NaOH。它们的 pH 由大到小的顺序是(　　)。

A. ③>①>②>④>⑤　　B. ②>④>①>③>⑤

C. ⑤>③>②>④>①　　D. ⑤>④>②>①>③

【分析】 本题给出的 5 种溶液中，NaCl 呈中性，NH_4Cl 和 CH_3COOH 呈酸性，NaOH 和 $NaHCO_3$ 呈碱性。NH_4Cl 的酸性是水解产生的，CH_3COOH 的酸性是电离产生的。

$$NH_4Cl + H_2O \rightleftharpoons NH_3 \cdot H_2O + HCl$$

$$CH_3COOH \rightleftharpoons H^+ + CH_3COO^-$$

在盐（或碱）浓度相同时，一般是因电离产生的酸（碱）性比水解产生的酸（碱）性强。所以 CH_3COOH 酸性强于 NH_4Cl，NaOH 碱性强于 $NaHCO_3$。

【答案】 D

习题

(一)选择题

1. 下列物质分别溶于水中，溶液不显酸性的是(　　)。

A. NH_4Cl　　B. $NaHCO_3$

C. Cl_2　　D. $AlCl_3$

2. pH=13 的 $Ba(OH)_2$ 溶液,其中 $Ba(OH)_2$ 的物质的量浓度为(　　)。

A. 1×10^{-13} mol·L^{-1}　　B. 0.1 mol·L^{-1}

C. 5×10^{-14} mol·L^{-1}　　D. 0.05 mol·L^{-1}

3. 现有以下 4 种溶液:① 1 mol·L^{-1} 的醋酸溶液;②1 mol·L^{-1}的氨水;③pH=0 的溶液;④pH=14 的溶液。下列各项中,按它们的酸性由强到弱、碱性由弱到强的顺序依次排列正确的是(　　)。

A. ①②③④　　B. ③④①②

C. ①③②④　　D. ③①②④

4. 下列物质各 0.1 mol,分别跟 1 L 0.1 mol·L^{-1} 的 NaOH 溶液反应,生成的溶液 pH 最小的是(　　)。

A. HCl　　B. CO_2

C. SO_3　　D. HF

5. 往水中分别加入下列粒子,其中会使水的电离平衡发生移动的是(　　)。

A. X^-(电子层结构 2,8,8)　B. Y^-(电子层 2,8)

C. C^+(电子层结构 2,8)　　D. R^+(电子层结构 2,8,8)

6. 某一元弱酸溶液的 pH=1,该酸溶液的物质的量浓度是(　　)。

A. 等于 0.1 mol·L^{-1}　　B. 大于 0.1 mol·L^{-1}

C. 小于 0.1 mol·L^{-1}　　D. 无法判断

7. 在 $NaHCO_3$ 溶液中,各种离子浓度关系正确的是(　　)。

A. $[Na^+]>[HCO_3^-]$　　B. $[Na^+]=[HCO_3^-]$

C. $[H^+]>[OH^-]$　　D. $[H^+]=[OH^-]$

8. 在 500 cm^3 0.6 mol·L^{-1} 的盐酸中,加入等体积的 0.4 mol·L^{-1}的 NaOH 溶液,所得溶液的 pH 是(　　)。

A. 1.0　　B. 2.0

C. 0.3　　D. 0.2

9. 把 0.05 mol·L^{-1}的硫酸溶液和 pH=12 的 NaOH 溶液混合后,pH 恰好等于 7,则 H_2SO_4 与 NaOH 溶液的体积比为(　　)。

A. 5∶1　　B. 1∶5

C. 10∶1　　D. 1∶10

10. 证明醋酸是弱酸的实验事实是(　　)。

A. 醋酸能和 NaOH 发生中和反应

B. 醋酸能使紫色石蕊试液变红

C. 醋酸钠溶液的 pH 大于 7

D. 醋酸能和 Na_2CO_3 溶液反应放出 CO_2

(二)填空题

11. 将少量固体醋酸钠加入醋酸中，醋酸溶液的 pH ________(选填“增大”、“减小”或“不变”)。

12. 现有 pH 值相同的盐酸和醋酸溶液，它们的物质的量浓度为[HCl] ________[CH_3COOH](选填“大于”、“小于”或“等于”)。若取相同体积的此盐酸和醋酸溶液，用同一 NaOH 溶液去中和它们，完全反应所需 NaOH 溶液的体积 ________(选填“相同”或“不同”)。

13. 在 0.1 $mol \cdot L^{-1}$ NH_4Cl 水溶液中，浓度最大的离子是________，浓度最小的离子是________。

14. 已知 NH_4Cl 溶液呈酸性，NH_4CN 溶液呈碱性，CH_3COONH_4 溶液呈中性。根据以上事实，可知盐酸(HCl)、氢氰酸(HCN)、醋酸(CH_3COOH)的酸性从弱至强的顺序是 ________。

15. 将物质的量浓度和体积都相同的盐酸、Na_2CO_3 溶液、CH_3COOH 溶液混合并加热，充分反应后，所得溶液的 pH ________ 7。(选填“大于”、“小于”或“等于”)

16. 现有下列 5 种溶液：①20 cm^3 0.1 $mol \cdot L^{-1}$ 硫酸，②40 cm^3 0.1 $mol \cdot L^{-1}$ 醋酸，③40 cm^3 0.1 $mol \cdot L^{-1}$ 盐酸，④40 cm^3 0.1 $mol \cdot L^{-1}$ 氢氧化钠，⑤20 cm^3 0.1 $mol \cdot L^{-1}$ 氢氧化钡。其中：

(1)pH 最大的是 ________，pH 最小的是________；

(2)H^+ 的物质的量相同的是________；

(3)③和⑤混合后，溶液的 pH ________ 7；

(4)②和④混合后，溶液的 pH ________ 7。

(三)计算题

17. 将 45 cm^3 0.1 $mol \cdot L^{-1}$ NaOH 溶液和 5 cm^3 0.5 $mol \cdot L^{-1}$ H_2SO_4 溶液混合，并稀释至 500 cm^3，计算所得溶液的 pH 值。

18. 用未知浓度的盐酸与 pH=11 的 NaOH 溶液 100 cm^3 完全反应后，消耗盐酸 10 cm^3。计算盐酸的浓度是多少？

4.3　原电池、金属的腐蚀与保护

4.3.1　原电池

专业术语

原电池

گالۋانو ئېلېمېنت، ئېلېمېنتار باتارىيە

电极

ئېلېكتر قۇتۇبى

1. 原电池的构成

把化学能转变成电能的装置叫做原电池。其构成如图4.1所示。

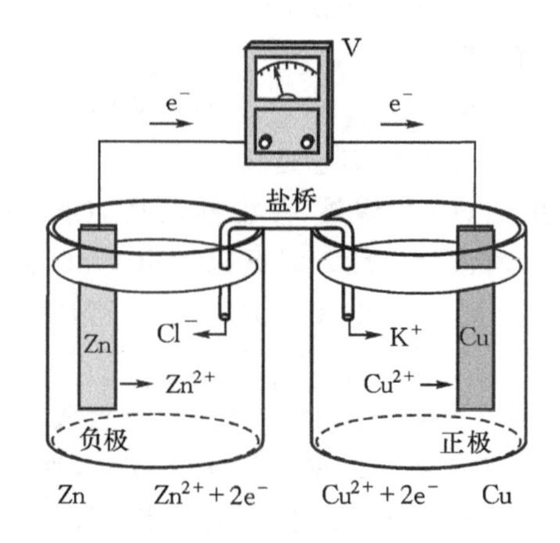

图 4.1　锌铜原电池示意图

(1) 两个电极　一般是两个活泼性不同的金属电极。也可以是一个金属电极,一个非金属电极。两个电极应插入电解质溶液中。

(2) 电解质溶液　可以是酸溶液,也可以是碱溶液或盐溶液。

2. 电极名称和电极反应

专业术语

正极

مۇسبەت قۇتۇپ، ئانود

负极

مەنپىي قۇتۇپ،كاتود

电极反应

ئېلېكتر قۇتۇپ رېئاكسىيىسى

(1) 电极名称　原电池中的两个电极一般称为正、负极。给出电子(电子流向外电路)的一极(见图 4.1 中的 Zn 极)是负极,得到电子(电子从外电路流入)的一极(见图 4.1 中的 Cu 极)是正极。

正、负极的判断方法:若两个电极分别是两种活泼性不同的金属电极,则一般较活泼的金属电极是电池的负极,不活泼的金属电极是电池的正极;若两个电极一个是金属电极,另一个是非金属电极或惰性电极,则金属电极为电池的负极,非金属电极或惰性电极为电池的正极。

(2) 电极反应　原电池的正、负极分别发生如下反应。

正极反应:正极发生的反应为得电子反应,是还原反应。在图 4.1 所示的原电池中,正极反应是

$$Cu^{2+} + 2e^{-} = Cu$$

负极反应：负极发生的反应为失电子反应，是氧化反应。在图 4.1 所示的原电池中，负极反应是

$$Zn - 2e^{-} = Zn^{2+}$$

所以，作为原电池负极的金属，在原电池放电的过程中不断地被腐蚀，即被溶解。

3. 原电池的原理

以图 4.1 所示的原电池为例：当把锌极与铜极分别插入到 Zn^{2+} 和 Cu^{2+} 溶液中时，由于锌比铜活泼，容易失去电子，所以锌为电池的负极。其电极反应为

$$Zn - 2e^{-} = Zn^{2+}\text{（氧化反应）}$$

Zn^{2+} 进入溶液中，电子则沿导线由外电路流向铜极。溶液中的 Cu^{2+} 因带正电荷而向有多余电子的铜极移动，并从铜极上获得电子，生成铜。其电极反应为

$$Cu^{2+} + 2e^{-} = Cu\text{（还原反应）}$$

将两个电极反应的电子数配平后相加，即得总反应（又叫电池反应）。上述电池的总反应为

$$Zn + Cu^{2+} = Cu + Zn^{2+}$$

或

$$CuSO_4 + Zn = CuSO_4 + H_2\uparrow$$

反应的总结果是：负极金属溶解，同时正极有 Cu 析出。

4.3.2　金属的腐蚀与保护

金属或合金与周围接触到的气体或液体发生化学反应而损耗的过程，叫做金属的腐蚀。

金属的腐蚀有化学腐蚀和电化学腐蚀两类，但电化学腐蚀比化学腐蚀更普遍。

1. 化学腐蚀

金属与周围具有氧化性的气体（如氧气、氯气等）发生反应而产生的腐蚀。例如

$$3Fe + 2O_2 \xlongequal{\text{高温}} Fe_3O_4$$

$$2Fe + 3Cl_2 \xlongequal{\text{高温}} 2FeCl_3$$

2. 电化学腐蚀

不纯的金属或合金接触到电解质溶液，形成原电池，使其中的活泼金属（即原电池的负极）被氧化而引起的腐蚀，叫做电化学腐蚀。

例如，钢铁制品在潮湿的空气中，表面常能形成一层薄薄的水膜，水膜内溶解有一些二氧化碳或其它物质，这样就在钢

专业术语

氧化反应
ئوكسىدلىنىش رېئاكسىيىسى
还原反应
رېئاكسىيىسى
ئوكسىدسىزلىنىش

专业术语

金属的腐蚀
مېتاللارنىڭ چىرىشى
化学腐蚀
خىمىيۋى چىرىتىش
电化学腐蚀
ئېلېكتر خىمىيىلىك چىرىش
析氢腐蚀
ھىدروگېن ئاجرالمىسىدىن
چىرىش
吸氧腐蚀
ئوكسىگېن سۈمۈرۈشتىن
چىرىش

铁的表面形成一层电解质溶液。钢铁中的铁和杂质碳与电解质溶液接触,形成了许多微小原电池。在这些微小原电池中,铁是负极,发生的反应是

$$2Fe - 2e = Fe^{2+}$$

碳为正极,正极反应随电解质溶液中溶有的物质不同,反应也不相同。

(1) 析氢腐蚀　若水膜溶解的物质使溶液呈酸性时,电极反应为:

负极　$Fe - 2e^- = Fe^{2+}$

正极　$2H^+ + 2e^- = H_2\uparrow$

因有氢气析出,所以叫析氢腐蚀。

(2) 吸氧腐蚀　若水膜溶解的物质使溶液呈弱酸性或中性时,电极反应为:

负极　$Fe - 2e = Fe^{2+}$

正极　$2H_2O + O_2 + 4e^- = 4OH^-$

因电极反应需有氧气参加,所以叫做吸氧腐蚀。

钢铁的腐蚀
- 化学腐蚀
- 电化学腐蚀(主要形式)
  - 析氢腐蚀
  - 吸氧腐蚀(大多数情况)

3. 金属的防护

① 改变金属的内部结构。例如,加入适量的金属铬、镍等,使普通钢变成不锈钢。

② 在金属表面覆盖保护层。例如,在钢铁表面刷漆,涂油,电镀一层其它金属,覆盖搪瓷,或使金属表面形成一层致密的氧化膜等。

③ 电化学保护。在钢铁制品上焊上一块活泼金属锌,在发生电化学锈蚀时,锌为负极被腐蚀,因而保护了钢铁不被腐蚀。

例 题

【例题 4－12】 某金属跟盐酸反应生成氢气。该金属与锌组成原电池时,锌为负极,此金属是(　　)。

A. Al　　B. Fe　　C. Cu　　D. Mg

【分析】 (1)该金属与盐酸反应生成氢气,所以它应是金属活动性顺序中氢以前的金属。

(2)该金属与锌组成原电池时,锌为负极,所以该金属应位于锌的后面。

由此可知,该金属在金属活动性顺序中的位置是在氢前锌

后。在给出的 4 个选项中，只有 Fe 符合要求。

【答案】 B

【例题 4 - 13】 将金属 A 和 B 一起插入稀硫酸溶液中组成原电池，A 为负极；若将 B 单质放入金属 C 的可溶性盐的溶液中，在 B 单质的表面上有金属 C 单质析出。则金属 A,B,C 的还原性由强到弱的顺序依次为(　　)。

A. A,B,C　　　　B. B,A,C

C. A,C,B　　　　D. C,A,B

【分析】 (1)金属性强弱顺序就是金属的还原性强弱顺序，金属越活泼，其还原性也越强。

(2)A,B 组成原电池时，A 为负极，所以 A,B 的还原性顺序为 A>B。

(3)金属 B 单质能将金属 C 从其可溶性盐溶液中置换出来，说明 B 比 C 活泼，其还原性顺序为 B>C。

由此可得：A>B>C。

【答案】 A

【例题 4 - 14】 分别放在图 4.2 装置(都盛有 0.1 mol · L^{-1} H_2SO_4溶液)中的 3 块相同的纯锌片，其中腐蚀最快的是(　　)。

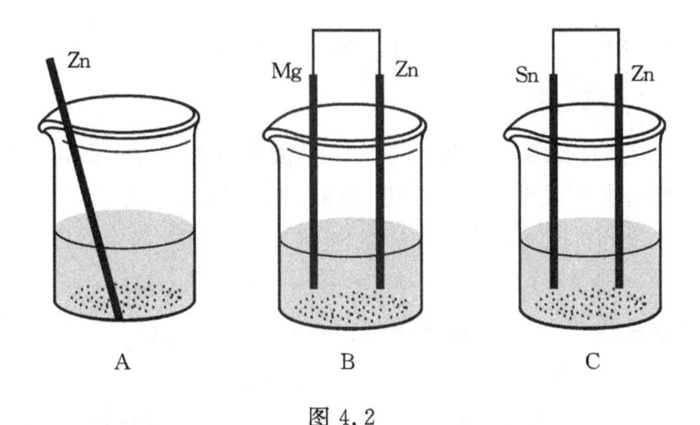

图 4.2

【分析】 正确理解题目要求的关键是：

(1)锌片腐蚀就是发生如下反应

$Zn - 2e^- \!=\!=\!= Zn^{2+}$(或 $Zn + H_2SO_4 \!=\!=\!= ZnSO_4 + H_2\uparrow$)

因而使锌溶解；

(2)纯化学腐蚀较慢，电化学腐蚀较快，所谓电化学腐蚀即形成原电池，且 Zn 为负极。

A 项：能发生上述反应，但反应比较慢，因为这种情况为化学腐蚀。

B 项：可形成原电池，但锌为正极锌不能被腐蚀。

C 项：可形成原电池，且锌为负极；锌被腐蚀，且速度较快。

【答案】 C

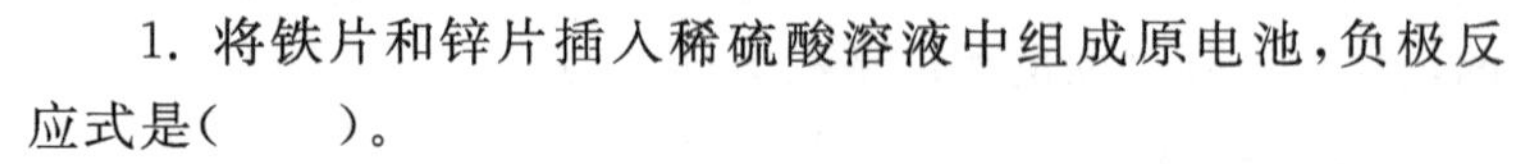

习题

(一)选择题

1. 将铁片和锌片插入稀硫酸溶液中组成原电池,负极反应式是(　　)。

A. $2H^{+}+2e^{-}=H_2$

B. $4OH^{-}-4e^{-}=2H_2O+O_2$

C. $Zn-2e^{-}=Zn^{2+}$

D. $Fe-2e^{-}=Fe^{2+}$

2. 纯锌与稀硫酸反应较慢,为了使反应速率显著加快,最好的方法是(　　)。

A. 再加入少许锌粒

B. 再加入少许稀硫酸

C. 加入少许硫酸铜溶液

D. 加入少许硫酸镁溶液

3. 某金属与铁组成原电池时,铁为负极,该金属是(　　)。

A. Mg　　B. Al　　C. Zn　　D. Cu

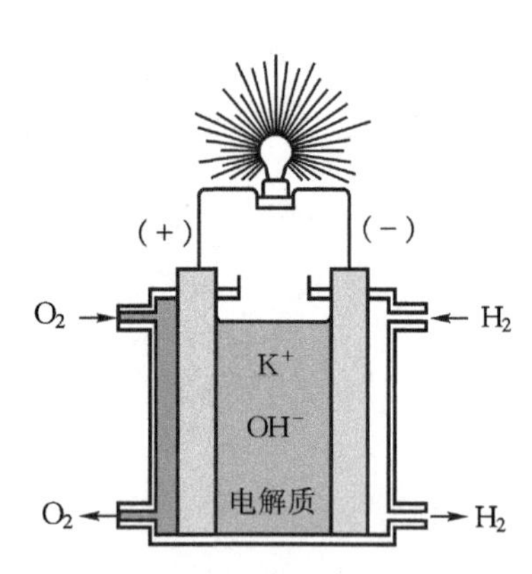

环境污染对人类生活的威胁越来越大,电池对环境的污染尤其突出,为解决这一难题,人们设计了各种新型电池来解决电池的污染。上图所示为一使用氢气和氧气为阴极和阳极反应物质的燃料电池,它将氢气与氧气反应的化学能转化为电能,而产物仅仅为水,是十分清洁的能源。

(二) 填空题

4. 电子表用的纽扣电池,其两极材料分别为锌和氧化银(Ag_2O),电解质溶液为 KOH 溶液,其电极反应为

$$Zn+2OH^{-}-2e^{-}=ZnO+H_2O$$

$$Ag_2O+H_2O+2e^{-}=2Ag+2OH^{-}$$

总反应式为 $Ag_2O+Zn=2Ag+ZnO$

(1)该电池的负极是 ＿＿＿＿＿,正极是 ＿＿＿＿＿。

(2)电池工作时,负极区的 pH ＿＿＿＿＿(选填“减小”或“增大”)。

阅读

阿累尼乌斯——电离理论的创始人

阿累尼乌斯 1859 年生于瑞典，自幼聪慧过人，3 岁就能识字，17 岁时以优异成绩考入乌普萨拉大学学习化学、物理和数学，大学毕业留校攻读博士学位。这一时期，很多科学家都花费大量精力研究盐的电解，并认为是电流使物质发生离解，只有在电流开始流动时才产生离子。年轻的阿累尼乌斯却认为溶液中的电解质在无外界电流的作用时，就可以自动离解成游离带电的离子。他在长达 150 多页的论文中列出了大量极其精密、近乎完美的实验结果，但这一论点却遭到参加论文答辩的所有物理学家与化学家的反对，并导致阿累尼乌斯失去了担任母校大学教师的资格。而这一新学说所遭遇的责难和冷遇还在阿累尼乌斯预料之外。英、德、法、俄等许多国家的化学家，包括当时享有极高声誉的门捷列夫，都对这一学说群起而攻之。具有瑞典人好斗性格的阿累尼乌斯并没有动摇，反而积极寻找知音的支持。论文答辩的第二天，他就将论文寄给奥斯特瓦尔德、范霍夫、克劳修斯等著名化学家，并得到了他们的积极肯定。奥斯特瓦尔德还不远千里到乌普萨拉与阿累尼乌斯一起讨论，他们与范霍夫三人组成了一个稳固的“离子主义者联盟”，用严谨的科学实验事实和理论分析，征服了一个个反对与驳斥，取得了最后胜利。电离学说的确立，消除了电解质溶液研究中一系列悬而未决的问题，建立了原子与离子的联系，同时，还有力地指导了制碱、制氯、熔盐电解等化学工业、冶金工业的生产。因此，有的科学史家把电离学说视为 19 世纪科学发展中的“最大总结之一”。

阿累尼乌斯除从事物理化学研究工作外，还对天文学、宇宙物理学领域怀有极大的兴趣。他还思考过世界能源和自然资源的保护问题，他是今日能源危机的早期预言者之一。他学识渊博，想像力丰富，涉猎广泛。晚年，他撰写了一些教科书和许多通俗科学读物，在这些书中，他指出所讨论的领域中，何者已有定论，何者尚待研究。1927 年，他辞去了诺贝尔科学和化学研究所所长的职务，在写完回忆录后，于 10 月 2 日去世。

第5章　非金属元素及其重要化合物

本章主要介绍了常见的非金属元素及其化合物的物理和化学性质。了解氢、氯、氮、硫、碳和硅等非金属单质的化学性质，认识不同的非金属单质性质有较大的差异。了解氢、氯、氮、硫、碳和硅的重要化合物的主要性质，了解它们的广泛用途，体会化学的创造性与实用性。了解某些污染物的来源、性质和危害，体会化学对环境保护的重要意义，培养学生关注社会的意识和责任感。

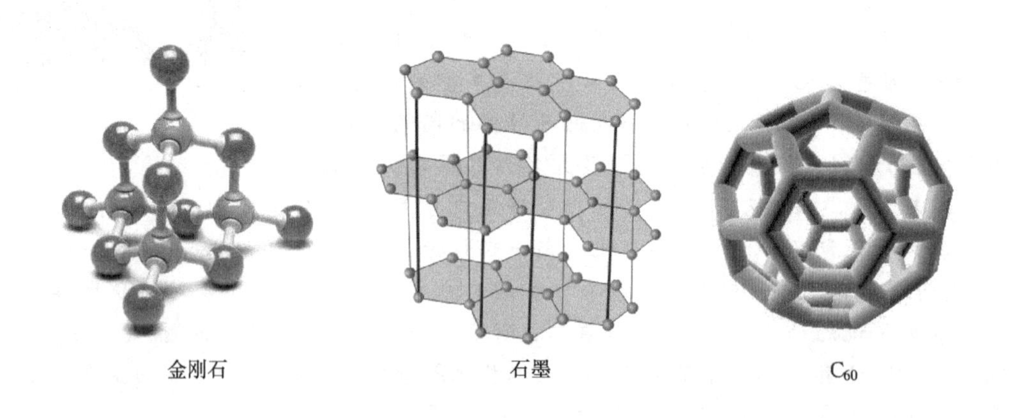

金刚石　　石墨　　C_{60}

学习内容

本章主要介绍非金属元素及其重要化合物的性质，其中包括空气及其中的几种物质，卤素的性质，硫及其化合物的性质，氮及其化合物的性质和用途，碳和硅的性质和用途，绿色化学的概念和发展，无机非金属材料的概述和分类。

学习目的

1. 掌握空气的组成及工业上制取氧气的方法，氢气和氧气的物理和化学性质，氧元素的同素异形体，了解空气的主要污染物及造成水质污染的原因。

2. 掌握氯气和氯化氢的物理和化学性质，卤族元素性质变化规律，了解卤化银的性质、用途，掌握卤离子的检验方法。

3. 掌握硫元素的原子结构与其单质及化合物的物理和化学性质，掌握硫酸的工业制法，常识性介绍酸雨的形成，使学生了解保护环境的意义。

4. 掌握氮元素的单质及其重要化合物的物理和化学性质，构建氮元素的单质及其重要化合物之间的相互转化关系。

5. 了解碳的同素异形体，掌握碳的还原性，掌握碳酸钙和碳酸氢钙的溶解性、与酸反应、受热分解的不同以及其相互之间的转化，了解硅、二氧化碳、硅酸及硅酸盐的性质和用途。

6. 使学生了解绿色化学的概念，常识性介绍绿色化学的研究内容，介绍绿色化学的研究现状，培养学生的环境意识和资源观念。

7. 无机非金属材料的定义，无机非金属材料的分类，通过对新型无机非金属材料的介绍，培养学生崇尚科学、热爱科学的情感。

5.1　空气　氢气　氧气　水

5.1.1　空　气

1. 空气的组成

空气的成分按体积计算约是：氧气 21%，氮气 78%，稀有气体 0.94%，二氧化碳 0.03%，其它气体和杂质 0.03%。

2. 污染空气的有害物质

包含二氧化硫、一氧化碳、氮氧化物(包括 NO_2，NO，N_2O_3 等，主要是 NO_2)、碳氢化合物、由氮氧化物与碳氢化合物经光化学反应生成的光化学氧化剂、臭氧以及可吸入颗粒物等。

5.1.2　氢　气

1. 物理性质和用途

氢气是无色、无臭、难溶于水、难液化的气体,密度最小。

氢气用于生产盐酸,合成氨,氢化油脂,也可用于氢氧焰切割和焊接金属,还用做冶金的还原剂,液氢可作火箭燃料。

2. 化学性质

(1)可燃性　纯净的氢气在空气中也能安静地燃烧,生成水并放出大量的热。但若氢气不纯,混有空气,点燃就会发生爆炸。氢气的爆炸极限是4.0%~75.6%(体积浓度),也就是说,如果氢气在空气中的体积浓度在这一范围内,遇火源就会爆炸;而当氢气浓度小于4.0%或大于75.6%时,即使遇到火源,也不会爆炸。因此点燃氢气前,必须检验氢气的纯度。

$$2H_2 + O_2 \xlongequal{点燃} 2H_2O$$ (淡蓝色火焰)

$$H_2 + Cl_2 \xlongequal{点燃} 2HCl$$ (苍白色火焰)

(2) 还原性　氢气能夺取某些金属氧化物中的氧,具有较强的还原性。

$$H_2 + CuO \xrightarrow{\triangle} Cu + H_2O$$

$$H_2 + WO_3 \xrightarrow{\triangle} W + H_2O$$

$$H_2 + CH_3CHO \xrightarrow[\triangle]{Ni} CH_3CH_2OH$$

专业术语

爆炸极限
پارتلاش چېكى
冶金
مېتاللۇرگىيە
液氢
سۇيۇقلاندۇرۇلغان ھىدروگېن
沸点
قايناش نۇقتىسى
液态氮
سۇيۇقلاندۇرۇلغان ئازوت
液态氧
سۇيۇقلاندۇرۇلغان ئوكسىگېن
氧炔焰
ئوكسى ئاتسېتىلېن يالقۇنى

5.1.3　氧　气

1. 物理性质、工业制法及用途

氧气是无色、无味的气体,微溶于水(通常状况下,1体积水可以溶解0.03体积氧气),沸点为-183℃,液态氧为淡蓝色。

工业上用液化空气的方法制取氧气。在低温下加压使空气液化,因液态氮的沸点(-196℃)低于液态氧的沸点,所以蒸发时氮气先从液态空气中蒸发出来,剩下的主要是液态氧。

氧气供呼吸和燃料燃烧,用于冶炼金属,还可做高能燃料,"氧炔焰"用于金属切割或焊接金属。

2. 化学性质

(1) 跟金属反应

$$3Fe + 2O_2 \xlongequal{点燃} Fe_3O_4$$

$$2Mg + O_2 \xlongequal{点燃} 2MgO$$

（2）跟非金属反应

$$C + O_2 \xlongequal{点燃} CO_2$$

$$S + O_2 \xlongequal{点燃} SO_2$$

$$4P + 5O_2 \xlongequal{点燃} 2P_2O_5$$

（3）跟化合物反应

$$2CO + O_2 \xlongequal{点燃} 2CO_2$$

$$CH_4 + 2O_2 \xlongequal{点燃} CO_2 + 2H_2O$$

5.1.4　臭　氧

臭氧是氧元素构成的另一种单质，其分子式为 O_3。

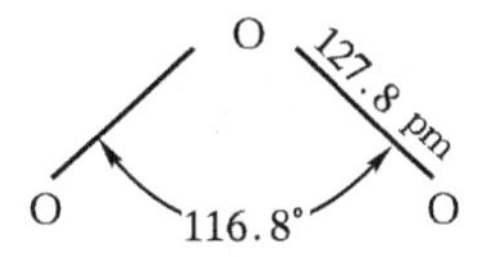

臭氧的结构
ئوزوننىڭ قۇرۇلمىسى

专业术语

同素异形体
ئاللوتروپ

1. 同素异形体

由同种元素组成的不同单质互称同素异形体，氧气和臭氧互为同素异形体。

2. 臭氧的性质

（1）常温常压下是一种有特殊臭味的淡蓝色气体。

（2）不稳定，常温下缓慢分解成氧气，高温时迅速分解。

$$2O_3 \xlongequal{} 3O_2$$

（3）具有极强的氧化性，能使某些染料褪色，能杀死许多细菌，所以可用于漂白和消毒。

氧化性
ئوكسىدلىنىش خۇسۇسىيىتى

漂白
ئاقارتىش

消毒
دېزىنفېكسىيلەش

水煤气
كۆمۈر گازى

5.1.5　水

水是重要的资源。造成水质污染的污染源主要是：

①工业生产排放的废水；

②城市生活污水；

③农田施用的化肥、农药被雨水带入江河；

④大气污染造成的“酸雨”及其它有害物质落入江河湖泊。

水质污染已经严重威胁着人类生活及生态平衡，对水质污染应积极予以防治。

例　题

【例题 5－1】　对制取水煤气的反应 $C + H_2O \xlongequal{高温} CO\uparrow + H_2\uparrow$，下列说法中不正确的是（　　）。

A. 该反应说明氢气有还原性

B. 该反应说明碳有还原性

C. 氢气是水的还原产物

D. 一氧化碳是碳的氧化产物

【分析】 (1) 氢气、碳、一氧化碳具有还原性。

(2) 表示物质具有氧化性或还原性,是指物质作为反应物的性质,不是指产物。

(3) 在此反应中,反应物碳表现出还原性,氢气是水的还原产物,一氧化碳是碳的氧化产物。此反应中氢气有还原性的说法不正确。

【答案】 A

【例题 5 - 2】 在下列反应中,水做氧化剂的反应是________;水做还原剂的反应是________;水既做氧化剂又做还原剂的反应是________;水既不做氧化剂又不做还原剂的反应是________。

① $2Na + 2H_2O = H_2\uparrow + 2NaOH$

② $2F_2 + 2H_2O = O_2\uparrow + 4HF$

③ $2H_2O \xlongequal{电解} O_2\uparrow + 2H_2\uparrow$

④ $2H_2O + 2CuSO_4 \xlongequal{电解} 2H_2SO_4 + 2Cu + O_2\uparrow$

⑤ $CaO + H_2O = Ca(OH)_2$

⑥ $CO + H_2O \xlongequal{高温} CO_2\uparrow + H_2\uparrow$

⑦ $3NO_2 + H_2O = 2HNO_3 + NO\uparrow$

⑧ $Cl_2 + H_2O = HCl + HClO$

⑨ $2Na_2O_2 + 2H_2O = 4NaOH + O_2\uparrow$

⑩ $Na_2CO_3 + H_2O \xrightleftharpoons{水解} NaHCO_3 + NaOH$

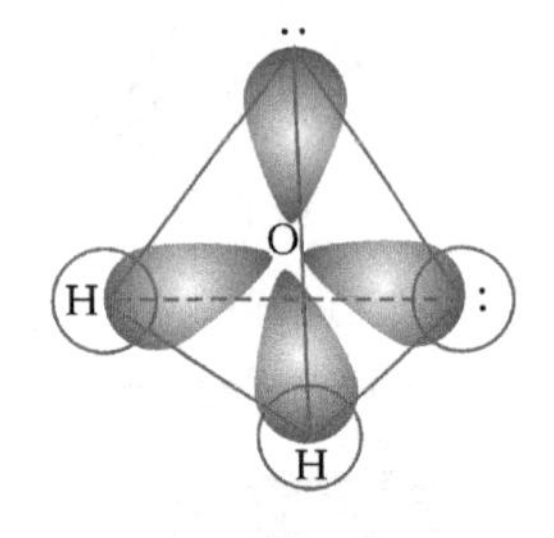

水分子的结构

【分析】 判断水在上述反应中的作用,主要看水中氢元素和氧元素在反应前后氧化数的变化(电子得失)。

在反应①,⑥中,水中仅有氢元素的氧化数在反应前后由+1 变为 0,故水是氧化剂。在反应②,④中,水中仅有氧元素的氧化数在反应前后由−2 变为 0,故水是还原剂。在反应③中,水在电解过程中氧元素的氧化数由−2 变为 0,氢元素的氧化数由 +1 变为 0,故水既做氧化剂又做还原剂。其余反应中,水中的氢元素和氧元素的氧化数在反应前后无变化,故水既不做氧化剂又不做还原剂。此外,反应⑤和⑩是非氧化还原反应。

【答案】 ①⑥　②④　③　⑤⑦⑧⑨⑩

习 题

(一)选择题

1. 氢元素以化合态存在的是(　　)。

A. 氢氧爆鸣气　　B. 水煤气

C. 天然气　　D. 液态氢

2. 在化学反应 $WO_3 + 3H_2 \xlongequal{\triangle} W + 3H_2O$ 中，还原剂是(　　)。

A. WO_3　　B. H_2

C. W　　D. H_2O

3. 下列叙述中正确的是(　　)。

A. 在氢气跟氧化铜的反应中，氢气是得氧的物质，所以氢气是还原剂

B. 氢气具有还原性，所以氢气跟氧化铜的反应是一个还原反应

C. 电解水产生 H_2 和 O_2，所以水是由 H_2 和 O_2 组成的

D. 在点燃氢气之前，必须验纯

4. 氢气的某种性质决定了它的某种用途，请将表 5.1 中性质与用途的一一对应关系填在括号内。

(1)——(　　)；(2)——(　　)；(3)——(　　)；(4)——(　　)。

表 5.1　氢气的性质与用途

氢气的性质	氢气的用途
(1)氢气的密度很小	a. 重要的新型燃料
(2)氢气具有还原性	b. 制取盐酸和氨等
(3)氢气与氧气反应，放出大量热	c. 冶炼硅、钨、钼等
(4)氢气能与氯气、氮气等反应	d. 充灌探空气球

5. 在实验室，常用于制取氢气的反应是(　　)。

A. 锌跟浓硫酸反应　　B. 锌跟稀硫酸反应

C. 锌跟稀硝酸反应　　D. 锌跟浓硝酸反应

6. 燃烧、自燃、缓慢氧化的相同点是(　　)。

A. 都需达到着火点　　B. 反应都发光发热

C. 反应都很剧烈　　D. 都属于氧化反应

7. 气体 A 跟气体 B 反应生成气体 C，气体 C 溶于水形成的溶液能跟锌粒反应，又放出气体 A。则 A，B，C 依次分别是(　　)。

A. Cl_2，H_2，HCl　　B. H_2，Cl_2，HCl

C. H_2，HCl，Cl_2　　D. Cl_2，HCl，H_2

8. 能使带余烬的木条复燃的气体是(　　)。

A. 空气　　B. 氮气

C. 氧气　　D. 二氧化碳

9. 下列物质中,与水反应能放出氧气的是(　　)。

A. K　　B. F_2

C. NO_2　　D. Na_2O

(二) 填空题

10. 通常状况下,氧气是一种________色、________气味________溶于水的气体。液态氧呈 ________色。

11. 通常在实验室制取氧气时,以 $KMnO_4$ 为原料的反应方程式为 ________,以 $KClO_3$ 为原料的反应方程式为 ________。

12. 实验室制备氢气常用的反应方程式是 ________。

13. 工业上用________的方法制取氧气,其依据是氧气与氮气的________不同。

5.2 卤　素

5.2.1 氯　气

1. 物理性质和用途

通常状况下,氯气是黄绿色气体,具有强烈刺激性气味,有毒,密度比空气大,易液化,能溶于水(通常状况下,1 体积水可溶解 2 体积氯气)。氯气用于合成盐酸,制漂白粉,还用于合成含氯农药、塑料、纤维、橡胶等。

2. 化学性质

(1)与金属反应

$$2Fe + 3Cl_2 \xlongequal{点燃} 2FeCl_3$$

$$Cu + Cl_2 \xlongequal{点燃} CuCl_2$$

因氯气具有强氧化性,所以可与金属反应,若金属有变价且氯气足够时,则生成金属高价氯化物。

(2)与氢气反应

若氢气与氯气混合,遇强光照射,则可发生爆炸,反应生成氯化氢。反应方程式为

$$H_2 + Cl_2 \xlongequal{光} 2HCl$$

另外,纯净的氢气可以在氯气中安静地燃烧,火焰呈苍白色,反应生成氯化氢气体。

(3) 与水反应

Cl_2 能与水慢慢地发生反应,反应方程式为

$$Cl_2 + H_2O \rightleftharpoons HCl + HClO$$

HClO 叫做次氯酸，是弱酸，具有强氧化性，有漂白作用，且易分解。

$$2HClO \xlongequal{} 2HCl + O_2\uparrow$$

(4) 与碱反应

$$Cl_2 + 2NaOH \xlongequal{} NaCl + NaClO + H_2O$$

$$3Cl_2 + 6NaOH \xlongequal{\triangle} 5NaCl + NaClO_3 + 3H_2O$$

$$2Cl_2 + 2Ca(OH)_2 \xlongequal{} CaCl_2 + Ca(ClO)_2 + 2H_2O$$

漂白粉是 $CaCl_2$ 和 $Ca(ClO)_2$ 的混合物。其有效成分是 $Ca(ClO)_2$，使用时加酸生成次氯酸，起漂白作用。反应方程式为

$$Ca(ClO)_2 + 2HCl \xlongequal{} CaCl_2 + 2HClO$$

漂白粉在空气中长期存放，可与空气中 H_2O，CO_2 反应，使其变质而失去漂白作用。反应方程式为

$$Ca(ClO)_2 + H_2O + CO_2 \xlongequal{} CaCO_3\downarrow + 2HClO$$

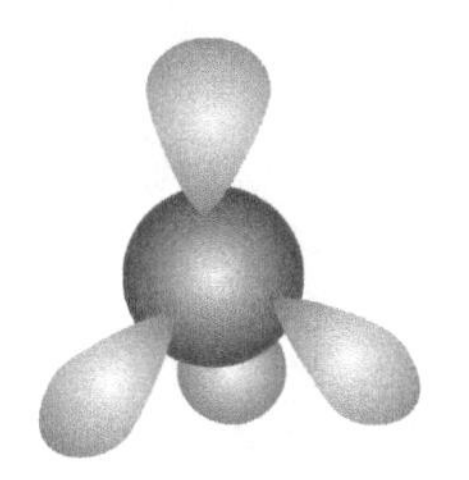

XO^- 的结构

5.2.2　氯化氢

1. 物理性质

氯化氢是一种无色、有刺激性气味的气体，极易溶于水，0℃时 1 体积水能溶解 500 体积氯化氢气体。氯化氢在空气中因溶于水蒸气形成酸雾，即出现“白雾”现象，这一现象常作为判断氯化氢气体的依据。

氯化氢的水溶液俗称盐酸。浓盐酸约含 37％的 HCl，是无色液体(工业盐酸因含有 Fe^{3+} 而呈黄色)，有强烈的挥发性。

2. 盐酸的化学性质和用途

盐酸是强酸，具有以下酸的通性。

(1) 与指示剂反应，紫色石蕊溶液遇酸变红色，无色酚酞溶液遇酸不变色。

(2) 与碱性氧化物反应，生成盐和水。例如

$$CuO + 2HCl \xlongequal{} CuCl_2 + H_2O$$

(3) 与碱反应生成盐和水，此反应又称为中和反应。例如

$$NaOH + HCl \xlongequal{} NaCl + H_2O$$

(4) 与盐反应生成一种新盐和一种新酸。例如

$$Ca(ClO)_2 + 2HCl \xlongequal{} CaCl_2 + 2HClO$$

$$CaCO_3 + 2HCl \xlongequal{} CaCl_2 + H_2O + CO_2\uparrow$$

(5) 与活泼金属发生置换反应，生成盐和氢气。例如

$$Zn + 2HCl \xlongequal{} ZnCl_2 + H_2\uparrow$$

此外，盐酸还具有还原性，常用于实验室制取氯气。

$$MnO_2 + 4HCl \xlongequal{} MnCl_2 + Cl_2\uparrow + 2H_2O$$

专业术语

指示剂
ئىندىكاتور
石蕊溶液
لاكموس ئېرىتمىسى
碱性氧化物
ئىشقارلىق ئوكسىد

$$2KMnO_4 + 16HCl \xlongequal{} 2KCl + 2MnCl_2 + 5Cl_2\uparrow + 8H_2O$$

盐酸的用途:制取金属氯化物,金属除锈,制药、染料、皮革工业也都广泛使用盐酸。盐酸是重要的化工原料,是一种强酸。

5.2.3 氯化钠

专业术语

粗盐

تازىلانمىغان تۇز

明胶凝胶

ژېلاتىنا يېلىم

弱酸

ئاجىز كىسلاتا

氯化钠俗称食盐,白色固体,是生活中不可缺少的调味品。此外医疗、化工等部门都要用到食盐。

因食盐在水中的溶解度随温度变化不大,所以多用蒸发浓缩的方法得到食盐。例如,工业上就是用太阳照晒海水,使水分蒸发析出食盐晶体的方法制得粗盐。

5.2.4 卤化银

向无色的 NaCl,NaBr,KI 溶液中分别加入 $AgNO_3$ 溶液,分别生成白色的 AgCl 沉淀、淡黄色的 AgBr 沉淀、黄色的 AgI 沉淀。其反应方程式为

$$NaCl + AgNO_3 \xlongequal{} NaNO_3 + AgCl\downarrow$$

$$NaBr + AgNO_3 \xlongequal{} NaNO_3 + AgBr\downarrow$$

$$KI + AgNO_3 \xlongequal{} KNO_3 + AgI\downarrow$$

AgCl,AgBr,AgI 都是既不溶于水,又不溶于稀 HNO_3 的物质,所以加入 HNO_3 后沉淀也不消失。常用此反应来鉴别 Cl^-,Br^- 和 I^- 三种离子。

AgBr,AgI 都有感光性,在光线照射下发生分解反应。例如

$$2AgBr \xlongequal{光} 2Ag + Br_2$$

照相用的感光片,就是用溴化银的明胶凝胶均匀地涂在胶卷或玻璃片上制成的。碘化银可用于人工降雨。

5.2.5 卤族元素

周期表ⅦA 族元素包括氟(F)、氯(Cl)、溴(Br)、碘(I)、砹(At)五种元素,简称卤素。

1. 氟、溴、碘的性质

(1) 跟金属化合生成金属卤化物。

(2) 跟氢气反应

$$F_2 + H_2 \xlongequal{冷暗} 2HF$$

$$Br_2 + H_2 \xlongequal{\triangle} 2HBr$$

$$I_2 + H_2 \xlongequal{\triangle} 2HI$$

(3) 跟水反应

$$2F_2 + 2H_2O \longrightarrow 4HF + O_2 \uparrow$$

$$Br_2 + H_2O \rightleftharpoons HBr + HBrO$$

$$I_2 + H_2O \rightleftharpoons HI + HIO$$

2. 卤素性质的相似性和递变性

卤素单质均为非极性双原子分子，随着相对分子质量的增大，它们的一些物理性质（如密度、熔点、沸点）呈现有规律的变化。常温下，氟和氯是气体，溴是液体，碘是固体。

卤素单质都具有毒性，毒性从氟到碘逐渐减弱。卤素单质强烈地刺激眼、鼻、气管等器官的粘膜，吸入较多的卤素蒸气会导致严重中毒，甚至死亡。液溴会使皮肤严重灼伤而难以治愈，在使用溴时要特别小心。

表 5.2 中列出了卤素元素的原子结构，以及卤素元素性质的相似性和递变性的比较。

专业术语

相似性

ئوخشاشلىق

递变性

تەدرىجىي ئۆزگۈرۈچانلىق

表 5.2　卤素的性质比较

元素 / 性质	F	Cl	Br	I
核电荷	9	17	35	53
原子半径/nm	0.071	0.099	0.114	0.133
单质	F_2	Cl_2	Br_2	I_2
颜色	浅黄绿色	黄绿色	棕红色	紫黑色
状态	气体	气体	液体	固体
沸点/℃	逐渐增高 →			
熔点/℃	逐渐增高 →			
单质跟氢气反应	冷暗处剧烈化合而爆炸	强光下剧烈化合而爆炸	加热反应缓慢	持续加热才能化合，同时发生分解
卤化氢稳定性	HF 很稳定	HCl 比较稳定	HBr 较不稳定	HI 不稳定
单质跟水的反应	剧烈反应，放出 O_2	光照下缓慢反应放出 O_2	反应缓慢	反应不明显
氢卤酸酸性	弱酸（能腐蚀玻璃）	盐酸是强酸	酸性比盐酸强	酸性比氢溴酸强

续表 5.2

性质＼元素	F	Cl	Br	I
单质跟金属反应的难易和生成物的稳定性	反应由易到难,生成物由稳定到不稳定 →			
单质 X_2 氧化性比较	很强 → 弱			
卤离子 X^- 还原性比较	很弱 → 强			

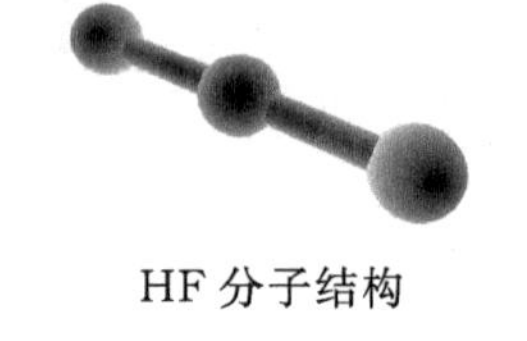

HF 分子结构

3. 氟化氢的性质和用途

氟化氢易溶于水生成氢氟酸。氟化氢和氢氟酸有剧毒,它们都能腐蚀玻璃、石英和硅酸盐。

$$SiO_2+4HF=SiF_4\uparrow+2H_2O$$

氢氟酸用于雕刻玻璃,制造塑料、橡胶等。氢氟酸应保存于塑料瓶中,它是一种弱酸。

例 题

【例题 5-3】 下列排列顺序中,正确的是(　　)。

A. 溶液的酸性:HF>HCl>HBr>HI

B. 离子还原性:$I^->Br^->Cl^->F^-$

C. 跟水反应自身氧化还原剧烈程度:$F_2>Cl_2>Br_2>I_2$

D. 氧化性:$I_2>Br_2>Cl_2>F_2$

【分析】 卤族元素性质变化规律见表 5.2。归纳为

原子半径:I>Br>Cl>F

氧化性、非金属性:$F_2>Cl_2>Br_2>I_2$

与氢气化合能力:$F_2>Cl_2>Br_2>I_2$

气态氢化物的的热稳定性:HF>HCl>HBr>HI

氢卤酸的酸性:HI>HBr>HCl>HF

卤化氢的还原性:HI>HBr>HCl>HF

卤阴离子的还原性:$I^->Br^->Cl^->F^-$

单质的熔点、沸点:$I_2>Br_2>Cl_2>F_2$

本题中,F_2 与水的反应不是自身氧化还原反应,氟是氧化剂,水是还原剂。这是因为 F_2 是氧化性最强的非金属单质,能氧化水中的-2 价的氧。

【答案】 B

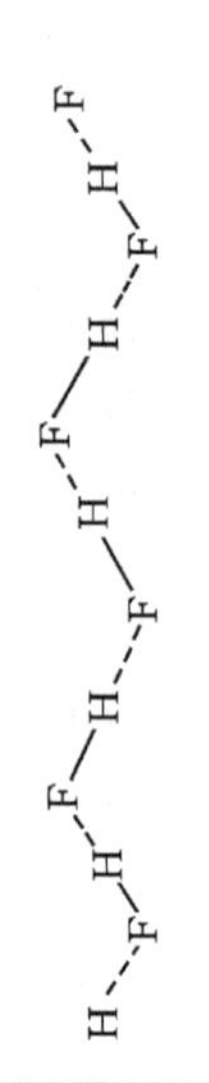

说明:HF 分子中存在氢键,另外 H_2O 和 NH_3 分子中也存在氢键。

【例题 5-4】 下列各组物质中,相互之间不发生反应的一组是(　　)。

A. $NaBr+Cl_2$　　　　B. $KI+Cl_2$

C. $KI+Br_2$　　　D. $KBr+I_2$

【分析】 依据元素周期律，卤族元素随原子序数递增，元素非金属性(氧化性)逐渐减弱。非金属性较强的卤素单质能把非金属性较弱的卤素单质从它的卤化物中置换出来。

$$2KI + Cl_2 = 2KCl + I_2$$

$$2KI + Br_2 = 2KBr + I_2$$

$$2NaBr + Cl_2 = 2NaCl + Br_2$$

【答案】 D

【例题 5-5】 实验室检验某一溶液中是否含有 Cl^-(或 Br^-，或 I^-)，应选用的试剂是(　　)。

A. $AgNO_3$ 溶液

B. $AgNO_3$ 溶液和盐酸

C. $AgNO_3$ 溶液和稀 HNO_3 溶液

D. $AgNO_3$ 溶液和 H_2SO_4

【分析】 常见银的化合物中，以下物质难溶于水：$AgOH$，$AgCl$，$AgBr$，AgI，Ag_2CO_3，Ag_2SO_3，Ag_3PO_4，Ag_2SO_4(微溶)。其中 $AgCl$，Ag_2SO_3，Ag_2SO_4，Ag_2CO_3 为白色，$AgBr$ 为浅黄色，AgI，Ag_3PO_4 为黄色。

$AgCl$，$AgBr$，AgI 均不溶于稀硝酸，而 Ag_2CO_3，Ag_2SO_3，Ag_3PO_4 均溶于稀硝酸，这是检验溶液中是否存在 Cl^-，Br^-，I^- 的依据。

仅用 $AgNO_3$ 溶液无法鉴定溶液中是否含 Cl^-(或 Br^-，或 I^-)，因为 CO_3^{2-}，SO_3^{2-}，PO_4^{3-} 等离子亦会与 Ag^+ 反应生成沉淀。

用 $AgNO_3$ 溶液和盐酸，因试液本身含有 Cl^-，无法验证溶液中是否含有 Cl^-。检验 Br^-，I^- 时，$AgCl$ 亦会带来干扰。

Ag_2CO_3，Ag_2SO_3，Ag_3PO_4 溶于稀硝酸的反应如下：$Ag_2CO_3+2HNO_3 = 2AgNO_3+H_2O+CO_2\uparrow$ 白色沉淀消失；$Ag_2SO_3+2HNO_3 = 2AgNO_3+H_2O+SO_2\uparrow$ 白色沉淀消失；$Ag_3PO_4+2HNO_3 = 2AgNO_3+AgH_2PO_4$ 黄色沉淀消失。

使用 $AgNO_3$ 溶液和 H_2SO_4 溶液鉴别 Cl^-，Br^-，I^- 也不行，因为 Ag_2SO_4 是微溶于水的白色沉淀，会引起判断错误。

【答案】 C

习题

(一)选择题

1. 下列物质中，属于纯净物的是(　　)。

A. 盐酸　　　B. 氯水

C. 氯化氢　　D. 漂白粉

2. 下列各种离子还原性最强的是(　　)。

A. Cl^-　　B. Br^-

C. I^-　　D. OH^-

3. 要除去氯气中的氯化氢,应使其通过(　　)。

A. 浓盐酸　　B. 碱石灰

C. 饱和食盐水　　D. 氢氧化钠溶液

4. 下列关于 Cl_2 的描述中,正确的是(　　)。

A. Cl_2 的还原性强于 I_2

B. 氯气既可做氧化剂又可做还原剂

C. Fe 在 Cl_2 中燃烧生成 $FeCl_2$

D. Cl_2 以液态形式存在时可称为氯水或液氯

5. 下列物质中,不能用玻璃仪器存放的是(　　)。

A. 烧碱　　B. 硫酸

C. 氢氟酸　　D. 盐酸

6. 下列物质中,具有漂白作用的是(　　)。

A. 液氯　　B. 氯水

C. 干燥氯气　　D. 氯酸钙

7. 在碘化钾淀粉溶液中通入(或加入)下列物质,使溶液变蓝的是(　　)。

A. Cl_2　　B. HCl

C. KCl 溶液　　D. KBr 溶液

8. 向 NaBr 和 KI 的混合液中通入过量的 Cl_2,然后将溶液蒸干,再灼烧其残渣,最后得到的物质是(　　)。

A. KCl 和 NaCl　　B. KCl,NaCl 和 I_2

C. NaCl 和 KBr　　D. KCl,NaCl 和 Br_2

9. 下列物质中,不能用金属与盐酸直接反应而得到的是(　　)。

A. 氯化锌　　B. 氯化亚铁

C. 氯化铝　　D. 氯化铜

10. 将氯气通入下列物质的溶液中,能使阴、阳离子的浓度都发生显著改变的是(　　)。

A. $FeCl_2$　　B. $CuCl_2$

C. $FeBr_2$　　D. KI

11. A,B,C,D 四个集气瓶中分别盛有 H_2,Cl_2,HCl,HBr 中的一种。将 A 和 B 两瓶气体混合后见光,发生爆炸;将 B 和 C 两瓶气体混合后,瓶壁上出现红棕色的小液滴。由此可判断出 B 瓶中的气体是(　　)。

A. H_2　　B. Cl_2

C. Br_2　　D. I_2

12. 在卤素单质跟水的反应中，不属于歧化反应（自身氧化还原反应）的卤素是（　　）。

A. F_2　　B. Cl_2

C. Br_2　　D. I_2

(二)填空题

13. 在氯水中，含有的粒子为 ________，其中除 H_2O 以外含量最多的是 ________。久置后的氯水比新制的氯水中明显增多的粒子是________。

14. 实验室用浓盐酸跟 MnO_2 反应制得氯气时，MnO_2 是________剂；用 $KClO_3$ 制取氧气时，MnO_2 是________剂。

15. 实验室用________和________反应制 HF 气体，反应在________容器中进行，反应方程式为 ________。

16. 照相用的感光片，是在暗室里用 ________的明胶凝胶均匀地涂在胶片上制成的，摄影时发生的化学反应是________。

17. 游离态碘遇________呈蓝色，在 CCl_4 的溶液中呈________色，在酒精中呈 ________色。

18. 在 $Cl_2 + 2NaOH$ 这一反应中，Cl_2 被氧化后的产物是________，被还原后的产物是 ________。

19. 某元素阴离子的电子数目比质子数目多一个，两者之和等于 35，该元素的元素符号是 ________，最高氧化数是________。

5.3　硫

5.3.1　硫

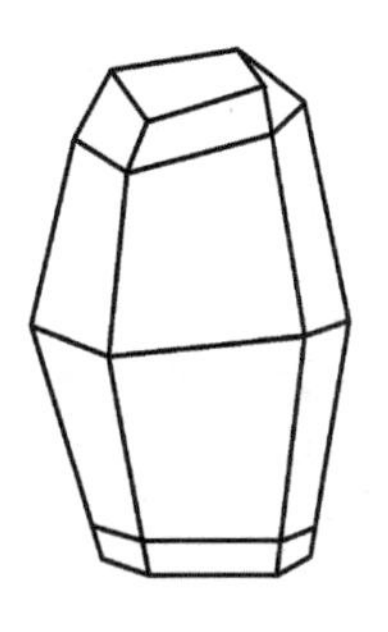

斜方硫

1. 物理性质和用途

硫有多种同素异形体，常见硫磺是淡黄色晶体，性脆，不溶于水，微溶于酒精，易溶于二硫化碳。硫主要用于制造硫酸、黑火药、火柴、硫化橡胶及硫磺软膏。

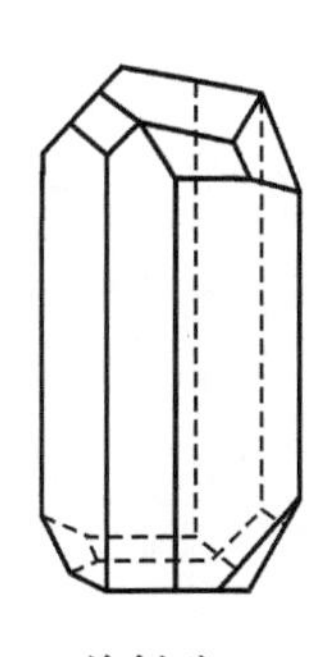

单斜硫

2. 化学性质

(1)跟金属反应　生成金属硫化物。由于硫的氧化性比氯气弱，所以与 Fe，Cu 反应均生成低价硫化物，即硫化亚铁(FeS)、硫化亚铜(Cu_2S)。

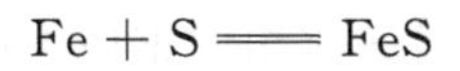

$$Fe + S \xlongequal{} FeS$$

$$2Cu + S \xlongequal{} Cu_2S$$

(2) 跟氢气反应　硫的蒸气能跟氢气直接化合,生成硫化氢气体。

$$H_2 + S \xlongequal{} H_2S$$

硫化氢气体具有臭鸡蛋气味,毒性较大。

(3) 跟氧气反应　硫在空气中或氧气中燃烧生成 SO_2,火焰呈蓝色,反应放热。

$$S + 2O_2 \xlongequal{点燃} SO_2$$

5.3.2　二氧化硫

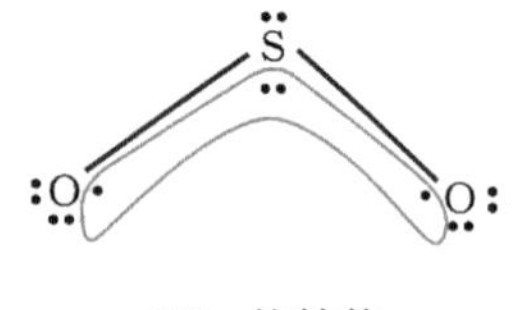

SO_2 的结构

1. 物理性质

二氧化硫是一种无色、有刺激性气味的有毒气体,易溶于水,常温、常压下 1 体积水能溶解 40 体积的二氧化硫。

2. 化学性质

(1) 具有酸性氧化物的通性

① 与水反应,生成亚硫酸,因此二氧化硫又叫亚硫酐。

$$SO_2 + H_2O \rightleftharpoons H_2SO_3$$

亚硫酸是二元中强酸,很不稳定,易分解成 SO_2 和 H_2O。

$$H_2SO_3 \xlongequal{} H_2O + SO_2$$

② 与碱反应,生成亚硫酸盐和水

$$2NaOH + SO_2 \xlongequal{} Na_2SO_3 + 2H_2O$$

③ 与碱性氧化物反应生成亚硫酸盐。

$$CaO + SO_2 \xlongequal{} CaSO_3$$

(2) 氧化性及还原性

因 SO_2 中硫的氧化数是 +4 价,所以在一定条件下可表现出氧化性,在另一条件下又可表现出还原性,但一般还原性较强,氧化性较弱。

① 氧化性　$SO_2 + 2H_2S \xlongequal{} 2H_2O + 3S\downarrow$

此反应很易进行,故知 SO_2 与 H_2S 两种气体不能共存。

② 还原性

$$2SO_2 + O_2 \underset{\triangle}{\overset{催化剂}{\rightleftharpoons}} 2SO_3$$

(3) 漂白作用

二氧化硫能漂白某些有色物质,如纸浆、丝、毛、草帽等,这是由于二氧化硫跟有色物质结合生成不稳定的物质,这种无色物质容易分解而使有色物质恢复原来的颜色。用二氧化硫漂白过的草帽时间长了逐渐变成黄色,就是这个缘故。二氧化硫的漂白作用与氯气的漂白作用的本质不同。此外,二氧化硫还可以用于杀菌消毒等。

5.3.3　三氧化硫

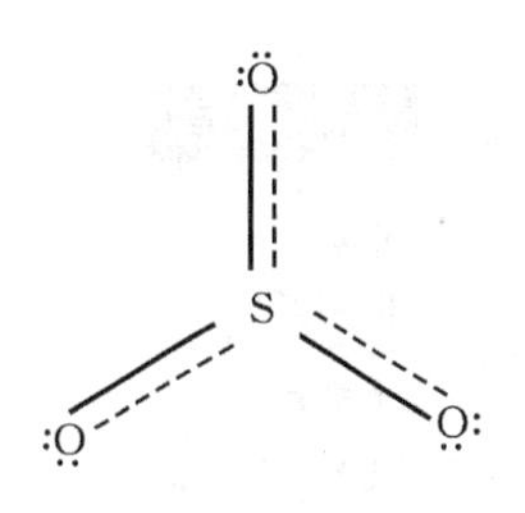

SO_3 的结构

三氧化硫是一种无色固体，熔点 16.8℃，沸点 44.8℃。三氧化硫遇水剧烈反应生成硫酸，且放出大量的热，三氧化硫又叫硫酐。

$$SO_3 + H_2O \xlongequal{} H_2SO_4$$

三氧化硫是一种酸性氧化物，它与碱性氧化物或碱都能起反应生成硫酸盐。

$$SO_3 + CaO \xlongequal{} CaSO_4$$

$$SO_3 + 2NaOH \xlongequal{} Na_2SO_4 + H_2O$$

5.3.4　硫　酸

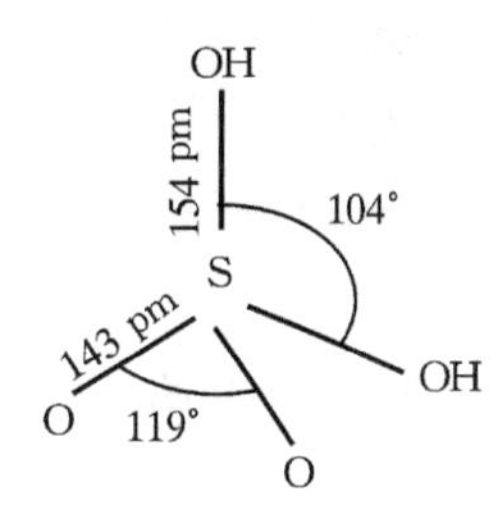

硫酸的结构

纯硫酸是无色油状液体，沸点高（98.3%硫酸的沸点是 338℃），不易挥发，能与水以任意比例混合，溶于水时放出大量的热。浓度为 18 mol · L^{-1}的硫酸的密度为 1.84 g · cm^{-3}。

硫酸是一种强酸，在水溶液里很容易电离生成离子。

$$H_2SO_4 \xlongequal{} 2H^+ + SO_4^{2-}$$

硫酸具有酸的一切通性，如稀硫酸能和活泼金属发生置换反应，跟碱发生中和反应，跟某些盐发生离子互换反应。此外浓硫酸还具有以下特征。

1. 浓硫酸的强氧化性

浓硫酸能氧化活泼金属、不活泼金属（金、铂等金属除外）以及一些非金属。

$$Zn + 2H_2SO_4(浓) \xlongequal{} ZnSO_4 + SO_2\uparrow + 2H_2O$$

$$Cu + 2H_2SO_4(浓) \xlongequal{} CuSO_4 + SO_2\uparrow + 2H_2O$$

$$C + 2H_2SO_4(浓) \xlongequal{} CO_2\uparrow + 2SO_2\uparrow + 2H_2O$$

注意：活泼金属与浓硫酸反应时不产生氢气而生成 SO_2。

在上述 3 个反应中，浓硫酸均为氧化剂，而金属、非金属均为还原剂。

常温下，浓硫酸能使铁、铝等金属发生钝化，即在浓硫酸跟铁、铝等金属接触时，使金属表面生成一薄层致密的氧化物保护膜，阻止内部金属继续跟硫酸反应。因此，常温下浓硫酸可以用铁或铝容器贮藏。

专业术语

钝化

پاسسىپلاشتۇرۇش

干燥剂

قۇرۇتقۇچى رېئاكتىۋ

糖类

قەنتلەر ، ساخارىدلار

2. 浓硫酸的吸水性

浓硫酸能强烈地吸收空气中的水蒸气或其它物质中的水。利用这种强烈的吸水性，浓硫酸可用作气体干燥剂，但不能用于干燥具有碱性或还原性的气体。

3. 浓硫酸的脱水性

浓硫酸能将某些化合物(例如糖类、淀粉、纤维素等)中的氢和氧按 2∶1 的原子数比脱去。有机物遇浓硫酸发生炭化,就是被脱水的结果。例如蔗糖被炭化

$$C_{12}H_{22}O_{11} \xlongequal{\text{浓硫酸}} 12C + 11H_2O$$

在有机化学反应中,常利用浓硫酸有脱水性而用它做脱水剂。

专业术语

淀粉
كراخمال
纤维素
سېللىيۇلوزا (تالا
ماددىسى)
蔗糖
ساخاروزا
炭化
كوكسلاشتۇرۇش
有机物
ئورگانىك ماددا

4. 硫酸的工业制法

工业上一般用硫铁矿(主要成分是 FeS_2)采用接触法制硫酸,主要反应如下。

(1) 煅烧硫铁矿制取 SO_2

$$4FeS_2 + 11O_2 \xlongequal{\text{高温}} 8SO_2 + 2Fe_2O_3$$

(2) 催化氧化 SO_2 制取 SO_3

$$2SO_2 + O_2 \xrightarrow{400\sim500℃,\ V_2O_5} 2SO_3$$

(3) 生成硫酸(SO_3 与水化合)

$$SO_3 + H_2O \xlongequal{} H_2SO_4$$

为了更充分地吸收 SO_3,生产中用浓硫酸吸收 SO_3,然后用适量的水稀释可制得各种浓度的硫酸。

专业术语

煅烧
كۆيدۈرۈش، تاۋلاش
冶炼
مېتال تاۋلاش
石油精炼
نېفت چەككىلەش
电镀
ئېلېكترلىك ھەل بېرىش

5. 硫酸的用途

硫酸是重要的化工产品之一,具有广泛的用途。它大量用于生产化肥、农药、炸药、染料,制取各种硫酸盐及用来制取各种挥发性酸,还用于石油精炼及电镀工业。

5.3.5 SO_2 对大气的污染　酸雨

SO_2 是污染大气的主要污染物之一。SO_2 和空气中水蒸气结合形成酸雨,使森林植被退化,使土壤、水质酸化。因此,对燃煤、石油燃烧、含硫矿石焙烧、冶炼以及硫酸、磷肥、纸浆生产中排放的 SO_2 废气必须治理。

例 题

【例题 5-6】 当溶液中含有大量 H^+ 时,也能同时大量存在的离子是(　　)。

A. S^{2-}　　B. SO_3^{2-}　　C. SO_4^{2-}　　D. CO_3^{2-}

【分析】 H_2SO_4 是强酸,H_2SO_3 是中强酸,H_2S 与 H_2CO_3 均属于弱酸。当溶液中含有大量 H^+ 时,属于强酸性介质条件,这时只有 SO_4^{2-} 能与大量 H^+ 共存(强酸完全电离),而 S^{2-},SO_3^{2-},CO_3^{2-} 均与 H^+ 发生如下反应

$$S^{2-} + 2H^+ \rightleftharpoons H_2S\uparrow$$

$$SO_3^{2-} + 2H^+ \rightleftharpoons SO_2\uparrow + H_2O$$

$$CO_3^{2-} + 2H^+ \rightleftharpoons CO_2\uparrow + H_2O$$

所以，当溶液中存在大量 H^+ 时，S^{2-}，SO_3^{2-}，CO_3^{2-} 都不能同时大量存在。SO_4^{2-} 能与大量 H^+ 共存。

【答案】 C

【例题 5－7】 浓硫酸与金属锌反应时产生的气体是 __________，稀硫酸与金属锌反应时被还原的产物是 __________。

【分析】 浓硫酸有强氧化性，能氧化金属活动顺序表中除 Pt，Au 以外的其它金属元素，作为氧化剂的浓硫酸，本身被还原而生成 SO_2 气体。

$$Zn + 2H_2SO_4(浓) = ZnSO_4 + SO_2\uparrow + 2H_2O$$

稀硫酸与金属锌反应生成的气体为 H_2

$$Zn + H_2SO_4 = ZnSO_4 + H_2\uparrow$$

由此反应方程式可知是 H^+ 被还原。

【答案】 SO_2　H_2

【例题 5－8】 完成将硫化氢通入硫酸铜溶液中反应的离子方程式并配平。

【分析】 按一般规律是强酸与弱酸盐发生反应。硫酸是强酸，氢硫酸是弱酸，故按此规律 $CuSO_4$ 不能与 H_2S 反应。但由于 CuS 极难溶于水，因此硫化氢通入硫酸铜溶液后会生成 CuS 沉淀，所以反应能够发生。反应的离子方程式为

$$Cu^{2+} + H_2S = CuS\downarrow + 2H^+$$

【答案】 $Cu^{2+} + H_2S = CuS\downarrow + 2H^+$

习题

(一)选择题

1. 下列有关硫化氢的叙述中，正确的是(　　)。

A. 硫化氢因含 S^{2-}，所以只有还原性

B. 硫化氢能与硫化钠溶液反应

C. 硫化氢为无色、无味气体

D. 实验室可用稀盐酸、稀硫酸或稀硝酸与 FeS 反应制备硫化氢

2. 下列物质暴露在空气中，不会变质的是(　　)。

A. 硫　　　　B. 氢硫酸

C. 亚硫酸　　D. 烧碱

3. 利用盐跟酸的离子互换反应不能制得的气体是(　　)。

A. H_2S　　B. HCl

C. SO_2　　D. Cl_2

4. 我国评价城市空气的质量,经常监测的污染物是(　　)。

A. SO_2,CO,O_3(臭氧),NO_2(氮氧化物),可吸入颗粒物

B. SO_2,CO_2,NO,灰尘,水蒸气

C. SO_2,NO_2,CO_2,N_2,可吸入颗粒物

D. NH_3,HCl,CO_2,NO_2,灰尘

5. 下列物质中不能用于漂白或脱色的是(　　)。

A. 氯水　　B. 活性炭

C. SO_2　　D. H_2S

6. 除去 CO_2 中混有的少量 SO_2,应使用(　　)。

A. 浓 H_2SO_4 溶液　　B. 浓 NaOH 溶液

C. 饱和 $NaHCO_3$ 溶液　　D. 饱和 $NaHSO_3$ 溶液

7. 下列有关浓硫酸的叙述中,正确的是(　　)。

A. 加热条件下浓硫酸与铜反应表现出浓硫酸的酸性和强氧化性

B. 常温下浓硫酸使铁铝钝化,体现浓硫酸的酸性和强氧化性

C. 浓硫酸用做干燥剂是利用它的脱水性

D. 浓硫酸与C,S等非金属反应表现出浓硫酸的酸性和强氧化性

8. 下列气体中,既能用浓硫酸干燥,又能用固体氢氧化钠干燥的是(　　)。

A. H_2S　　B. SO_2

C. Cl_2　　D. O_2

9. 能鉴别 Na_2S,Na_2SO_3,Na_2SO_4 的试剂是(　　)。

A. 品红溶液　　B. 稀盐酸

C. 氯化钡溶液　　D. 氢氧化钠溶液

10. 以下实验能确定某溶液中一定含有 SO_4^{2-} 的是(　　)。

A. 加入硝酸酸化,再加入 $BaCl_2$ 溶液,产生白色沉淀

B. 加入硫酸酸化,再加入 $BaCl_2$ 溶液,产生白色沉淀

C. 加入用盐酸酸化的 $Ba(NO_3)_2$ 溶液,产生白色沉淀

D. 加入 $Ba(NO_3)_2$ 溶液,产生白色沉淀,再加入盐酸或硝酸,无反应现象

11. 下面物质中既能从溶液中制取,也能从游离元素中直接合成的是(　　)。

A. FeS　　B. CuS

C. $(NH_4)_2S$　　D. H_2SO_4

(二)填空题

12. 将 SO_2 通过澄清的石灰水后，会使石灰水变浑浊，这种浑浊物是__________，发生反应的化学方程式是__________________。

13. 某正盐和氢氧化钠共热，放出能使湿润的红色石蕊试纸变蓝色的气体；往该溶液中加入 $Ba(NO_3)_2$ 溶液，生成不溶于稀硝酸的白色沉淀，则该盐的分子式为__________。

14. 将 SO_2 气体与 H_2S 气体在集气瓶中混合，在瓶壁上会产生__________，这是因为发生了如下反应__________，在反应中有 1 mol 还原剂参加反应时，生成____mol 单质硫。

15. 某元素的单质 X，加热时与氢气化合可得到一种气态氢化物 Y。将 Y 通入硫酸铜溶液，可得到一种黑色沉淀 Z，将 Y 通入溴水，溴水褪色，同时溶液变浑浊。推断 X，Y，Z 各是__________，有关反应的化学方程式为________________。

(三)写出下列反应的化学方程式

16. 写出硫铁矿(FeS_2)制取硫酸的有关反应方程式。

17. 写出浓硫酸与铜反应的化学方程式。

(四)写出下列反应的离子方程式并配平

18. 氢氧化钡溶液与硫酸反应。

19. 硫化亚铁和稀硫酸混合。

20. 氢硫酸与硫酸铜溶液反应。

21. 将氯气通入二氧化硫水溶液中。

5.4 氮

5.4.1 氮　气

1. 物理性质和用途

(1) 物理性质　氮气无色、无味，在标准大气压下，−195.8℃时变成无色的液体，−209.86℃时变成雪状固体。氮气在水中溶解度很小，通常状况下，1 体积水大约可溶解0.02体积的氮气。

(2) 用途　工业上用作合成氨的原料，氨又可以制备各种氮肥和硝酸。由于氮气化学性质不活泼，也常用作保护气。

2. 化学性质

氮气分子是由 2 个氮原子共用 3 对电子结合而成的分子，氮分子中有 3 个共价键。即

专业术语

标准大气压

نورمال ئاتموسفېرا بېسىمى

保护气

قوغداش گازى

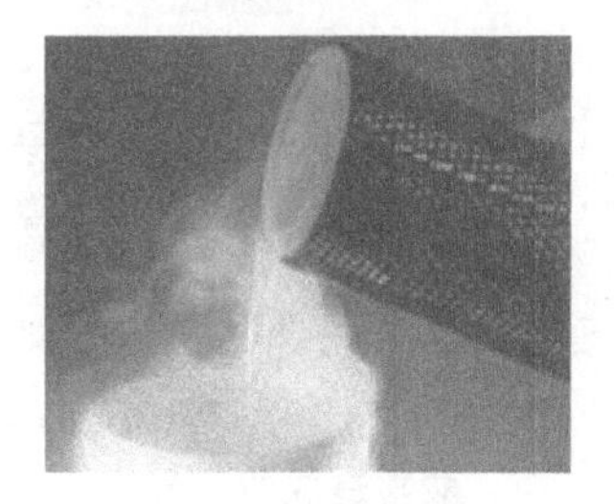

倾倒液氮

تۆكۈلۈۋاتقان سۇيۇق ئازوت

分子式	电子式	结构式
N_2	:N⋮⋮N:	$N\equiv N$

氮分子的结构很稳定,通常情况下,氮气的性质很不活泼,很难跟其它物质发生反应。在一定条件下,氮气能跟氢气、氧气、金属等物质发生反应。

(1) 氮气跟氢气的反应　氮气跟氢气在高温、高压并有催化剂存在的条件下,可直接化合生成氨(NH_3)

$$N_2 + 3H_2 \xrightarrow[\text{催化剂}]{\text{高温高压}} 2NH_3$$

工厂排放的 NO 气体

工业上利用此反应合成氨。

(2) 氮气跟氧气的反应　在放电条件下,氮气跟氧气直接化合生成无色的一氧化氮

$$N_2 + O_2 \xrightarrow{\text{放电}} 2NO$$

(3) 氮气与金属的反应　$3Mg + N_2 \xrightarrow{\text{点燃}} Mg_3N_2$

5.4.2　氮的氧化物

1. 一氧化氮

① 一氧化氮为无色气体,不溶于水。

② 一氧化氮易与氧气反应生成红棕色的二氧化氮气体。利用此反应前后的颜色变化,可初步鉴别 NO 气体

$$\underset{\text{(无色)}}{2NO + O_2} = \underset{\text{(红棕色)}}{2NO_2}$$

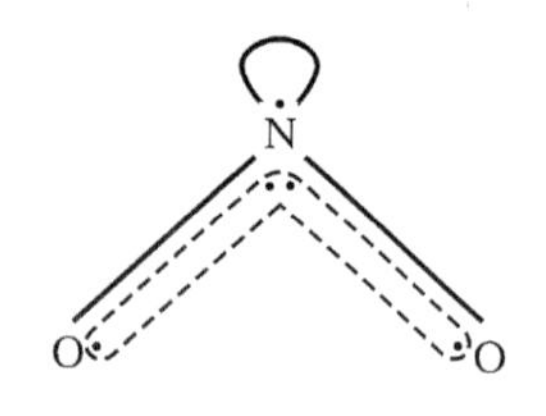

NO_2 分子结构

此反应极易发生,所以 NO 和 O_2 两种气体不能共存。

2. 二氧化氮

① 二氧化氮为红棕色气体,此性质可用作 NO_2 气体的初步鉴别。

② 跟水反应

$$3NO_2 + H_2O = 2HNO_3 + NO$$

此反应是工业制硝酸的重要反应之一。

3. 氮氧化物

酸雨造成的危害

氮氧化物(主要是 NO 和 NO_2)是污染大气的主要污染物之一。

氮氧化物发生光化学反应形成有害的光化学烟雾污染大气,NO_2 还可造成酸雨危害。目前光化学污染物是环境监测部门监测空气质量的一个重要指标。

5.4.3 氨　气

1. 物理性质和用途

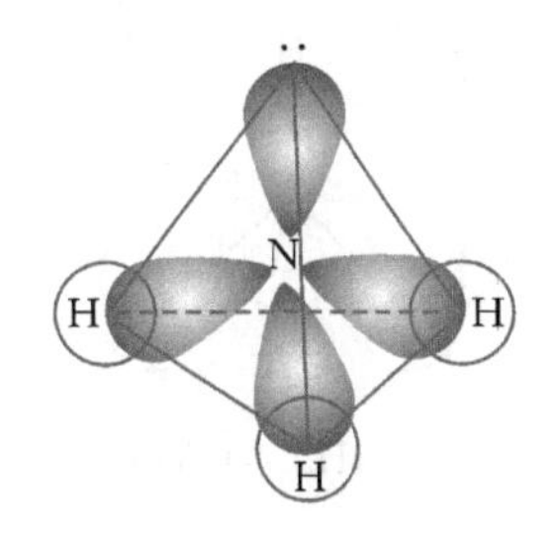

NH_3 分子结构

(1) 物理性质　氨为无色、具有刺激性气味的气体。氨极易溶解于水，在常温下，1 体积水大约可溶解 700 体积氨。氨很容易液化，常压下冷却到 −33.35℃或常温下加压到 7～8 个标准大气压，气态氨就凝结为无色的液体，同时放出大量的热。液态氨汽化时要吸收大量的热，因此氨常用作制冷剂。

(2) 用途　氨主要用于制造硝酸、化肥，也是纯碱及有机合成工业的常用原料，还是一种常用的制冷剂。

2. 化学性质

(1) 与水反应　氨溶于水并与水反应生成一水合氨($NH_3 \cdot H_2O$)

$$NH_3 + H_2O \longrightarrow NH_3 \cdot H_2O$$

一水合氨能部分电离，生成铵离子(NH_4^+)和氢氧根离子(OH^-)

$$NH_3 \cdot H_2O \rightleftharpoons NH_4^+ + OH^-$$

所以一水合氨是弱碱，其水溶液具有弱碱性。

氨可使湿润的红色石蕊试纸变成蓝色——这是氨的检验方法。

(2)与酸反应　氨与酸反应生成铵盐，如氨与盐酸反应生成氯化铵

$$NH_3 + HCl \longrightarrow NH_4Cl$$

值得注意的是，NH_3 与 HCl 气体也能反应生成白色固体粉末 NH_4Cl，即产生“白烟”。利用这一现象可以检验 NH_3 和 HCl 气体。因这一反应极易发生，所以 NH_3 与 HCl 气体也不能共存。

同理，氨与硫酸反应生成硫酸铵，与磷酸反应生成磷酸铵。但因硫酸和磷酸都是多元酸，并且氨与酸的物质的量之比不同，所以可以得到不同的盐。例如

$$NH_3 + H_3PO_4 \longrightarrow NH_4H_2PO_4$$
$$n(NH_3) : n(H_3PO_4) = 1 : 1$$
$$2NH_3 + H_3PO_4 = (NH_4)_2HPO_4$$
$$n(NH_3) : n(H_3PO_4) = 2 : 1$$
$$3NH_3 + H_3PO_4 = (NH_4)_3PO_4$$
$$n(NH_3) : n(H_3PO_4) = 3 : 1$$

(3) 与氧气反应　在有催化剂(铂或氧化铁)存在并加热时，氨可与氧气反应，生成一氧化氮和水

$$4NH_3 + 5O_2 \xrightarrow[\triangle]{催化剂} 4NO + 6H_2O$$

专业术语

制冷剂
توڭلاتقۇچى رېئاكتىۋ

多元酸
كۆپ نېگىزلىق كىسلاتا

这是工业制硝酸(氨氧化法)的关键反应。

5.4.4 铵　盐

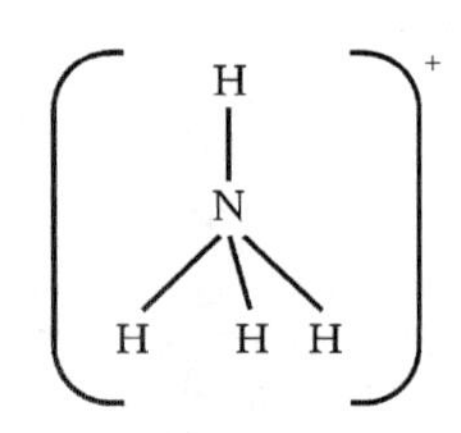

NH_4^+ 的结构

由铵离子(NH_4^+)与酸根组成的盐叫铵盐，如 NH_4Cl，$(NH_4)_2SO_4$，NH_4NO_3 等都是铵盐。铵盐是一种组成中不含金属离子的盐。

1. 物理性质

铵盐都是易溶于水的无色晶体。

2. 化学性质

(1) 与碱反应　铵盐与碱发生离子互换反应生成一种盐和碱($NH_3 \cdot H_2O$)，因 $NH_3 \cdot H_2O$ 易分解成 H_2O 和 NH_3，所以铵盐与碱反应都有氨气生成。例如

$$NH_4Cl + NaOH = NaCl + H_2O + NH_3\uparrow$$

$$2NH_4NO_3 + Ca(OH)_2 = Ca(NO_3)_2 + 2H_2O + 2NH_3\uparrow$$

实验室就用 NH_4Cl 与 $Ca(OH)_2$ 反应制取 NH_3

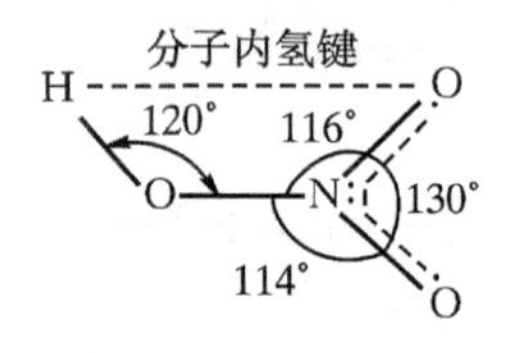

HNO_3 分子结构

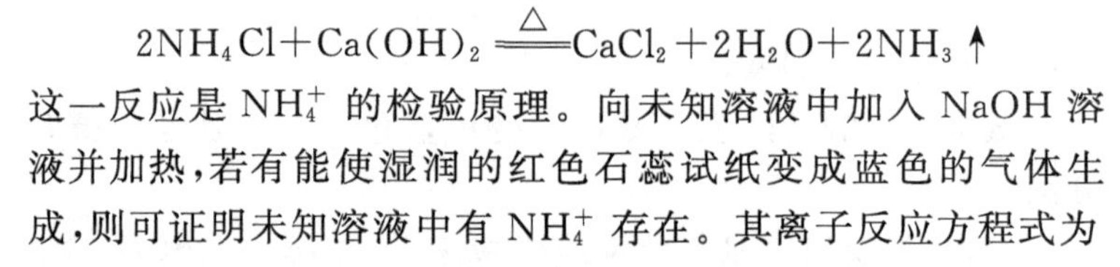

$$2NH_4Cl + Ca(OH)_2 \xlongequal{\triangle} CaCl_2 + 2H_2O + 2NH_3\uparrow$$

这一反应是 NH_4^+ 的检验原理。向未知溶液中加入 NaOH 溶液并加热，若有能使湿润的红色石蕊试纸变成蓝色的气体生成，则可证明未知溶液中有 NH_4^+ 存在。其离子反应方程式为

$$NH_4^+ + OH^- \xlongequal{\triangle} H_2O + NH_3\uparrow$$

(2) 受热分解　多数铵盐受热可发生分解反应，生成氨气。例如

$$NH_4Cl \xlongequal{\triangle} NH_3\uparrow + HCl\uparrow$$

$$NH_4HCO_3 \xlongequal{\triangle} NH_3\uparrow + H_2O + CO_2\uparrow$$

5.4.5 硝　酸

1. 物理性质

纯硝酸为无色、有刺激性气味的液体，易挥发，易溶于水。常用的浓硝酸的质量分数约为 69%。

2. 化学性质

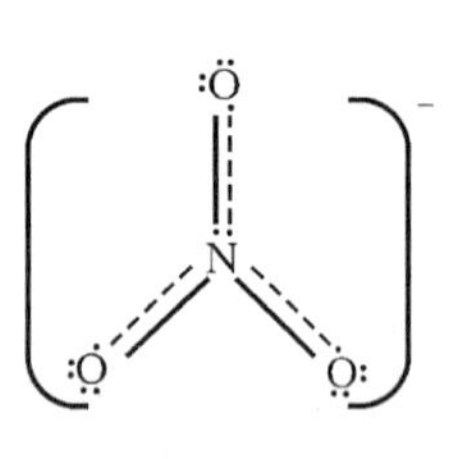

NO_3^- 的结构

(1) 硝酸是强酸，具有酸的通性(但因硝酸有强氧化性，所以一般硝酸与活泼金属反应不生成氢气)。此外，还有一些特性。

(2) 不稳定性　硝酸在见光或受热时，可发生分解反应。

$$4HNO_3 \xlongequal{\text{光或热}} 4NO_2\uparrow + 2H_2O + O_2\uparrow$$

所以硝酸应避光保存，通常放在棕色玻璃瓶中，置于低温处。

(3) 氧化性　浓硝酸和稀硝酸都具有氧化性，可与还原剂（金属或非金属）反应，本身被还原，浓硝酸还原成 NO_2，稀硝酸还原成 NO。例如

$$Cu + 4HNO_3(浓) \xlongequal{\triangle} Cu(NO_3)_2 + 2NO_2\uparrow + 2H_2O$$

$$3Cu + 8HNO_3(稀) \xlongequal{\triangle} 3Cu(NO_3)_2 + 2NO\uparrow + 4H_2O$$

$$C + 4HNO_3(浓) \xlongequal{\triangle} CO_2 + 4NO_2\uparrow + 2H_2O$$

除了 Pt，Au 等金属外，大多数金属都能与硝酸发生反应。但常温下，浓硝酸可使 Fe，Al 钝化（与浓 H_2SO_4 相似），即 Fe，Al 表面被氧化成一层致密的氧化物膜，阻止了反应的继续发生，所以工厂常用铝制容器盛装浓硝酸。浓硝酸与浓盐酸按 1∶3的体积比混合成的溶液叫王水，王水能溶解金、铂等金属。

专业术语

王水
پادشاه هارىقى

5.4.6 化　肥

含 N，P，K 元素的化合物称为化学肥料，简称化肥。

常见氮肥：$(NH_4)_2SO_4$，NH_4HCO_3，NH_4Cl，$(NH_2)_2CO$（尿素）等。

常见磷肥：过磷酸钙（$Ca(H_2PO_4)_2 + CaSO_4$），重过磷酸钙（$Ca(H_2PO_4)_2$）。

例题

【例题 5 - 9】　m g Cu 与过量稀硝酸溶液反应，产生 n L（标准状况下）NO，则被还原的 HNO_3 为（　　）。

A. $\frac{m}{24}$ mol　　B. $\frac{n}{5.6}$ mol

C. $24m$ mol　　D. $\frac{m}{96}$ mol

【分析】　反应方程式

$$3Cu + 8HNO_3(稀) \xlongequal{} 3Cu(NO_3)_2 + 2NO\uparrow + 4H_2O$$

由反应方程式知 3 mol 铜与足量稀硝酸反应可还原 2 mol 硝酸。因此可由 $\frac{m}{64}$ mol 铜算出被还原的硝酸的物质的量为 $\frac{m}{64} \times \frac{2}{3}$ mol $= \frac{m}{96}$ mol。还可以根据生成 n L（标准状况下）NO 计算被还原的硝酸的物质的量为 $\frac{n}{22.4}$ mol。因答案中仅有按前者算出的答案 $\frac{m}{96}$ mol，而无 $\frac{n}{22.4}$ mol，故选 D。

【答案】　D

【例题 5 - 10】　将盛有 20 cm^3 NO_2 与 NO 混合气体的大

试管倒立在水槽中,反应后试管内剩余 11 cm^3 气体。求原混合气体中 NO 和 NO_2 的体积。

【分析】 NO 不溶于水,NO_2 溶于水并与水发生反应生成 HNO_3 和 NO。因此,剩余的 11 cm^3 气体中有原混合气体中的 NO,也有 NO_2 与水反应后生成的 NO。

设原混合气体中含 NO_2 为 x cm^3,则原有 NO 体积为 $(20-x)$ cm^3。根据反应方程式

$$\begin{array}{lcr} 3NO_2 + H_2O = 2HNO_3 + NO\uparrow \\ 3\text{mol} & & 1\ \text{mol} \\ x\ \text{cm}^3 & & \frac{1}{3}x\ \text{cm}^3 \end{array}$$

剩余气体 11 cm^3 的组成为

$$(20-x)\ \text{cm}^3 + \frac{1}{3}x\ \text{cm}^3 = 11\ \text{cm}^3$$

$$x = 13.5$$

原混合气体中 NO 的含量为

$$20\ \text{cm}^3 - 13.5\ \text{cm}^3 = 6.5\ \text{cm}^3。$$

【答案】 原混合气体中有 NO_2 13.5 cm^3,有 NO 6.5 cm^3。

【例题 5-11】 元素 X,Y,Z 和 G 的原子序数按 X,Y,Z,G 的顺序依次增大,但都小于 18。在一定条件下,元素 Z 既能跟 X 直接作用生成 XZ_2,又能跟 G 直接作用生成 GZ;元素 Y 能跟 G 直接作用生成 G_3Y_2。G 的元素符号是________,在元素周期表中,元素 X 位于第 ________族;Y 原子结构示意图为________;Z 和 G 相互作用形成的化合物的电子式为 ________________。

【分析】 解此题可以从氧化数入手,采用倒推的方法。从 $G_3Y_2 \rightarrow \begin{matrix} \text{G+2 价} \\ \text{Y−3 价} \end{matrix}$,再从 $GZ \rightarrow \begin{matrix} \text{因 G+2 价} \\ \text{故 Z−2 价} \end{matrix}$,→ 再从 $XZ_2 \rightarrow \begin{matrix} \text{因 Z−2 价} \\ \text{故 X+4 价} \end{matrix}$。可以这样推导氧化数的理由是:

①原子序数按 X,Y,Z,G 的顺序增大,都小于 18,是前三周期主族元素;

② XZ_2,GZ,G_3Y_2 是元素之间直接作用的产物。

由氧化数 $\overset{+4}{X}$ 可知,X 为 IVA 族元素。由 $\overset{+2}{G}$、G 原子序数最大可知,G 为 IIA 族、第三周期元素,则 G 是镁。这样,X 必为第二周期元素,X 是碳。因此由 XZ_2 和 GZ 可知元素 Z 为氧,由 G_3Y_2 可知元素 Y 是氮。G 与 Y 直接作用生成 G_3Y_2,其反应方程式为

$$3Mg + N_2 \xlongequal{\text{点燃}} Mg_3N_2$$

【答案】 Mg　IVA　(+7) 2 5　$Mg^{2+}[\times\ddot{O}\times]^{2-}$

习题

(一)选择题

1. 下列各组物质中,不能用来制取氨的是(　　)。

A. NH_4Cl 和 $NaOH$　　B. NH_4HCO_3 和 HNO_3

C. $(NH_4)_2SO_4$ 和 KOH　　D. NH_4NO_3 和 $Ba(OH)_2$

2. 在反应 $3NO_2 + H_2O = 2HNO_3 + NO$ 中,NO_2 是(　　)。

A. 氧化剂

B. 还原剂

C. 既是氧化剂又是还原剂

D. 既不是氧化剂又不是还原剂

3. 下列物质中加热后没有红棕色气体出现的是(　　)。

A. 浓硝酸和碳的混合物

B. 浓硝酸和铜的混合物

C. 浓盐酸和锌的混合物

D. 浓硝酸

4. 在下列各反应中,HNO_3 既表现酸性,又表现氧化性的是(　　)。

A. $Cu(OH)_2 + 2HNO_3 = Cu(NO_3)_2 + 2H_2O$

B. $3H_2S + 2HNO_3 = 3S\downarrow + 2NO\uparrow + 4H_2O$

C. $Al_2O_3 + 6HNO_3 = 2Al(NO_3)_3 + 3H_2O$

D. $FeO + 4HNO_3 = Fe(NO_3)_3 + NO_2\uparrow + 2H_2O$

5. 硝酸的酸酐是(　　)。

A. NO　　B. NO_2

C. N_2O_3　　D. N_2O_5

6. 下列物质中不能使干燥的红色石蕊试纸变为蓝色的是(　　)。

A. 氨水　　B. Na_3PO_4 溶液

C. K_2CO_3 溶液　　D. $Al_2(SO_4)_3$ 溶液

7. 在氮的某种氧化物中,氮和氧的质量比为 7∶4,此氧化物中的氮的氧化数为(　　)。

A. +5　　B. +4

C. +2　　D. +1

8. 常温常压下,下列各组中的气体能稳定共存的是(　　)。

A. NH_3,O_2,HCl　　B. H_2,N_2,HCl

C. CO,NO,O_2　　D. H_2S,O_2,Cl_2

9. 往下列物质的溶液中分别加入澄清石灰水($Ca(OH)_2$溶液)后,原溶液中阴离子和阳离子数(不包括 H^+ 和 OH^-)都减少的是(　　)。

A. $(NH_4)_3PO_4$　　B. Na_2SO_4

C. $Cu(NO_3)_2$　　D. Na_2CO_3

10. 硝酸和硫酸共有的性质是(　　)。

A. 浓酸或稀酸都能把铜氧化

B. 冷的浓酸使铁、铝钝化

C. 都有吸水性

D. 稀酸都能跟活泼金属反应放出氢气

11. 表示下列反应的化学方程式正确的是(　　)。

A. $Fe + 2HNO_3 = Fe(NO_3)_2 + H_2\uparrow$

B. $Cu + 2HNO_3 = CuO + 2NO\uparrow + H_2O$

C. $FeS + 2HNO_3 = Fe(NO_3)_2 + H_2S\uparrow$

D. $Cu(OH)_2 + 2HNO_3$(浓)$= Cu(NO_3)_2 + 2H_2O$

12. 某酸性溶液中含有大量 Fe^{2+},Ba^{2+},K^+ 三种阳离子,则该溶液中可能大量存在的阴离子是(　　)。

A. S^{2-}　　B. CO_3^{2-}

C. Cl^-　　D. SO_4^{2-}

13. 下列各组的4种溶液,只用 $Ba(OH)_2$ 溶液就可以鉴别的是(　　)。

A. $NH_4Cl,NH_4NO_3,(NH_4)_2SO_4,H_2SO_4$

B. $HNO_3,MgCl_2,Na_2CO_3,Na_2SO_4$

C. $H_2SO_4,Na_2CO_3,NH_4Cl,(NH_4)_2SO_4$

D. $NaCl,Na_2SO_4,NH_4Cl,(NH_4)_2SO_4$

14. 用26.4 g $(NH_4)_2SO_4$ 跟过量 $Ca(OH)_2$ 混合加热,放出的气体全部被含有0.4 mol H_3PO_4 的溶液吸收,生成的盐是(　　)。

A. $(NH_4)_3PO_4$　　B. $NH_4H_2PO_4$

C. $(NH_4)_2HPO_4$　　D. $(NH_4)_3PO_4$ 和 $(NH_4)_2HPO_4$

(二) 填空题

15. 硝酸见光或受热易分解,其反应的化学方程式为__________,因此硝酸必须盛放在__________色瓶里,并贮存在__________地方。

16. 王水是用__________与__________按__________

____的体积比混合而成。

17. 除去 NO 中混有的 NO_2，最简便的方法是用________洗涤，最后 NO 的量____________（填“增加”、“减少”或“不变”）。

18. 欲用一种金属将稀 H_2SO_4 与稀 HNO_3 区别开，这种金属可以选择____________。

19. 地壳中含量最多的元素是____________，空气中含量最多的元素是____________。

20. 常温下能缓慢分解生成 NH_3，H_2O 和 CO_2 的化肥是____________。（填物质分子式）

21. 在 0.1 $mol \cdot L^{-1}$ NH_4Cl 水溶液中，物质的量浓度最大的离子是____________，物质的量浓度最小的离子是____________。

(三)写出化学方程式

22. 写出以空气、水、煤、石灰石为原料制取硝酸、硝酸铵、碳酸氢铵的有关化学方程式。

(四)写出下列化学反应的离子方程式并配平

23. 将铜屑加入稀硝酸溶液中，加热。

24. 用稀盐酸中和稀氨水。

25. 银片和稀硝酸反应。

26. 硫酸铝溶液和氨水混合。

5.5　碳和硅

CO 的毒性

因为 CO 与血红蛋白中 Fe(Ⅱ) 原子的结合力比 O_2 高出 300 倍，阻止了血红蛋白对身体细胞氧气的运输 。

5.5.1　碳的同素异形体

碳有多种同素异形体，如金刚石、石墨以及 20 世纪 80 年代中期发现的以 C_{60} 分子为代表的一系列球形碳分子（C_{60}，C_{70}，C_{74}，C_{76}，C_{90}，C_{94} 等）。因结构不同，碳的同素异形体在性质上有很大差别。

5.5.2　碳、一氧化碳、二氧化碳的化学性质

1. 碳的化学性质

(1) 可燃性

$$C + O_2 \xlongequal{点燃} CO_2（空气充足，完全燃烧）$$

$$C + O_2 \xlongequal{点燃} 2CO（空气不足，不完全燃烧）$$

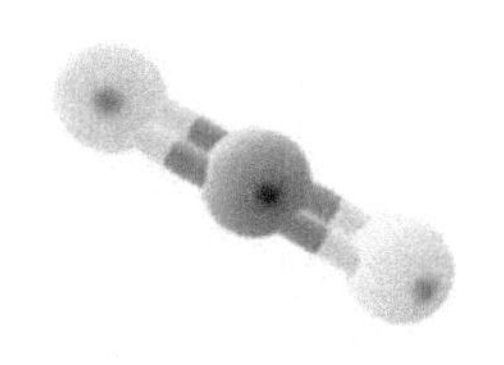

CO_2

(2) 还原性

$$C + CO_2 \xlongequal{高温} 2CO$$

$$Fe_3O_4 + 4C \xlongequal{高温} 3Fe + 4CO\uparrow$$

$$CuO + C \xlongequal{高温} Cu + CO\uparrow$$

$$H_2O(g) + C \xlongequal{高温} \underbrace{H_2 + CO}_{水煤气}$$

2. 一氧化碳的化学性质

(1) CO 是不成盐氧化物,不与碱反应。

(2) 可燃性

$$2CO + O_2 \xlongequal{点燃} 2CO_2(火焰呈蓝色)$$

(3) 还原性

$$Fe_2O_3 + 3CO \xlongequal{} 2Fe + 3CO_2$$

天然溶洞

3. 二氧化碳的化学性质

(1) CO_2 是酸性氧化物,与碱反应

$$CO_2 + Ca(OH)_2 \xlongequal{} CaCO_3\downarrow + H_2O$$

(2) 不可燃,通常可用于灭火。

(3) 无还原性,高温下显弱氧化性

$$C + CO_2 \xlongequal{点燃} 2CO\uparrow$$

$$2Mg + CO_2 \xlongequal{点燃} 2MgO + C$$

5.5.3 碳酸钙和碳酸氢钙的化学性质

1. 溶解性

钾、钠、铵的碳酸盐(正盐和酸式盐)易溶于水,钙、镁、钡等的酸式盐可溶于水,其余的碳酸盐难溶于水。

专业术语

正盐
نورمال تۇز

2. 与酸反应

$$CaCO_3 + 2HCl \xlongequal{} CaCl_2 + H_2O + CO_2\uparrow$$

$$Ca(HCO_3)_2 + 2HCl \xlongequal{} CaCl_2 + 2H_2O + 2CO_2\uparrow$$

3. 受热分解

钠、钾的正盐难分解,其它金属的正盐及所有酸式盐受热都分解。

$$2NaHCO_3 \xlongequal{\triangle} Na_2CO_3 + H_2O\uparrow + CO_2\uparrow$$

$$Ca(HCO_3)_2 \xlongequal{\triangle} CaCO_3\downarrow + H_2O\uparrow + CO_2\uparrow$$

$$CaCO_3 \xlongequal{\triangle} CaO + CO_2\uparrow$$

4. 碳酸钙与碳酸氢钙的互相转变

澄清石灰水通入 CO_2，生成 $CaCO_3$ 白色沉淀

$$CO_2+Ca(OH)_2 = CaCO_3\downarrow+H_2O$$

继续通入 CO_2，沉淀溶解

$$CaCO_3+CO_2+H_2O = Ca(HCO_3)_2$$

加热上述溶液，重新出现沉淀

$$Ca(HCO_3)_2 \xlongequal{\triangle} CaCO_3\downarrow+CO_2\uparrow+H_2O$$

5.5.4 硅、二氧化硅的性质和用途

硅单材料

水晶

1. 性质

(1) 硅的化学性质不活泼，常温下除 F_2、HF 和强碱反应外其它物质都不跟硅反应。高温时硅表现出还原性。

单晶硅具有半导体性，用于半导体器件制作。

(2) 二氧化硅是酸性氧化物，不溶于水，不与水反应；能跟碱性氧化物或强碱反应。例如

$$SiO_2+CaO \xlongequal{高温} CaSiO_3$$

$$SiO_2+2NaOH = Na_2SiO_3+H_2O$$

SiO_2 与氢氟酸反应

$$SiO_2+4HF = SiF_4\uparrow+2H_2O$$

2. 用途

纯 SiO_2 在电子工业中用作石英振子。通信中的光导纤维是用纯净的 SiO_2 所制。纯石英玻璃仪器用作耐高温的化学仪器。

专业术语

半导体
يېرىم ئۆتكۈزگۈچ

硅单晶材料
سلىتسىيلىق ئاددى كرىستال ماتېرىياللىرى

水晶
خرۇستال

硅酸盐
سىلىكات تۇزلىرى

5.5.5 硅酸和硅酸盐

1. 硅酸

H_4SiO_4 是原硅酸，可由硅酸钠水溶液与盐酸反应得到，是一种白色胶状物质。原硅酸不稳定，在空气中干燥，失去部分水得到白色粉末状硅酸 H_2SiO_3。硅酸不溶于水，是弱酸，酸性比碳酸弱。

2. 硅酸盐

硅酸盐绝大多数不溶于水，是生产玻璃、水泥、陶瓷、耐火材料的重要原料。碱金属的硅酸盐溶于水。Na_2SiO_3 的水溶液俗称水玻璃，可作为无机黏合剂。

专业术语

黏合剂
يېپىشتۇرغۇچ

例题

【例题5-12】 用大理石跟酸反应制取CO_2时,应选用下列酸中的(　　)。

A. 稀硫酸　　B. 稀盐酸

C. 稀磷酸　　D. 稀硝酸

【分析】 大理石的主要成分是$CaCO_3$,$CaCO_3$跟强酸反应放出CO_2

$$CaCO_3 + 2H^+ \xlongequal{\quad} Ca^{2+} + CO_2\uparrow + H_2O$$

其酸根能与Ca^{2+}结合生成难溶盐的强酸和电离出H^+浓度较小的弱酸,不宜选用。因为,反应生成的难溶物会在大理石表面沉积,妨碍$CaCO_3$与酸接触,影响反应顺利进行;浓度低的弱酸,反应速率就小。硫酸钙微溶于水,磷酸钙难溶于水,而且磷酸不是强酸,所以硫酸、磷酸不宜用于与大理石反应制取CO_2。

【答案】 B,D

【例题5-13】 某白色固体可能是K_2CO_3,$CaCl_2$,NH_4Cl,$BaSO_4$四种物质中的一种或几种。将少量白色固体加入水中,有不溶物存在,过滤后进行以下试验:

(1)用盐酸处理不溶物,不溶物完全溶解,并放出气体;

(2)在盛有滤液的试管中加烧碱并加热,用湿润的红色石蕊试纸检验试管口,试纸不变色。

根据上述试验确定,白色固体中肯定存在________,肯定不存在________。

【分析】 白色固体加到水中后出现不溶物,此不溶物可能是$BaSO_4$,也可能是K_2CO_3与$CaCl_2$反应后生成的$CaCO_3$。由实验(1)可知,不溶物溶于盐酸,因此不溶物不是$BaSO_4$,而是$CaCO_3$,产生的气体是CO_2。所以可以判定原白色固体中存在K_2CO_3和$CaCl_2$,不存在$BaSO_4$。由实验(2)可知,溶液中不存在铵盐。

【答案】 K_2CO_3和$CaCl_2$　　$BaSO_4$和NH_4Cl

习题

(一) 选择题

1. 下列物质中,不能称为酸酐的是(　　)。

A. SO_2　　B. SiO_2

C. NO　　D. CO_2

2. 在$NaHCO_3$中,各种离子浓度的关系正确的是(　　)。

A. [Na^+] =[HCO_3^-]　B. [Na^+] >[HCO_3^-]

C. [H^+] >[OH^-]　D. [H^+] =[OH^-]

3. 往饱和 CO_2 溶液中分别加入足量的下列物质，可使溶液中的碳酸根浓度显著增大的是(　　)。

A. $Ba(OH)_2$　B. $Ca(OH)_2$

C. $CaCO_3$　D. NaOH

4. 向碳酸钠的浓溶液中逐滴加入稀盐酸，直到不再生成 CO_2 气体为止。在此过程中，溶液中 HCO_3^- 的浓度变化的趋势是(　　)。

A. 逐渐减小　B. 逐渐增大

C. 先逐渐增大，后逐渐减小　D. 先逐渐减小，后逐渐增大

5. 实验表明：往硅酸钠溶液中通入二氧化碳，可得到硅酸；往碳酸钠溶液中加入醋酸，产生二氧化碳。据此，硅酸、碳酸、醋酸的酸性由强到弱的顺序为(　　)。

A. 硅酸、碳酸、醋酸　B. 硅酸、醋酸、碳酸

C. 醋酸、碳酸、硅酸　D. 碳酸、醋酸、硅酸

6. 常温常压下，下列各组中的气体等体积混合后，体积最小的是(　　)。

A. NO 和 O_2　B. H_2 和 O_2

C. CO 和 O_2　D. SO_2 和 O_2

7. 将二氧化碳分别通入下列物质的溶液中，该物质不跟二氧化碳反应的是(　　)。

A. $CaCl_2$　B. Na_2CO_3

C. Na_2SiO_3　D. $Ca(OH)_2$

8. 下列反应中，水既不被氧化也不被还原的是(　　)。

A. 金属钠与水反应　B. 电解水

C. 氯气与水反应　D. 水蒸气通过炽热焦炭生成水煤气

9. 常温下在大气里能稳定存在，并且不与水反应的气体是(　　)。

A. NO　B. CO

C. NO_2　D. CO_2

10. 下列说法中正确的是(　　)。

A. 二氧化硅是酸性氧化物，它溶于水而得到酸

B. 二氧化碳通入水玻璃可以得到原硅酸

C. 二氧化硅是石英，它不溶于任何酸

D. H_2SiO_3 是酸，因此和其它酸一样易溶于水

11. 下列反应中，属于氧化还原反应的是(　　)。

A. $2NaHCO_3 \xlongequal{\triangle} Na_2CO_3 + H_2O + CO_2\uparrow$

B. $Ba(OH)_2 + Na_2SO_4 = BaSO_4 \downarrow + 2NaOH$

C. $2NaNO_3 = 2NaNO_2 + O_2 \uparrow$

D. $NH_4Cl = NH_3 \uparrow + HCl \uparrow$

(二) 填空题

12. 二氧化碳在水中的溶解度,随温度升高而___________,随压强增大而__________。

13. 对于 $NaHCO_3$,NH_4HCO_3,Na_2CO_3,其热稳定性由小到大的排列顺序依次为__________________________。

14. 碳的同素异形体有__________、__________和____________。

15. 将 CO_2 气体通入澄清的石灰水后溶液变浑浊,这是发生了____________反应(填化学方程式)。再继续通入 CO_2 气体,液体又逐渐变清,发生反应的化学方程式是_________________________,再把此透明溶液加热,又重新出现浑浊。此时发生反应的化学方程式是____________。

16. 元素 X,Y,Z 和 G 的原子序数按 X,Y,Z,G 的顺序依次增大,但都小于 18。Y 的单质分子是双原子分子,常温下跟水剧烈反应。在同周期元素(稀有气体元素除外)中,Z 的原子半径最大,X 与 G 原子核外电子数之和为 22,一定条件下,它们的单质能相互作用生成化合物 XG_2。X 位于第__________族;G 的原子序数为________;Z 的原子结构示意图为___________;Y 和 Z 相互作用形成的化合物的电子式为___________。

(三)写出下列反应的离子方程式并配平

17. 碳酸氢钠水解。

18. 碳酸钠溶液与过量醋酸反应。

19. 碳酸钡与过量盐酸反应。

20. 碳酸氢钙溶液与盐酸反应。

21. 将过量的氢氧化钠溶液加入碳酸氢铵溶液中。

22. 碳酸氢钙溶液中滴入少量氢氧化钠溶液。

(四)写出下列反应的化学方程式

23. 氢氧化钠溶液与二氧化硅反应。

24. 氢氟酸与二氧化硅反应。

5.6　绿色化学

5.6.1　绿色化学的概念

绿色化学又称环境友好化学(Environmentally Friendly Chemistry)、环境无害化学(Environmentally Benign Chemistry)、清洁化学(Clean Chemistry)。它的核心内涵是:在反应过程和化工生产中尽量减少或彻底不使用和产生有害物质。

专业术语

绿色化学
يېشىل خىمىيە

5.6.2　绿色化学的研究内容

(1) 选择可更新的原材料。

(2) 设计低公害的化学合成方法。

(3) 原子经济性化学反应。

(4) 应用催化转化并开发新催化剂。

(5) 设计更安全的化学产品和化工过程。

(6) 降低化学过程能耗,尽可能采用在环境温度和常压下进行的合成方法。

(7) 尽可能不用助剂或辅料,必要时选用无毒的助剂或辅料。

(8) 生产本质上更安全的化学产品。

(9) 防止产生污染的过程分析。

(10) 化学品的可降解性。

专业术语

原子经济
ئاتوم ئىقتىسادىي ئىگىلىكى

助剂
ياردەمچى دورىلار

5.6.3　绿色化学的意义

近年来,随着环境污染的严重和公众对环境问题的关心,人们开始对化学工业提出了质疑,对化学科学产生了怀疑,甚至认为化学是环境污染的罪魁祸首,从而使化学的声誉下降。面对这种形势,我们一方面要向公众宣传化学在科学中的地位和其在衣食住行、医药卫生等方面对人类的贡献,同时承认化学发展给人类带来的负面影响;另一方面还要积极向公众宣传绿色化学。绿色化学不但具有重大的社会、环境、经济意义,还可以避免化学的负作用,这也显示出了人的能动性。绿色化学体现了化学科学、技术和社会的相互联系、相互作用,是化学高度发展以及社会对化学发展的作用产物,对化学本身而言是一个新阶段的到来。

5.6.4　绿色化学的 12 条原则

安那斯塔(Anastas)和瓦尔勒(Warner)等提出了绿色化

学的 12 条原则,这些原则可作为实验化学家开发和评估一条合成路线、一个生产过程、一个化合物是不是“绿色”的指导方针和标准。

(1) 防止废物的生成比其生成后再处理更好。

(2) 设计合成方法时,应使生产过程中所采用的原料最大量地进入产品之中。

(3) 设计合成方法时,无论原料、中间产品还是最终产品,均应对人体健康和环境无毒、无害(包括毒性极小)。

(4) 化工产品设计时,必须使其具有高效的功能,同时也要减少其毒性。

(5) 应尽可能避免使用溶剂、分离试剂等助剂,如不可避免,也要选用无毒无害的助剂。

(6) 合成方法必须考虑过程中能耗对成本与环境的影响,应设法降低能耗,最好采用在常温常压下的合成方法。

(7) 在技术可行和经济合理的前提下,采用可再生资源代替消耗性资源。

(8) 在可能的条件下,尽量不用不必要的衍生物,如限制性基团、保护/去保护作用、临时调变物理/化学工艺。

(9) 合成方法中,采用高选择性的催化剂比使用化学计量助剂更优越。

(10) 化工产品要设计成在其使用功能终结后,它不会永存于环境中,要能分解成可降解的无害产物。

(11)进一步发展分析方法,对危险物质在生成前实行在线监测和控制。

(12)要选择化学生产过程的物质使化学意外事故(包括渗透、爆炸、火灾等)的危险性降低到最小程度。

专业术语

再生资源
ئەسلىگە كېلىشچان بايلىق

消耗性资源
خوراشچان بايلىق

衍生物
تۇغۇندى ماددىلار

限制性基团
چەكلىملىك رادىكاللار

化学计量
خىمىيلىك ئۆلچەم

5.6.5 绿色化学的研究现状

在绿色化学与化工领域,目前已开展了以下几方面的研究:可替代的原料、试剂、溶剂、新型催化剂与合成过程等等。在某些领域已经取得了一定的成果,而且部分实现了工业化生产。如通过对废弃的物质进行处理,将其转化为动物饲料和有机化学品;利用无毒无害的原料代替剧毒的光气、氢氰酸生产有机原料;利用生物技术以废弃物为原料生产常用的有机原料;采用超临界 CO_2,代替有机溶剂作为油漆和涂料的喷雾剂。

21 世纪是绿色化学的世纪。绿色化学要求将原子重新巧妙组合,实现零排放的原子经济反应,生产环境友好产品。它的产生为化学的发展注入了新的活力,在以后的生活中,绿色化学必定会有更加广阔的发展前景! 最后我们呼吁:预防化学

专业术语

剧毒光气
ئۆتكۈر زەھەرلىك فوسگېن

氢氰酸
گىدرو سىيانىد كىسلاتاسى

有机原料
ئورگانىك خام ئەشيا

超临界
سۇپېر كرىتىك

污染，提倡绿色化学。

习题

1. 什么是绿色化学？
2. 绿色化学的研究内容有哪些？

5.7　无机非金属材料

5.7.1　无机非金属材料的概述

各类碳化硅陶瓷部件

无机非金属材料（Inorganic Nonmetallic Materials）是以某些元素的氧化物、碳化物、氮化物、卤素化合物、硼化物以及硅酸盐、铝酸盐、磷酸盐、硼酸盐等物质组成的材料。是除有机高分子材料和金属材料以外的所有材料的统称。无机非金属材料的提法是 20 世纪 40 年代以后，随着现代科学技术的发展从传统的硅酸盐材料演变而来的。无机非金属材料是与有机高分子材料和金属材料并列的三大材料之一。

各类氮化硅陶瓷部件

无机非金属材料广义上包括陶瓷、水泥、耐火材料、搪瓷、磨料以及新型无机材料等。无机非金属材料是相对于金属材料而言的。金属材料一般是金属键原子相互作用；无机非金属一般是共价键和离子键原子共同作用的结果。非金属材料的原子组织结构要比金属材料复杂得多。

5.7.2　无机非金属材料的分类

用陶瓷发动机组装的沙漠车

1. 传统无机非金属材料

包括有水泥、玻璃、陶瓷等硅酸材料。

2. 新型无机非金属材料

包括有半导体材料，超硬耐高温材料，发光材料，压电材料，磁性材料，导体陶瓷，激光材料，光导纤维，超硬材料（氮化硼），高温结构陶瓷，生物陶瓷（人造骨头、人造血管）等等。

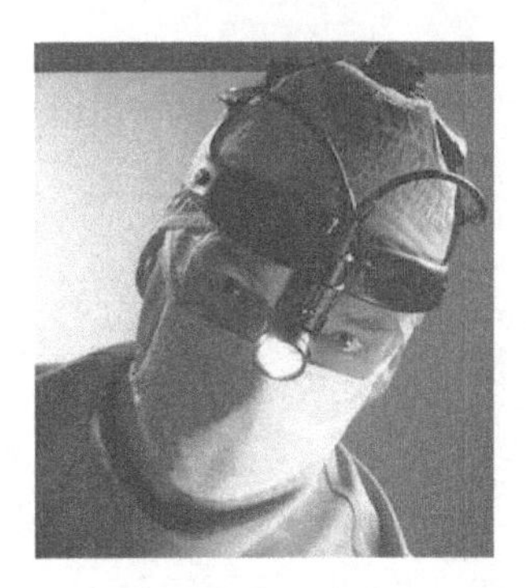

WelchAllyn 美国多伦公司超级照明技术——光导纤维手术头灯

下面介绍几种新型无机非金属材料。

（1）高性能结构陶瓷

高性能结构陶瓷具有比强度高、耐高温、耐磨损、耐腐蚀等优越性能。由于近年的技术进步，结构陶瓷的性能提高，使其相对于传统金属材料的优势日益显示出来，国际上使用结构陶瓷部件已经形成很大的市场。

（2）无机非金属功能材料

无机非金属功能材料是指具有电导性、半导体性、光电性、压电性、铁电性、耐腐蚀、化学吸附性、吸气性、耐辐射性等许多功能的一类材料。这类材料品种多,具有技术含量高、产品更新换代快、附加值高、经济效益明显的特点。

① 电子功能陶瓷材料。微电子工业是世界经济发展的一个热点。电子功能陶瓷是微电子器件的基本材料之一,用途广泛。

② 敏感功能(陶瓷)材料。敏感功能陶瓷在机电一体化用的传感器和微动作执行机构等方面有广泛的应用,近年我国在这方面有很大的进步,但一些关键的高性能传感器等产品与国外同类产品仍有差距,整体技术水平急待提高。

③ 光功能陶瓷材料。新型功能陶瓷材料具有独特的光电性能,已成为光通信产业不可缺少的材料。目前我国光通信用功能陶瓷材料与国外水平相比有较大差距,已成为我国信息技术和产业发展的瓶颈之一。

④ 人工晶体。人工晶体又称合成晶体。单晶及多晶具有各种独特的物理性质,能实现电、光、声、热、力等不同能量形式的交互作用和转化,在现代科学技术中应用十分广泛。人工晶体按其物理性质和物理效应可分为半导体晶体、压电晶体、闪烁晶体、激光晶体等。人工晶体的发展方向之一是低纤化,需要多种衬底晶体。

⑤ 功能玻璃。功能玻璃是指采用精制、高纯或新型原料,并采用新工艺技术制成的具有特殊性能和功能的玻璃或无机非晶态材料,是高技术领域特别是光电技术不可缺少的基础材料。

⑥ 催化及环保用陶瓷。催化剂载体既要有良好机械性能,又要求有化学环境稳定性和特定化学物质反应选择性。在汽车尾气和化工环保行业得到广泛应用。

习题

1. 什么是无机非金属材料?
2. 举例介绍几种新型无机非金属材料。

阅读

臭氧层的生成、破坏与恢复

平流层15～35 km的区域形成厚约20 km的臭氧层，臭氧是经由太阳的紫外辐射引发的两步反应形成的。臭氧层作为屏障挡住了太阳的强紫外辐射，使地面生物免受伤害，人们将其称之为人类的“生命之伞”。

氯氟烃是导致臭氧层遭破坏的元凶。平流层中的氟里昂分子受紫外光照射，首先产生非常活泼的氯原子，经链反应每个Cl原子可以分解10^5个O_3分子！

臭氧层破坏产生的危害极大。紫外线的大量辐射会造成白内障和皮肤癌患者增加、免疫系统失调、农作物减产，还会影响海洋浮游植物的生成，从而破坏海洋食物链。

缺碘困扰近亿人口　我国加强科学防治

碘是维持甲状腺正常功能的必需元素，碘化物可防止和治疗甲状腺肿大。

碘是婴幼儿大脑发育过程中不可缺少的微量元素，婴幼儿大脑发育期间如果缺碘，平均智力损伤将达到15%至20%，而且终身不能弥补。我国目前还有近1亿人口、约10%的地区受到碘缺乏的危害，缺碘人群和地区主要分布在西部。

国家非常注意防治地甲病及补碘工作。早在1956年制定的《全国农业发展纲要》中就规定，把地甲病、克汀病列为重点防治的疾病，并开展了食盐加碘工作。

氮氧化物与光化学烟雾

光化学烟雾是城市化过程中，由于交通、能源等工业的发展，大量的氮氧化物和碳氢化合物排放进入大气中，在一定的条件下，如强日光、低风速和低湿度等，发生化学转化生成蓝色的强氧化性气团，这种气团以臭氧为主体污染物，其它的氧化性组分还包括醛类、过氧乙酰硝酸酯(PAN)、过氧化氢(H_2O_2)和细粒子气溶胶等。这种现象称为光化学烟雾。

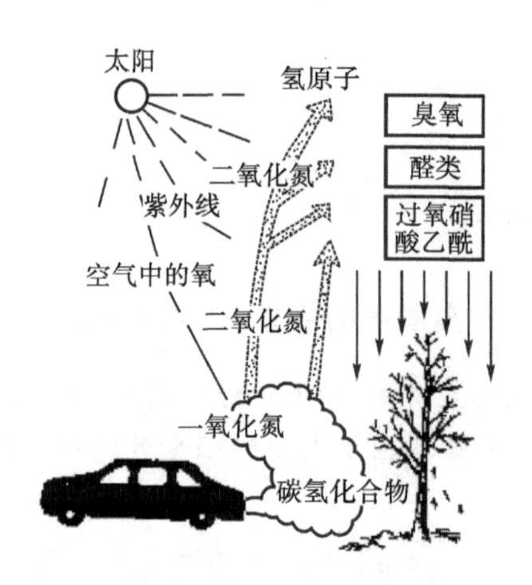

光化学烟雾的成因及危害示意图

温室效应

"温室效应"是由包括 CO_2分子在内的某些多原子分子(如 N_2O,CH_4,氯氟烃)在大气中含量的上升造成的。随着工业化的进程,CO_2增加的速度大于绿色植物的吸收和渗入海洋深处与 Ca^{2+} 结合成 $CaCO_3$沉淀的速度。太阳的可见光和紫外光穿过大气层射至地球表面,在地球表面产生的红外辐射却被这类多原子分子吸收而无法迅速逸散到外层空间去,使地球变暖。

经过对世界 13 个地区进行的考察发现,在公元 200 年至 2000 年间,北半球气温在异常情况下低于正常气温 0～0.4℃,直到 20 世纪最后十年才突然攀升,变为高于正常气温 0.8℃。这表明,在北半球,20 世纪最后十年是过去 2000 年来最热的时期,南半球的情况也基本相似。

神奇的一氧化氮——"两面人"

我们知道 NO 是造成光化学烟雾的祸首。"天不转地在转",这个祸首当今竟成了"明星"。目前,风靡市场的伟哥就是因为能够产生海绵体所需的 NO 而起作用的,NO 气体还具有治疗哮喘和关节炎,抵御肿瘤,杀死感性细菌、真菌和寄生虫的能力。三位美国药理学家由于发现 NO 的药理作用而获得 1998 年诺贝尔医学奖。

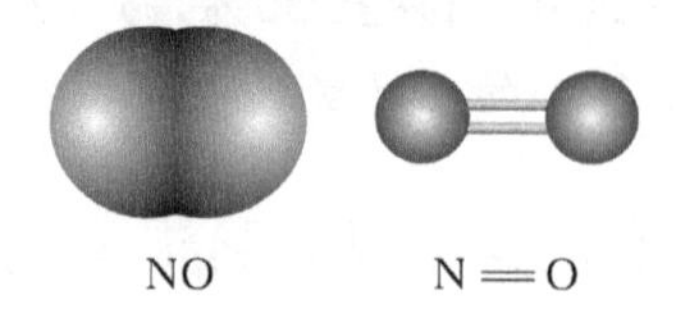

NO　　N═O

第6章　几种重要的金属及其化合物

本章主要介绍了常见的几种金属元素及其化合物的物理和化学性质。了解钠、铝和铁等金属单质的化学性质，认识不同的金属单质性质有较大差异。掌握钠、铝和铁的重要化合物的主要性质，了解它们的广泛用途，体会化学的创造性与实用性。

学习内容

本章主要介绍了几种重要的金属及其化合物,其中包括碱金属、铝、铁以及金属的冶炼。

学习目的

1. 掌握碱金属单质的主要物理性质和原子结构的特点;碱金属的化学性质的相似性和递变性;碱金属元素在自然界的存在状态;了解焰色反应的操作及应用。

2. 掌握铝的物理和化学性质;铝的氧化物、氢氧化物及铝盐的物理和化学性质。

3. 掌握铁的物理和化学性质;铁的氧化物、氢氧化物及铁盐的物理和化学性质。

4. 了解金属冶炼的一般原理;常识性介绍金属回收的重要意义;培养学生的自学能力、归纳总结能力;培养学生的环境意识和资源观念。

6.1 碱金属

专业术语

碱金属
ئىشقارىي مېتاللار

6.1.1 钠及其化合物

1. 钠

(1) 物理性质

①具有金属光泽(但因很快被空气中的氧氧化而变暗),导电,导热,具有一定的延展性。

②质软,可用小刀切割;密度小,只有 0.79 g·cm^{-3},可浮在水面上;熔点低,为 97.81℃,较易熔化。

(2) 化学性质和用途

① 与氧反应。在不同的反应条件下,钠与氧反应生成的氧化物也不同。

a. 常温下缓慢氧化,生成氧化钠 Na_2O(白色固体)

$$4Na+O_2 \xlongequal{} 2Na_2O$$

此反应很易发生,所以金属钠应密闭保存。通常将钠保存在煤油中,以隔绝空气和水。

b. 在空气或氧气中燃烧,生成过氧化钠 Na_2O_2(淡黄色固体)

$$2Na+O_2 \xlongequal{燃烧} Na_2O_2$$

② 与水反应。钠很活泼,常温下可与冷水发生剧烈反应,生成氢氧化钠和氢气。

$$2Na + 2H_2O = 2NaOH + H_2\uparrow$$

此反应有 H_2 生成，且放出大量热，所以当钠的量大时，可引起爆炸。

金属钠的主要用途：用于制取过氧化钠、液态钠钾合金（原子反应堆的导热剂），冶炼稀有金属的还原剂。

专业术语

合金
قېتىشما

2. 过氧化钠

过氧化钠（Na_2O_2）是一种淡黄色的粉末状固体，其中氧的氧化数是－1。

过氧化钠具有较强的氧化性，是一种常用的氧化剂，可用来漂白织物、麦秆、羽毛等。

（1）与水反应

$$2Na_2O_2 + 2H_2O = 4NaOH + O_2\uparrow$$

（2）与二氧化碳反应

$$2Na_2O_2 + 2CO_2 = 2Na_2CO_3 + O_2\uparrow$$

根据上述反应，潜艇中常用 Na_2O_2 与空气中的 H_2O,CO_2 反应，在消耗 H_2O,CO_2 的同时，增加了空气中的 O_2。

Na 和水的反应

3. 氢氧化钠

氢氧化钠俗称苛性钠、火碱或烧碱。

（1）物理性质

① 氢氧化钠为白色固体，易溶于水，溶解时放出大量热，具有较强的腐蚀性。

② 吸湿性。能吸收空气中的水分，所以固态氢氧化钠可用作干燥剂，同时氢氧化钠应密封保存。

（2）化学性质

氢氧化钠是常见的强碱，具有碱的通性。

① 可使紫色石蕊溶液变成蓝色、无色酚酞溶液变成红色。

② 与酸性氧化物反应。例如

$$2NaOH + CO_2 = Na_2CO_3 + H_2O$$

③ 与酸反应。例如

$$2NaOH + H_2SO_4 = Na_2SO_4 + 2H_2O$$

④ 与盐反应。例如

$$2NaOH + CuSO_4 = Na_2SO_4 + Cu(OH)_2\downarrow$$

（3）用途

氢氧化钠是重要的化工原料，广泛应用于石油、纺织、造纸等工业，也用于制造肥皂和某些洗涤剂。

4. 碳酸钠和碳酸氢钠

碳酸钠俗称纯碱和苏打，是白色晶体，化学式为 $Na_2CO_3 \cdot 10H_2O$。在空气中易缓慢失去结晶水变成无水碳酸钠(Na_2CO_3)粉末。

碳酸氢钠俗称小苏打,是一种细小的白色晶体,化学式为$NaHCO_3$。

① 溶解性。一般规律是酸式盐的溶解度大于正盐,但Na_2CO_3和$NaHCO_3$却反常,Na_2CO_3的溶解度比$NaHCO_3$的溶解度大。

② 与酸反应。Na_2CO_3和$NaHCO_3$都是盐,都能与酸反应生成二氧化碳

$$Na_2CO_3 + 2HCl = 2NaCl + H_2O + CO_2\uparrow$$

$$NaHCO_3 + HCl = NaCl + H_2O + CO_2\uparrow$$

但$NaHCO_3$与酸反应生成CO_2的速度比Na_2CO_3快且剧烈。

③ 加热Na_2CO_3一般不分解,但$NaHCO_3$却易分解生成Na_2CO_3。

$$2NaHCO_3 \xlongequal{\triangle} Na_2CO_3 + H_2O + CO_2\uparrow$$

利用这一性质可区分Na_2CO_3和$NaHCO_3$。

6.1.2 焰色反应

专业术语

焰色反应

يالقۇن رەڭ

رېئاكسىيىسى

许多金属或它们的化合物灼烧时,火焰可呈现特殊的颜色,在化学上叫做焰色反应。根据焰色反应所呈现的颜色,可以测定金属或金属离子的存在。例如,钠的焰色反应为黄色,钾的焰色反应为(透过蓝色的钴玻璃观察)紫色。用铂丝(或铁、镍、铬丝)蘸些钠盐或钾盐的溶液(或粉末),放在无色火焰中灼烧,如果火焰呈黄色,说明是钠盐;若透过蓝色的钴玻璃观察火焰呈紫色,则说明是钾盐。

6.1.3 碱金属

1. 原子结构特点

> 金属Cs是制造光电池的良好材料。^{133}Cs厘米波的振动频率(9 192 631 770 s^{-1})在长时间内保持稳定,因而将振动这次所需要的时间规定为SI制的时间单位s。利用此特性制作的铯原子钟(测准至1.0×10^{-9} s)在空间科学的研究中用于高精度计时。

周期表ⅠA族元素Li,Na,K,Rb,Cs,Fr都是同周期中除零族以外原子半径最大的元素,其最外层电子数都是1。同主族中随着原子序数的增大,其原子半径增大。

2. 性质的相似性

(1) 强金属性,强还原性。易跟氧化性强的典型非金属元素反应生成离子型化合物。碱金属元素氧化数是+1。

(2) 单质易被氧化,除Li外,均能生成氧化物和过氧化物,钾、铷、铯等还生成更复杂的氧化物。氧化物溶于水生成强碱。

(3) 单质跟水剧烈反应放出氢气并生成强碱。

(4) 碱金属的盐类一般都易溶于水。

3. 性质的递变性

随原子半径增大,碱金属元素的金属性增强,跟水反应变得更剧烈,氧化物、氢氧化物的碱性逐渐增强。

例 题

【例题 6-1】 将金属钠分别加入下列溶液中,既有沉淀又有气体生成的是(　　)。

A. $(NH_4)_2SO_4$　　B. $NaHCO_3$

C. $BaCl_2$　　D. $CuSO_4$

【分析】 金属钠加入上述溶液后首先是钠跟水发生反应,生成 NaOH 和氢气

$$2Na+2H_2O = 2NaOH+H_2\uparrow$$

$(NH_4)_2SO_4$ 溶液跟 NaOH 反应生成 NH_3,但无沉淀生成

$$(NH_4)_2SO_4+2NaOH = Na_2SO_4+2NH_3\uparrow+2H_2O$$

$NaHCO_3$ 溶液跟 NaOH 反应无沉淀生成

$$NaHCO_3+NaOH = Na_2CO_3+H_2O$$

$BaCl_2$ 溶液跟 NaOH 不反应。

仅 $CuSO_4$ 溶液与 NaOH 反应生成蓝色 $Cu(OH)_2$ 沉淀

$$CuSO_4+2NaOH = Na_2SO_4+Cu(OH)_2\downarrow$$

【答案】 D

【例题 6-2】 在空气中长时间放置少量金属钠,最终的产物是(　　)。

A. Na_2CO_3　　B. NaOH

C. Na_2O　　D. Na_2O_2

【分析】 将少量金属钠放在空气中,可以看到钠光亮的表面很快地发暗,最后变成白色粉末状物质。这是钠跟空气中的氧化合生成 Na_2O

$$4Na+O_2 = 2Na_2O$$

Na_2O 可与空气中的 CO_2 反应生成 Na_2CO_3

$$Na_2O+CO_2 = Na_2CO_3$$

另外,Na_2O 也可吸收水分变成 NaOH

$$Na_2O+H_2O = 2NaOH$$

NaOH 也能跟 CO_2 起反应生成 Na_2CO_3 和 H_2O

$$2NaOH+CO_2 = Na_2CO_3+H_2O$$

因此,在空气中长时间放置少量金属钠,最终的产物应是 Na_2CO_3。

【答案】 A

习题

(一)选择题

1. 下列物质中,既能水解,又能跟强酸和强碱反应的是(　　)。

A. $Al(OH)_3$　　B. $NaHCO_3$

C. $NaHSO_4$　　D. $Al_2(SO_4)_3$

2. 下列物质中,可用于治疗胃酸过多的是(　　)。

A. NaOH　　B. NaCl

C. $NaHCO_3$　　D. $NaHSO_4$

3. 小苏打是发酵粉的主要成分,它的分子式是(　　)。

A. NaOH　　B. Na_2CO_3

C. $NaHCO_3$　　D. $Na_2S_2O_3$

4. 下列物质中,能跟氢氧化钠溶液反应,而不能跟盐酸反应的是(　　)。

A. NaHS　　B. $KHSO_4$

C. $Al(OH)_3$　　D. CH_3COONH_4

5. 取下列物质各4 g分别溶于1 L蒸馏水中,所得溶液的pH最大的是(　　)。

A. 氢氧化钠　　B. 碳酸钠

C. 氧化钠　　D. 金属钠

6. 可以使用酒精灯的条件下,只用一种试剂来区别NH_4Cl,$MgCl_2$,Na_2SO_4,$Fe_2(SO_4)_3$四种溶液,这种试剂是(　　)。

A. 稀硫酸溶液　　B. 氢氧化钠溶液

C. 硝酸银溶液　　D. 氯化钡溶液

7. 往Na_2CO_3溶液中滴入酚酞试液,溶液呈粉红色,微热则溶液颜色(　　)。

A. 加深　　B. 不变

C. 变淡　　D. 消失

8. 下列物质接触水后,不产生气体的是(　　)。

A. Na　　B. Na_2O_2

C. F_2　　D. Na_2O

9. 常温下不与二氧化碳反应的是(　　)。

A. Na　　B. Na_2O_2

C. NaOH　　D. Na_2SiO_3

10. 下列物质加热时不产生氧气的是(　　)。

A. $KClO_3$　　B. $NaNO_3$

C. $NaHCO_3$　　D. $KMnO_4$

11. 下列单质中与水反应最剧烈的是(　　)。

A. 锂　　　　B. 钠

C. 钾　　　　D. 铷

(二) 填空题

12. 钠在空气中燃烧生成__________,此反应产物是__________色固体。

13. Na_2O_2 可用做潜艇里固体氧气源,它发生反应提供氧气的两个反应方程式为:① ____________________;② ____________________。

14. 在 K,Na,Ca,Mg,Al,Zn,Fe,Sn,Pb,Cu,W 这些金属单质中,可用还原剂从其氧化物制备的金属单质是 ________,只能用电解法制备的金属单质是 __________。

15. 固体氢氧化钠要密封保存,是因为它在空气中发生下述反应__________。氢氧化钠溶液要用橡胶塞玻璃瓶贮存,是因为发生如下反应 __________。

16. 钠、镁、铝分别与足量盐酸反应,若电子转移数相等时,则消耗钠、镁、铝物质的量之比为__________,放出氢气在相同状况下体积比为__________。

(三)写出下列反应的离子方程式并配平

17. 氢氧化钠和醋酸反应。

18. 氢氧化钠溶液中加入少量氢硫酸。

19. 将氯气通入冷的氢氧化钠溶液中。

6.2 铝

6.2.1 铝的物理性质和用途

铝是银白色的轻金属,较软,密度为 2.70 $g \cdot cm^{-3}$,熔点 660.4℃,沸点 2467℃。

铝的导电性好,有很好的延展性。可用做电缆,制成铝箔用做包装材料。铝粉跟某些油漆混合可制银白色防锈油漆。

铝在工业上主要用来制造合金。铝合金广泛用在汽车、船舶、飞机等工业及日常生活中。

6.2.2 铝的化学性质

1. 跟非金属反应

常温下,铝能被空气中的氧气氧化,表面生成一层致密的氧化铝保护膜,保护内部的铝不再被氧化,因此铝具有抗腐蚀的性能。

铝粉、铝箔在氧气里加热能燃烧,放出大量的热和耀眼的白光,而在空气里,只有在高温下才能发生燃烧的反应。

$$4Al+3O_2 \xlongequal{} 2Al_2O_3, \quad \Delta H=-Q\ kJ\cdot mol^{-1}$$

铝还能与硫、卤素等非金属反应。

红宝石(Cr^{3+})

2. 跟酸反应

铝与稀盐酸或稀硫酸反应都放出氢气

$$2Al+6HCl \xlongequal{} 2AlCl_3+3H_2\uparrow$$

$$2Al+3H_2SO_4(稀) \xlongequal{} Al_2(SO_4)_3+3H_2\uparrow$$

离子反应方程式为

$$2Al+6H^+ \xlongequal{} 2Al^{3+}+3H_2\uparrow$$

常温下,铝在浓硝酸和浓硫酸里表面被钝化,生成坚固的氧化膜,阻止反应的继续进行。因此可用铝制容器盛放冷的浓硝酸和浓硫酸。

3. 跟碱反应

铝能跟强碱溶液起反应,生成氢气和偏铝酸盐

$$2Al+2NaOH+2H_2O \xlongequal{} 2NaAlO_2+3H_2\uparrow$$

所以铝会被碱腐蚀。

蓝宝石(Fe^{3+},Cr^{3+})

4. 跟某些氧化物反应

一定条件下,铝与氧化铁发生氧化还原反应

$$2Al+Fe_2O_3 \xlongequal{} 2Fe+Al_2O_3+热量$$

反应中放出大量热,温度可达2000℃以上。通常把铝粉和氧化铁粉的混合物叫铝热剂。铝热剂可用于焊接钢轨等,用途广泛。

6.2.3 氧化铝和氢氧化铝

1. 氧化铝(Al_2O_3)

氧化铝是白色固体,不溶于水,熔点很高,可用作耐火材料,制造耐火坩埚、耐火管和耐高温的仪器。天然无色氧化铝晶体叫刚玉。刚玉硬度大,仅次于金刚石,常用做磨料、精密仪器和手表的轴承。

黄玉/黄晶(Fe^{3+})

氧化铝是典型的两性氧化物,既能跟酸反应又能跟碱反应

$$Al_2O_3+6H^+ \xlongequal{} 2Al^{3+}+3H_2O$$

$$Al_2O_3+2OH^- \xlongequal{} 2AlO_2^-+H_2O$$

Al_2O_3 与碱反应生成的盐是偏铝酸盐,而不是铝盐。

2. 氢氧化铝($Al(OH)_3$)

$Al(OH)_3$是不溶于水的白色胶状物质,它能凝聚水中悬浮物,并且有吸附色素的性能。

$Al(OH)_3$ 是两性氢氧化物，既能跟酸反应，又能跟碱反应

$$Al(OH)_3 + 3H^+ = Al^{3+} + 3H_2O$$

$$Al(OH)_3 + OH^- = AlO_2^- + 2H_2O$$

$Al(OH)_3$呈两性可用平衡移动原理来解释。溶于水的那部分 $Al(OH)_3$，在水中可以两种方式电离

$$H_2O + AlO_2^- + H^+ \rightleftharpoons Al(OH)_3 \rightleftharpoons Al^{3+} + 3OH^-$$

酸式电离　　　碱式电离

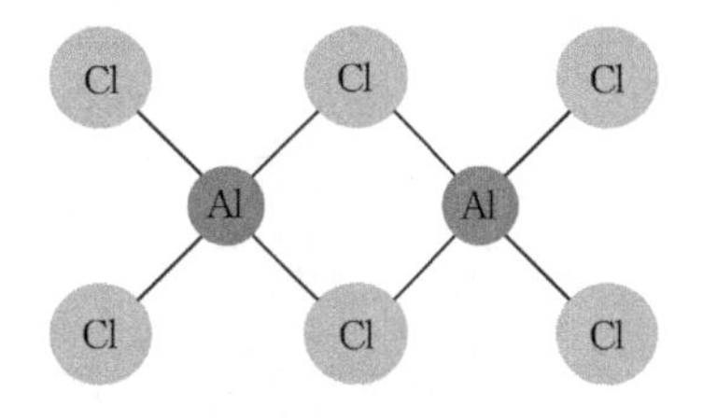

$AlCl_3$ 的结构

$AlCl_3$ 常以双聚形式出现

当往 $Al(OH)_3$里加酸时，酸电离出的 H^+ 立即跟溶液里少量的 OH^- 反应而生成水，这就会使 $Al(OH)_3$ 发生碱式电离，使平衡向右移动，从而使 $Al(OH)_3$ 不断地溶解。相反，当往 $Al(OH)_3$ 里加碱时，OH^- 立即跟溶液里少量的 H^+ 反应而生成水，这就会使氢氧化铝发生酸式电离，使平衡向左移动，同样，$Al(OH)_3$ 也就不断地溶解了。

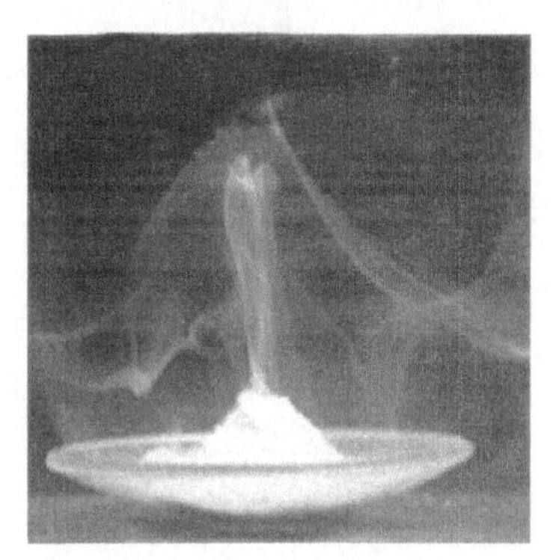

潮湿空气中的 $AlCl_3$

实验室里用铝盐溶液跟氨水的反应来制备氢氧化铝

$$Al^{3+} + 3NH_3 \cdot H_2O = Al(OH)_3 \downarrow + 3NH_4^+$$

氢氧化铝加热时分解为氧化铝和水

$$2Al(OH)_3 \xlongequal{\triangle} Al_2O_3 + 3H_2O$$

例题

【例题 6－3】 已知元素 X 和 Y 均为短周期元素。1.15 g X 元素的单质常温下与足量水剧烈反应，生成一种强碱并放出 0.56 L(标准状况下)H_2。1.8 g Y 元素的单质与足量盐酸反应，生成 YCl_3 和 2.24 L (标准状况下)H_2，在 X 和 Y 的原子内中子数目都比质子数目多一个。试通过计算回答：

(1) X 元素的符号是________，其原子结构示意图为________；

(2) Y 元素位于周期表中第________周期，第________族；

(3) 单质 X 与水反应生成强碱的反应方程式____________。

【分析】 X 元素常温下与水反应生成强碱的反应方程式，应是 IA 族元素，反应式为

$$2X + 2H_2O \longrightarrow 2XOH + H_2(g)$$

$2m$　　　　　　　　　　22.4 L

1.15 g　　　　　　　　　0.56 L

$$m = 23\ g$$

因中子数比质子数多 1 个，所以，原子序数为

$$\frac{(23-1)}{2} = 11$$

即 X 元素为 11 号元素 Na。

$$2Y + 6HCl \longrightarrow 2YCl_3 + 3H_2(g)$$

$2n$　　　　$3\times22.4\ dm^3$

$1.8\ g$　　　　$22.4\ dm^3$

$$n = 27\ g$$

原子序数为　$\frac{(27-1)}{2}=13$

即 Y 为 13 号 Al。

【答案】 (1) Na　(+11) 2 8 1

(2) 三　IIIA

(3) $2Na + 2H_2O = 2NaOH + H_2\uparrow$

习题

(一)选择题

1. 下列物质中，属于纯净物的是(　　)。

A. 绿矾　　B. 铝热剂

C. 漂白粉　　D. 碱石灰

2. 将 Na_2O_2 固体加入某无色透明液体后，产生无色、无味气体，并生成白色沉淀，原溶液含有的离子是(　　)。

A. Cu^{2+}　　B. Fe^{2+}

C. Mg^{2+}　　D. Ba^{2+}

3. 在某碱溶液中可以大量共存的是(　　)。

A. AlO_2^-, CO_3^{2-}, Na^+, K^+

B. K^+, HCO_3^-, Ca^{2+}, Cl^-

C. Al^{3+}, K^+, Cl^-, NO_3^-

D. Na^+, Mg^{2+}, NO_3^-, SO_4^{2-}

4. 往某金属溶解于稀硝酸后所得的溶液中加入 NaOH 溶液，出现白色沉淀，再加入 NaOH 溶液，沉淀消失。该金属是(　　)。

A. Mg　　B. Ag

C. Al　　D. Fe

5. 下列各组物质发生反应时，不能产生氢气的是(　　)。

A. Al + NaOH (浓)　　B. Fe + H_2SO_4

C. Mg + HNO_3(稀)　　D. C(红热) + $H_2O(g)$

6. 下列物质中，不能用金属和酸直接反应制备的是(　　)。

A. $MgCl_2$　　B. $Al_2(SO_4)_3$

C. $Fe(NO_3)_3$　　D. $CuCl_2$

7. 将铝、铁合金完全溶于盐酸，并通入足量的氯气，然后加入过量的苛性钠溶液，经过滤，滤液中存在(　　)。

A. $FeCl_2$　　B. $FeCl_3$

C. $Fe(OH)_2$　　D. $NaAlO_2$

8. 质量均为 1 g 的下列物质分别与足量稀硫酸反应，置换出氢气最多的是(　　)。

A. Mg　　B. Al

C. Zn　　D. Fe

9. 往含有下列各组离子的溶液中，分别通入一定量的氯化氢气体后，3 种离子的浓度(不考虑液体体积变化的影响)都没有变化的是(　　)。

A. K^+, Al^{3+}, SO_4^{2-}　　B. Na^+, S^{2-}, K^+

C. Ca^{2+}, NO_3^-, Ba^{2+}　　D. Na^+, HCO_3^-, Cl^-

10. 取镁、铝、铁各 5.6 g，分别跟 200 cm^3 0.1 $mol \cdot L^{-1}$ HCl 溶液反应，下列说法正确的是(　　)。

A. 镁置换出的氢气量最多

B. 铝置换出的氢气量最多

C. 铁置换出的氢气量最多

D. 3 种金属置换出的氢气量相等

11. 质量相等的两份铝粉，分别与足量的 NaOH 溶液和盐酸反应，在同温同压下产生氢气体积比为(　　)。

A. 1∶1　　B. 1∶2

C. 1∶3　　D. 3∶2

(二)填空题

12. 往 $AlCl_3$ 溶液中滴加 NaOH 溶液，可看到有白色沉淀生成，这是因为发生了反应____________________(写反应方程式)。再继续滴加过量 NaOH 溶液，又可看到沉淀溶解，这是因为发生了反应____________________(写反应方程式)。

13. 实验室以硫酸铝为原料制备 $Al(OH)_3$，最好加入的另一种反应物是__________，反应的离子方程式为：____________________________。

(三) 写出下列反应的化学方程式

14. 铝粉与氧化铁在高温下的反应。

15. 铝与氢氧化钠溶液的反应。

(四) 写出下列反应的离子方程式并配平

16. 由于长时间敞口放置使澄清石灰水变浑浊。

17. 偏铝酸钠溶液中加入适量醋酸生成沉淀。

18. 明矾水解。

19. 氧化铝与盐酸反应。

20. 氧化铝与氢氧化钠溶液反应。

6.3 铁

6.3.1 铁的性质

1. 物理性质

纯铁为银白色金属，密度是 7.86 $g \cdot cm^{-3}$，熔点是 1535℃，沸点是 2750℃。铁的延展性和导热性较好，也导电。铁具有铁磁性，即铁能被磁体吸引，在磁场作用下，铁自身也能产生磁性。

2. 化学性质

(1) 与氧气和其它非金属的反应　常温时，铁在干燥的空气里不易跟氧气反应。铁在氧气里灼烧，生成黑色的四氧化三铁。

$$3Fe + 2O_2 \xlongequal{点燃} Fe_3O_4$$

加热时，铁也与其它非金属反应

$$Fe + S \xlongequal{\triangle} FeS$$

$$2Fe + 3Cl_2 \xrightarrow{\triangle} 2FeCl_3$$

从产物知，Cl_2 的氧化性比 S 强，所以铁呈现不同价态(+2，+3 价)。

(2) 与水反应　红热的铁与水蒸气反应，生成四氧化三铁和氢气。

$$3Fe + 4H_2O(g) \xlongequal{高温} Fe_3O_4 + 4H_2\uparrow$$

(3) 与酸反应　铁与非氧化性酸反应，置换出氢气，同时生成+2 价铁盐。

$$Fe + 2H^+ \xlongequal{} Fe^{2+} + H_2\uparrow$$

常温下铁与浓硫酸、浓硝酸不反应(因钝化作用)。铁与热的浓硫酸、热的浓硝酸反应时被氧化为+3 价(Fe^{3+})，且无氢气生成。

(4) 与某些盐的置换反应　铁与比它不活泼的金属的盐溶液发生置换反应，铁呈+2 价。

$$Fe + CuSO_4 \xlongequal{} FeSO_4 + Cu$$

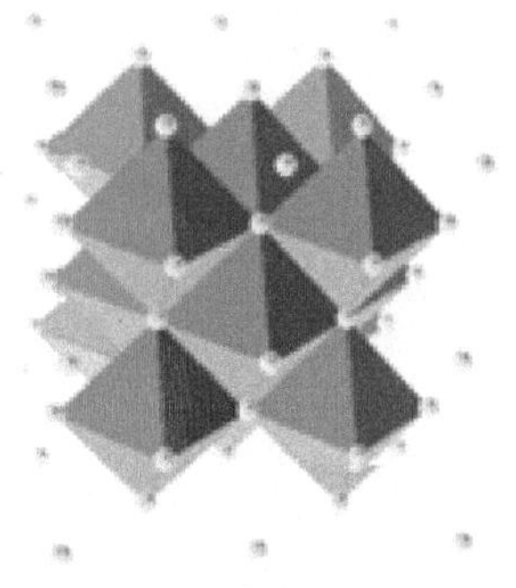

FeO

6.3.2 铁的氧化物

铁的氧化物有 3 种：FeO，Fe_2O_3 和 Fe_3O_4。

氧化亚铁(FeO):黑色粉末,不稳定,在空气里加热即迅速被氧化成四氧化三铁。

氧化铁(Fe_2O_3):红棕色粉末,俗称铁红。

四氧化三铁(Fe_3O_4):黑色晶体,有磁性,也叫磁性氧化铁。四氧化三铁是一种复杂的氧化物,习惯上把它看作是氧化铁和氧化亚铁组成的化合物。

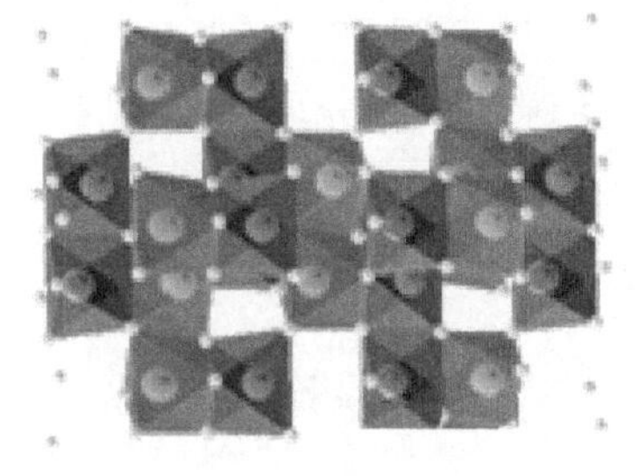

Fe_2O_3

铁的氧化物均不溶于水,但都溶于酸。

$$FeO + H_2SO_4 \xlongequal{} FeSO_4 + H_2O$$

$$Fe_2O_3 + 6HCl \xlongequal{} 2FeCl_3 + 3H_2O$$

6.3.3 铁的氢氧化物

1. 氢氧化铁($Fe(OH)_3$)

$Fe(OH)_3$ 是不溶于水的弱碱,呈棕褐色。$Fe(OH)_3$ 可由可溶性铁盐与碱反应制得,例如

$$FeCl_3 + 3NaOH \xlongequal{} 3NaCl + Fe(OH)_3 \downarrow$$

$Fe(OH)_3$ 加热会失去水而生成红棕色的氧化铁粉末。

$Fe(OH)_3$ 与酸反应生成盐和水

$$2Fe(OH)_3 + 3H_2SO_4 \xlongequal{} Fe_2(SO_4)_3 + 6H_2O$$

Fe_3O_4

2. 氢氧化亚铁($Fe(OH)_2$)

$Fe(OH)_2$ 是不溶于水的弱碱,呈白色或浅绿色。$Fe(OH)_2$ 可由可溶性亚铁盐与碱反应制得

$$FeSO_4 + 2NaOH \xlongequal{} Na_2SO_4 + Fe(OH)_2 \downarrow$$

$Fe(OH)_2$ 不稳定,在空气里容易被氧化成氢氧化铁,白色沉淀迅速变成灰绿色,最后变成红褐色。

6.3.4 铁盐和亚铁盐

1. 铁盐和亚铁盐

硫酸亚铁($FeSO_4$)和氯化铁($FeCl_3$)是较重要的亚铁盐和铁盐。

亚铁盐、铁盐溶于水时会发生水解

$$Fe^{2+} + 2H_2O \xlongequal{} Fe(OH)_2 \downarrow + 2H^+$$

$$Fe^{3+} + 3H_2O \xlongequal{} Fe(OH)_3 \downarrow + 3H^+$$

在配制亚铁盐及铁盐的溶液时,为抑制水解,常加入少量酸,使上述水解平衡向左移动,抑制了 $Fe(OH)_2$ 或 $Fe(OH)_3$ 的生成。例如,配制 $FeSO_4$ 溶液时,滴入几滴稀硫酸;配制 $FeCl_3$ 溶液时,滴入几滴盐酸,以防止水解。

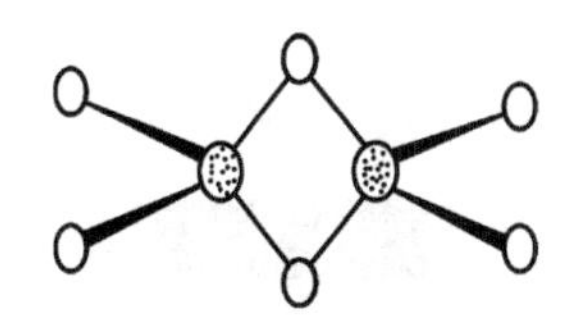

说明:$FeCl_3$ 在蒸气中以双聚 $(FeCl_3)_2$ 形式存在。

2. 铁离子和亚铁离子的相互转化

Fe^{2+}易被氧化变成 Fe^{3+}，Fe^{3+} 易被还原变成 Fe^{2+}，一定条件下，两者可相互转变。

$$Fe^{2+} \underset{\text{还原剂}}{\overset{\text{氧化剂}}{\rightleftharpoons}} Fe^{3+} + e^-$$

例如 Cl_2，O_2，H_2O_2，HNO_3，$KMnO_4$ 等氧化剂可把 Fe^{2+} 氧化成 Fe^{3+}；Fe，HI，Zn 等还原剂可把 Fe^{3+} 还原成 Fe^{2+}。

$$2Fe^{2+} + Cl_2 = 2Fe^{3+} + 2Cl^-$$

$$2Fe^{3+} + Cu = 2Fe^{2+} + Cu^{2+}$$

$$2Fe^{3+} + Fe = 3Fe^{2+}$$

3. Fe^{3+}的检验

可用 SCN^- 跟 Fe^{3+} 反应生成血红色$[Fe(SCN)]^{2+}$来检验 Fe^{3+}。SCN^- 叫硫氰酸根离子，是无色的。

$$Fe^{3+} + 6SCN^- = [Fe(SCN)_6]^{2+}\text{(血红色)}$$

常用 KSCN 试剂或 NH_4SCN 试剂来检验 Fe^{3+}。某溶液中滴几滴硫氰化钾试剂，若出现血红色，就证明该溶液中含 Fe^{3+}。Fe^{2+} 遇 SCN^- 不显红色。

例 题

【例题 6－4】 下列各物质相互作用时，能产生可燃性气体的是(　　)。

A. 炭块投入热的硝酸中　　B. 铁丝投入冷浓硫酸中

C. 镁粉投入溴水中　　D. 氧化钙投入食盐水中

【分析】 A 项：发生的反应为

$$C + 4HNO_3 = CO_2\uparrow + 4NO_2\uparrow + 2H_2O$$

B 项：发生的反应为铁丝变钝化。

C 项：发生的反应为

$$Br_2 + H_2O = HBr + HBrO$$

$$Mg + Br_2 = MgBr_2$$

$$Mg + 2HBr = MgBr_2 + H_2\uparrow$$

有可燃性气体 H_2 生成。

D 项：发生的反应为 $CaO + H_2O = Ca(OH)_2$，无气体生成。

【答案】 C

【例题 6－5】 钢铁发生吸氧腐蚀时，两极的反应式为____________________，钢铁发生析氢腐蚀时两极的反应式____________________。

【分析】 钢铁发生腐蚀是因为形成了许多微小的原电池造

专业术语

电池反应

باتارىيە

رېئاكسىيىسى

成的。在钢铁表面,介质呈弱酸性或中性时,发生吸氧腐蚀,负极:$Fe-2e^-=\!=\!=Fe^{2+}$,正极:$H_2O+O_2+4e^-=\!=\!=4OH^-$。

钢铁表面介质酸性较强时,发生析氢腐蚀,负极:$Fe-2e^-=\!=\!=Fe^{2+}$,正极:$2H^++2e^-=\!=\!=H_2\uparrow$。

【答案】 略

习题

(一) 选择题

1. 在水溶液中的下列离子,氧化性最强的是(　　)。

A. Cu^{2+}　　B. Ag^+

C. Zn^{2+}　　D. Fe^{2+}

2. 常温下,可用铁制容器盛装的溶液是(　　)。

A. 浓盐酸　　B. 硫酸铜溶液

C. 稀硝酸　　D. 浓硫酸

3. 某金属能跟盐酸反应生成氢气,该金属与锌组成原电池,锌为负极,此金属是(　　)。

A. Al　　B. Fe

C. Cu　　D. Mg

4. 下列各组中的物质充分反应后,分别加入硫氰化钾溶液,其中显红色的是(　　)。

A. 过量铁粉和三氯化铁溶液

B. 过量铁粉和稀硫酸溶液

C. 硫化亚铁和盐酸溶液

D. 红热的铁丝和氯气

5. 下列在溶液中进行的离子反应中,不属于氧化还原反应的是(　　)。

A. 氯化亚铁溶液与氯水混合

B. 氯化铁溶液与铁混合振荡

C. 烧碱与氯化亚铁溶液混合

D. 钾与硫酸铜溶液混合

6. 下列过程中,不发生颜色变化的是(　　)。

A. 将无水硫酸铜加入水中

B. 将一氧化氮和氧气混合

C. 往稀硫酸溶液中加入过量铁屑

D. 往稀硫酸溶液中通入少量氨气

7. 将铁片分别插入下列溶液中,过一段时间取出,溶液质量减少的是(　　)。

A. 硫酸铜溶液　　B. 氯化锌溶液

C. 稀硫酸　　D. 盐酸

8. 下列物质显色的原因是由于被空气氧化的是(　　)。

A. 浓硝酸久置呈黄色

B. $FeSO_4$ 溶液久置呈黄色

C. 工业盐酸呈黄色

D. 氢气在玻璃导管口燃烧,火焰呈黄色

9. 某金属溶于足量的稀硫酸后,能使高锰酸钾溶液褪色,该金属是(　　)。

A. Zn　　B. Fe

C. Al　　D. Mg

10. 下列离子方程式中,错误的是(　　)。

A. 铁与稀 H_2SO_4 反应:$2Fe+6H^+ = 2Fe^{3+}+3H_2\uparrow$

B. 铁与 $CuSO_4$ 溶液反应: $Fe+Cu^{2+} = Fe^{2+}+Cu$

C. $FeCl_3$ 溶液与铜反应:$2Fe^{3+}+Cu = 2Fe^{2+}+Cu^{2+}$

D. $FeCl_3$ 溶液与氨水反应:

$Fe^{3+}+3NH_3\cdot H_2O = Fe(OH)_3\downarrow+3NH_4^+$

11. 下列各种化合物中不能由化合反应生成的是(　　)。

A. HI　　B. FeS

C. $FeCl_2$　　D. Na_2O_2

12. 将适量铁粉放入 $FeCl_3$ 溶液中,完全反应后,溶液中 Fe^{3+} 和 Fe^{2+} 浓度相等,则已反应的 Fe^{3+} 和未反应的 Fe^{3+} 的物质的量之比是(　　)。

A. 2∶3　　B. 3∶2

C. 1∶2　　D. 1∶1

(二) 填空题

13. 往物质的量浓度相同的氯化铜、三氯化铁和氯化铝的混合溶液中,加入过量铁粉,充分反应后进行过滤,滤纸上得到的反应产物是__________,滤液中浓度最大的金属离子是________。

14. 为了消除排出的废气中所含的氯气对环境的污染,将此废气通过混有过量铁粉的氯化亚铁溶液中,就可有效地除去氯气。除氯过程中,$FeCl_2$ 的作用是__________,Fe 的作用是__________(均用化学方程式表示)。

15. 实验室配制 $FeSO_4$ 溶液时,为抑制水解,常在溶液里加入__________,为防止$FeSO_4$ 氧化,常在试剂瓶中放些__________。

16. 除去 $FeCl_2$ 溶液中混有的少量 $CuCl_2$,应使用的试剂为__________;除去 $FeCl_3$ 溶液中混有的少量 $FeCl_2$,应使用的试剂为__________;除去 $FeCl_2$ 溶液中混有的少量 $FeCl_3$，应使用的试剂为__________。

17. 镀锌铁(白口铁)发生电化学腐蚀时,作为______极的__________先被腐蚀。镀锡铁(马口铁)发生电化学腐蚀时,作为______极的__________先被腐蚀。

18. 在 Fe,Fe^{2+},Fe^{3+},Cu,Cu^{+},Cu^{2+} 中,既具有氧化性又具有还原性的是__________。

19. 氢氧化亚铁在空气中被氧化的反应方程式是____________,其反应现象是______________________。

(三)写出下列反应的离子方程式并配平

20. 将硫化亚铁放入盐酸中。
21. 三氯化铁溶液腐蚀铜。
22. 氢氧化铁和盐酸反应。
23. 加热条件下,银跟稀硝酸反应放出一氧化氮。

6.4　金属的冶炼

6.4.1　金属冶炼的一般步骤

第一步:矿石的富集、除杂,提高矿石中有用成分的含量。

第二步:冶炼,利用氧化还原原理,在一定条件下,用还原法把金属矿石中的金属离子还原成金属单质。

第三步:精炼,采用一定的方法,提炼纯金属。

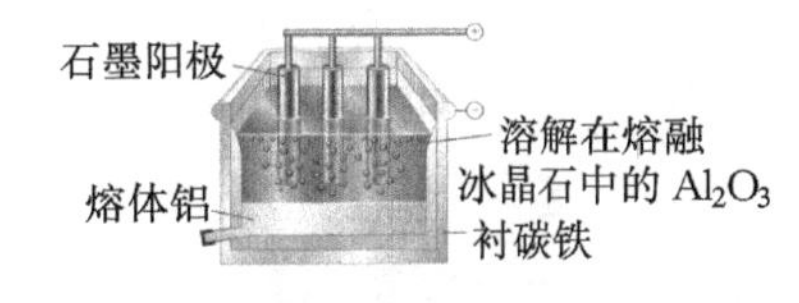

电解法制备金属 Al

6.4.2　金属冶炼的方法

1. 热分解法

适用于金属活动顺序中氢后面的金属,如 Hg,Ag 的氧化物受热就能分解。

$$2HgO \xlongequal{\triangle} 2Hg + O_2\uparrow$$

$$2Ag_2O \xlongequal{\triangle} 4Ag + O_2\uparrow$$

2. 热还原法

适用于大多数金属的冶炼,用热还原法冶炼的金属,其金属性比较强,金属在活动性顺序中居于中间位置,常用的还原剂:焦炭、一氧化碳、氢气和活泼金属等。

(1) 焦炭还原法

$$CuO + C \xlongequal{高温} Cu + CO\uparrow$$

(2) CO 还原法

$$Fe_2O_3 + 3CO \xlongequal{高温} 2Fe + 3CO_2$$

$$CuO + CO \xlongequal{高温} Cu + CO_2$$

(3) H_2 还原法

$$WO_3 + 3H_2 \xlongequal{高温} W + 3H_2O$$

$$Fe_3O_4 + 4H_2 \xlongequal{高温} 3Fe + 4H_2O$$

(4) 用活泼金属还原法

$$Cr_2O_3 + 2Al \xlongequal{高温} 2Cr + Al_2O_3$$

$$3V_2O_5 + 10Al \xlongequal{高温} 6V + 5Al_2O_3$$

3. 电解法

适用于 K,Ca,Na,Mg,Al 等强还原性金属的化合物。

$$2Al_2O_3 \xlongequal{电解} 4Al + 3O_2 \uparrow$$

$$2NaCl \xlongequal{电解} 2Na + Cl_2 \uparrow$$

阅读

明矾的净水原理

水混浊不清主要是因为水中有许多泥沙等污物在“游荡”。较大的泥沙粒子，在水中是呆不久的，很快就会沉淀下来。可是那些小的，已经小到成为“胶体”粒子了，往往几天也不会沉淀下来。所以水就不干净了，而这些泥土胶粒带的是负电。

明矾的化学名称叫做十二水合硫酸铝钾，化学式为 $KAl(SO_4)_2 \cdot 12H_2O$，明矾的净水原理主要是物理的变化，没有化学反应成分，它的原理是明矾在水中可以电离出两种金属离子

$$KAl(SO_4)_2 = K^+ + Al^{3+} + 2SO_4^{2-}$$

而 Al^{3+} 很容易水解，生成胶状的氢氧化铝 $Al(OH)_3$

$$Al^{3+} + 3H_2O = Al(OH)_3(\text{胶体}) + 3H^+$$

这种氢氧化铝，也是一种胶体粒子，也带有电荷，所不同的是氢氧化铝胶粒带正电，它一碰上带负电的泥沙胶粒，彼此就中和了。失去了电荷的胶粒，很快就会聚结在一起，粒子越结越大，终于沉入水底。这样，水就变得清澈干净了。

纳米材料的应用

当材料晶粒的尺寸在 0.1～100 nm 时，材料的性质，就会出现意想不到的变化。以此尺寸为研究对象的科学，称为纳米技术。著名科学家钱学森在 1991 年预言：“我认为纳米左右和纳米以下结构，将是下一阶段科技发展的重点，会是一次技术革命，从而将是 21 世纪又一次产业革命。”

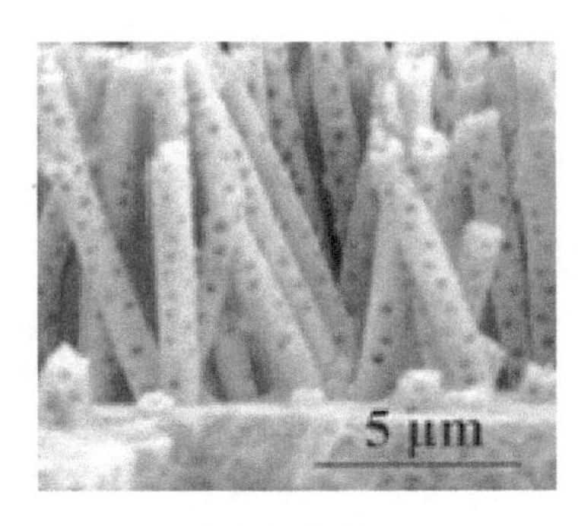

多孔纳米管

纳米材料
نانو ماتېرىيالى

明矾
زەمچە، سۇمۇق

在化纤制品和纺织品中，添加纳米微粒的特殊材料，可除味、杀菌。化纤有静电现象，如加入少量金属纳米微粒，就不会摩擦而生电。纳米技术应用于食品，能使糕饼色、香、味更佳，更易为人体吸收。利用纳米粉末，可以使污水、废水、雨水变成能饮用的清洁水。运用纳米技术加工制成家居装潢涂料，耐洗刷性提高 10 倍。玻璃和瓷砖表面涂上纳米薄层，可以制成“自洁玻璃”和“自洁瓷砖”。含有纳米微粒的建筑材料，还可以吸收对人体有害的紫外线，并有保温、

隔音作用。将药物放入磁性纳米颗粒内(包括其外),送入人体,然后在体外磁场引导下,就可将其送达任何部位,运用这种技术可以治疗癌症。纳米氧化锌对雷达磁波具有很强的吸收能力,可以做隐形飞机的重要涂料。在橡胶中,加少量的纳米氧化锌,可以提高橡胶制品的耐磨性和抗老能力,延长使用寿命。我国纳米技术发展已取得可喜成就,如纳米碳管储氢技术获1999 年中国十大科技进展之一,纳米人工骨几乎与人骨特性相当,“类人骨”具有优异的生物相溶性、力学相容性和生物活性。据称,此技术属世界首屈一指。

隐形轰炸机

第7章　有机化学基础知识

碳在地壳中的含量不高，质量分数只占0.087%，但是它的化合物，尤其是有机化合物，不仅数量众多，而且分布很广。例如，燃料中的汽油、煤油、柴油，建材中的木材、粘结剂、涂料、油漆，日用品中的塑料、橡胶、纤维、清洁剂，食品中的营养素——糖类、油脂、蛋白质等都是有机化合物。

迄今，从自然界发现的和人工合成的有机物已超过2000万种，而且新的有机物仍以每年近百万种的速度不断增加。组成有机物的元素除碳外，常有氢、氧，还有氮、硫、卤素、磷等。其中仅含碳和氢两种元素的有机物称为碳氢化合物，也称为烃。

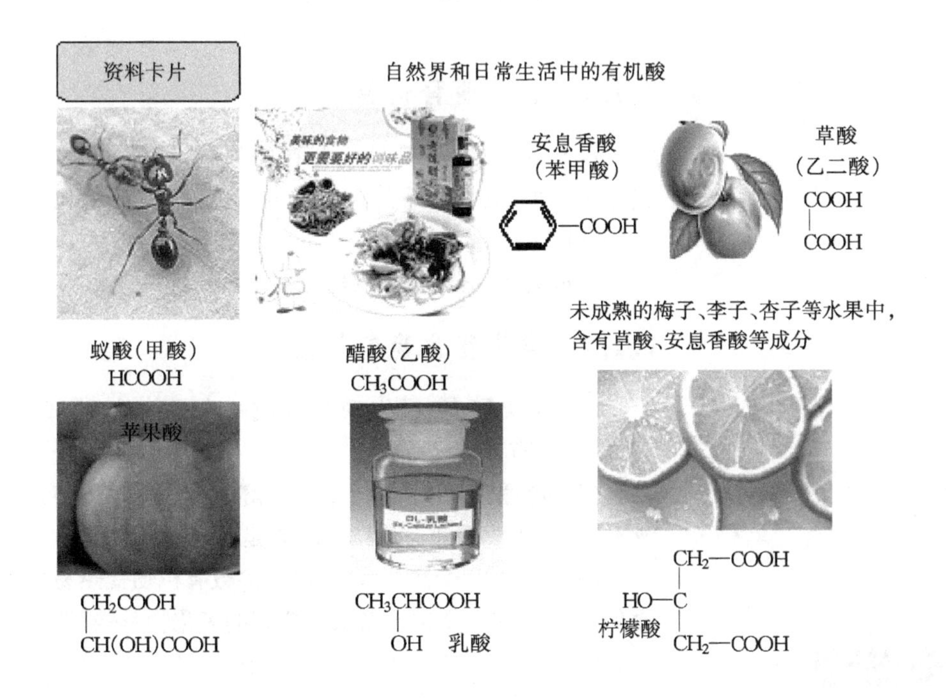

学习内容

专业术语

有机化合物
ئورگانىك بىرىكمە

系统命名
سىستېمىلىق ئاتاش

本章主要介绍了有机化学的基础知识,其中包括有机化合物的概述,重要的有机化合物,烃的衍生物及糖类和蛋白质。

学习目的

1. 了解什么是有机化合物以及其组成元素;有机化合物特点、种类及其衍生物;掌握常见有机化合物的结构,了解有机物分子中的官能团;有机化合物存在异构现象,能判断简单有机化合物的同分异构体;能根据有机化合物命名规则,命名简单的有机化合物。

2. 掌握重要的有机化合物烷烃、烯烃、炔烃、芳香烃结构及性能;重要的有机化合物的命名规则及其应用。

3. 了解烃的衍生物及其结构及性能;掌握烃的衍生物的命名规则。

4. 了解糖类和蛋白质结构及性能;掌握常用糖类及蛋白质的分类。

7.1　有机化合物概述

7.1.1　什么叫有机物

定义:有机物是有机化合物的简称,所有的有机物都含有碳元素。但是并非所有含碳的化合物都是有机化合物,比如 CO、CO_2 等。

组成元素:碳、氢、氧、氮、硫、磷、卤素等。

7.1.2　有机化合物的特点

(1) 种类繁多,已发现和合成的有机物达到2000多万种(无机物只有几十万种)。

(2) 物理性质:难溶于水、易溶于有机溶剂;熔点低,水溶液不导电(大多是非电解质、固态是分子晶体)。

(3) 易燃烧,受热不稳定,绝大多数有机物受热易分解。大多含有碳、氢元素。受热分解会生成碳的氧化物及碳、氢等单质。

专业术语

副反应
قوشۇمچە رېئاكسىيە

聚集
توپلىنىش، يىغىلىش

(4) 有机物参加的化学反应比较复杂,一般反应速度较慢,常伴有副反应,常常需要加热或使用催化剂来促进反应的进行。

有机物的许多物理性质和化学性质的特点跟有机物的结构密切相关。大多数有机物分子里的碳原子跟其它原子通常以共价键结合,这是因为碳元素处于元素周期表的中部,氧化数既可为＋4 价又可为－4 价的缘故。同时这些分子聚集时组成为分子晶体。

7.1.3　有机化合物的分类

有机化合物的分类可简单总结如下。

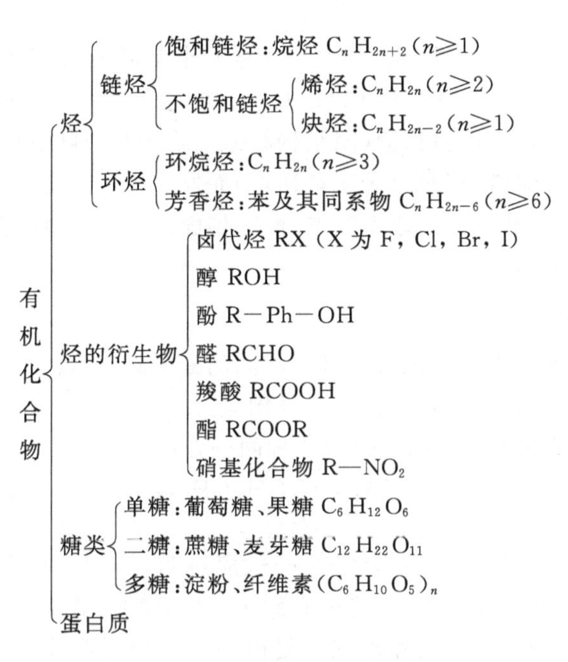

7.1.4　烃　烃基　官能团　烃的衍生物

1. 烃

仅由碳、氢两种元素组成的化合物称为烃（烃也称为碳氢化合物），如甲烷(CH_4)、乙烯(C_2H_4)、乙炔(C_2H_2)、苯(C_6H_6)等。

2. 烃基

烃分子失去一个或几个氢原子后剩余部分称为烃基，烃分子失去一个氢原子后而形成的烃基一般用"－R"表示。烷烃分子失去一个氢原子后剩余的原子团称为烷基。如甲烷分子失去一个氢原子后剩余的原子团－CH_3，称为甲基；乙烷分子失去一个氢原子后剩余的原子团为－C_2H_5，称为乙基，以此类推。

3. 烃的衍生物

烃分子中的氢原子被其它原子或原子团取代后生成新的有机化合物，称为烃的衍生物。

4. 官能团

取代烃分子中氢原子的原子或原子团，具有决定烃的衍生物的化学特性的作用，我们把这种原子或原子团称为官能团。如

专业术语

烃
هىدروكاربون (كاربون هىدرىد بىرىكمىلىرى)

烃基
هىدروكاربون رادىكالى

专业术语

烃的衍生物
كاربون هىدرىد توغۇندىلىرى

官能团
فۇنكسىيال گۇرۇپپا

同系物
هومولوگلار

卤素原子(—X)、羟基(—OH)、醛基(—CHO)、羧基(—COOH)、硝基($-NO_2$)等。碳碳双键和碳碳叁键也是官能团。

7.1.5 同系物　同分异构体

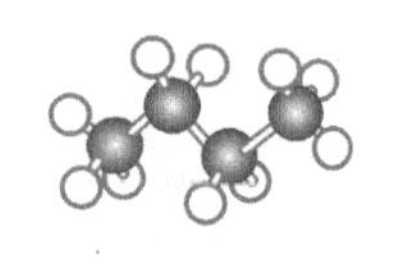

丁烷

异丁烷

丁烷同分异构体球棍模型

1. 同系物

结构相似,在分子组成上相差一个或若干个 CH_2 原子团的物质互称为同系物。如 CH_4,C_2H_6,C_3H_8 等,它们互为同系物。

各同系物化学性质相似(因结构相似);物理性质随着分子中碳原子数的递增(相对分子质量递增)而发生规律性变化,如在常温下,各同系物的状态由气态、液态到固态,沸点和液态的密度都逐渐增加。

2. 同分异构体

同分异构体指的是化合物具有相同的分子式,但具有不同的结构,这样的化合物互称为同分异构体。

如分子式为 C_5H_{12} 的烷烃有 3 种同分异构体:

$CH_3(CH_2)_3CH_3$	$CH_3CH_2CH(CH_3)_2$	$(CH_3)_4C$
正戊烷	异戊烷	新戊烷

确定有机物的同分异构体时,一般应遵循以下原则:主链由长到短,支链由整到散,位置由心到边,排列由对、邻到间。

支链由整到散,就是如果支链是由两个碳原子组成的,那么先把这两个碳原子组成一个—C_2H_5,然后再把这两个碳原子组成两个—CH_3。位置由心到边,就是支链先从主链的中心碳原子上连接,再依次连接在其它碳原子上。排列对、邻到间,就是如果有两个支链与苯环相连时,这两个支链先按对位相连,再按邻位连接,最后按间位连接。

同分异构体的异构类型如图 7.1 所示。

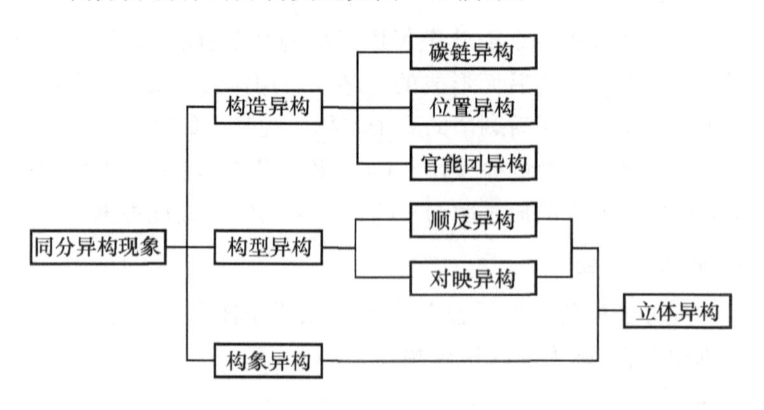

图 7.1　同分异构现象示意图

(1) 碳链异构:指碳原子的连接次序不同引起的异构。

(2) 官能团异构:官能团不同引起的异构。

(3) 位置异构:官能团的位置不同引起的异构。

同系物、同分异构体、同素异形体、同位素的区别见表7.1。

专业术语

同分异构体

ئىزومېر

苯环

بېنزول ھالقىسى

表7.1 同系物、同分异构体、同素异形体、同位素的区别

	同系物	同分异构体	同素异形体	同位素
组成	分子组成相差一个或几个 CH_2 原子团	分子式相同	同种元素	质子数相同,中子数不同
结构	结构相似	结构不同	结构不同	——
对象	化合物	化合物	单质	原子
实例	CH_4 和 CH_3CH_3	正丁烷 $CH_3CH_2CH_2CH_2$ 和异丁烷 $CH_3CH(CH_3)CH_3$	O_2 和 O_3	^1_1H 和 ^2_1H

7.1.6 烷烃的系统命名法

1. 直链烷烃的命名

直链烷烃的命名的方法是根据烷烃分子中所含碳原子的数称为某烷。如果分子中所含碳原子数是1～10个的,则烷字前面冠以甲、乙、丙、丁、戊、己、庚、辛、壬、癸。如果分子中所含碳原子数在10个以上的,则直接用碳原子数来表示,数字用汉字的十一、十二、十三等表示。例如:烷烃分子中含18个碳原子,则命名为十八烷。

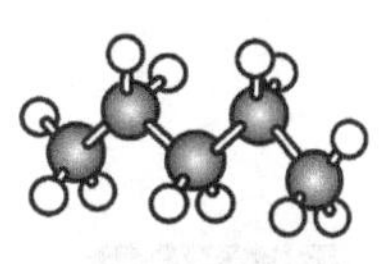

正戊烷

2. 带支链烷烃的命名

(1) 选主链,称某烷

选择含碳原子数最多的碳链(也就是最长的碳链)为主链,根据主链上所含碳原子数而称为某烷(这与直链烷烃的命名方法相同)。把主链以外的碳原子(这些碳原子组成烃基)看作支链。

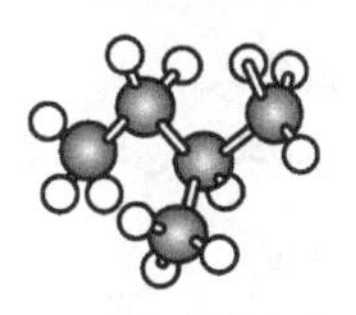

异戊烷

(2) 定起点,编序号

给主链碳原子编号,起点要定在主链某端离支链最近的碳原子上,然后从这个碳原子开始,对主链碳原子依次编上1,2,3,4,…。支链的位置(取代基的位置)则由它所连接的主链上的碳原子编号来表示。

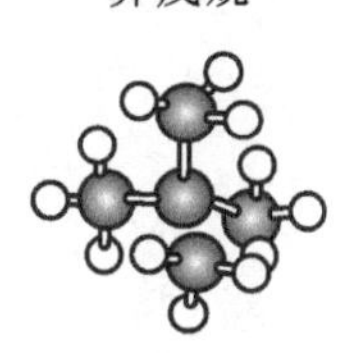

新戊烷

戊烷同分异构体球棍模型

(3) 取代基,写烷前

专业术语

直链烷烃

تۈز زەنجىرلىك ئالكانلار

支链烷烃

تارماق زەنجىرلىك ئالكانلار

主链

ئاساسى زەنجىر

取代基

ئورۇن ئالغۇچى رادىكال

将取代基的名称(即支链名称)如甲基、乙基等,写在烷烃名称前面,再把取代基的位置用阿拉伯数字标在取代基名称前面。阿拉伯数字与取代基名称之间加半字线"-"。

(4) 相同基,要合并

若在主链上有若干个相同的取代基时,则要把它们合并在一起。取代基的数目用汉字数字写在取代基名称前面(当取代基只有1个时,可省略),而表示取代基位置的阿拉伯数字之间加逗号",",有几个位置序号,取代基前面的汉字数字就应是几。

(5) 不同基,按顺序,简在前,繁在后

若在主链上有不同的取代基时,则先写简单的取代基,后写复杂的取代基(例如,先写甲基,再写乙基)。

烷烃命名的顺序一般是:取代基的位置(1,2,3,…)-取代基数目(二、三、四、……)-取代基名称-烷烃的名称。

例如:用系统命名方法来命名以下两个饱和烃(烷烃)。

$$\overset{1}{C}H_3-\overset{2}{C}H(CH_3)-\overset{3}{C}H_2-\overset{4}{C}H_3$$

2-甲基丁烷

$$\overset{1}{C}H_3-\overset{2}{C}H(CH_3)-\overset{3}{C}H_2-\overset{4}{C}H(CH_3)-\overset{5}{C}H_2-\overset{6}{C}H(C_2H_5)-\overset{7}{C}H_2-\overset{8}{C}H(\overset{9,10}{C_2H_5})-CH_3$$

2,4,8-三甲基-6-乙基癸烷

例题

专业术语

最简式

ئەڭ ئاددى ئىپادىسى

通式

ئومۇمى فورمۇلا

【例题7-1】 下列各化学式中,最简式相同的是(　　)。

A. C_2H_4　　B. C_2H_2

C. C_3H_4　　D. C_6H_6

【分析】 最简式是用元素符号表示物质中各元素原子个数最简单整数比的式子。

A. C_2H_4 的最简式为 CH_2　　B. C_2H_2 的最简式为 CH

C. C_3H_4 的最简式为 C_3H_4　　D. C_6H_6 的最简式为 CH

【答案】 B,D

【例题7-2】 下列物质中,与 C_4H_{10} 互为同系物的是(　　)。

A. C_7H_{12}　　B. C_7H_{16}

C. C_7H_8　　D. C_7H_{14}

【分析】 C_4H_{10} 的分子组成符合通式 C_nH_{2n+2},该烃属于烷烃。在A,B,C,D四个答案中,只有 C_7H_{16} 符合通式 C_nH_{2n+2},属于烷烃。

【答案】 B

【例题7-3】 下列各组物质互为同分异构体的是(　　)。

A. $CH_3CH_2CH(CH_3)_2$ 和 $(CH_3)_4C$

B. CH_3OH 和 C_3H_7OH

C. $CH_2=CHCH_3$ 和 $CH_3CH_2CH_3$

D. CH_4 和 CH_3CH_3

【分析】 判断同分异构体时，首先看分子式是否相同，如果分子式不同，那么就不可能是同分异构体。如果分子式相同，再看结构是否不同。如果结构不相同，那么就为同分异构体。A 项中两种物质的分子式相同，都为 C_5H_{12}；结构不同，属同分异构体。其它选项中，每组物质的分子式都不相同，因此都不可能是同分异构体。

【答案】 A

【例题 7－4】 下列分子式只代表一种物质的是（　　）。

A. CH_4　　B. C_3H_6

C. C_3H_8　　D. C_4H_6

【分析】 只代表一种物质的分子式，则表明这种分子式所表示的物质没有同分异构体。

A 项：CH_4 没有同分异构体。

B 项：C_3H_6 符合通式 C_nH_{2n}，它既是烯烃的通式，又是环烷烃的通式。C_3H_6 的结构有以下两种

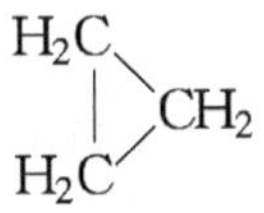

```
H2C
  |  \
  |   CH2      CH2=CHCH3
  |  /
H2C
```

C 项：C_3H_8 没有同分异构体。

D 项：C_4H_6 符合炔烃的通式 C_nH_{2n-2}，它可表示为 $CH\equiv C-CH_2-CH_3$，$CH_3-C\equiv C-CH_3$，$CH_2=CH-CH=CH_2$ 等物质。

【答案】 A，C

【例题 7－5】 下列物质中，一氯代物的同分异构体有 2 种，二氯代物的同分异构体有 4 种的是（　　）。

A. 乙烷　　B. 丙烷

C. 2，2－二甲基丙烷　　D. 丁烷

【分析】 为了确定答案，可将题目给的 4 种烷烃的结构简式都写出来，然后一一进行分析判断，从而得出正确的结论。

A 项：乙烷 CH_3-CH_3。

```
              Cl
              |
一氯代物有1种：CH2—CH3

              Cl
              |
二氯代物有2种：CH—CH3      CH2—CH2
              |           |     |
              Cl          Cl    Cl
```

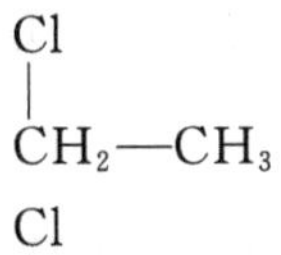

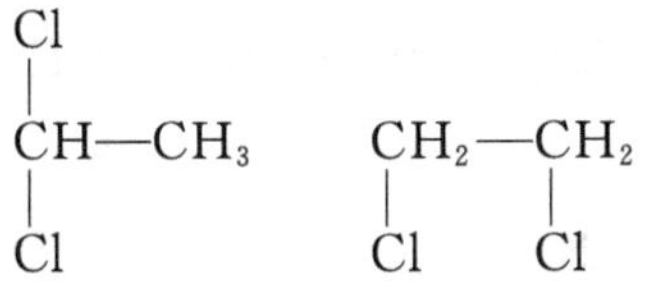

专业术语

环烷烃

هالقىلىق ئالكانلار

氯代物

خلورۇ بىرىكمىللىرى

B 项：丙烷 $CH_3-CH_2-CH_3$。

一氯代物有 2 种：

$$\begin{array}{ccccc} CH_2 & — & CH_2 & — & CH_3 \\ | & & & & \\ Cl & & & & \end{array} \qquad \begin{array}{ccccc} CH_3 & — & CH & — & CH_3 \\ & & | & & \\ & & Cl & & \end{array}$$

二氯代物有 4 种：

$$\begin{array}{ccccc} Cl & & & & \\ | & & & & \\ CH & — & CH_2 & — & CH_3 \\ | & & & & \\ Cl & & & & \end{array} \qquad \begin{array}{ccccc} & & Cl & & \\ & & | & & \\ CH_3 & — & C & — & CH_3 \\ & & | & & \\ & & Cl & & \end{array}$$

$$\begin{array}{ccccc} CH_2 & — & CH & — & CH_3 \\ | & & | & & \\ Cl & & Cl & & \end{array} \qquad \begin{array}{ccccc} CH_2 & — & CH_2 & — & CH_2 \\ | & & & & | \\ Cl & & & & Cl \end{array}$$

C 项：2,2-二甲基丙烷。

一氯代物有 1 种：

$$\begin{array}{ccccc} & & CH_3 & & \\ & & | & & \\ CH_2 & — & C & — & CH_3 \\ | & & | & & \\ Cl & & CH_3 & & \end{array}$$

二氯代物有 3 种：

$$\begin{array}{ccccc} & & Cl & & \\ & & | & & \\ Cl & — & CH & & \\ & & | & & \\ CH_3 & — & C & — & CH_3 \\ & & | & & \\ & & CH_3 & & \end{array} \qquad \begin{array}{ccccc} & & CH_2Cl & & \\ & & | & & \\ CH_3 & — & C & — & CH_2Cl \\ & & | & & \\ & & CH_3 & & \end{array} \qquad \begin{array}{ccccc} & & CH_2Cl & & \\ & & | & & \\ H_3C & — & C & — & CH_3 \\ & & | & & \\ & & CH_2Cl & & \end{array}$$

D 项：丁烷 $CH_3-CH_2-CH_2-CH_3$。

一氯代物有 2 种：

$$\begin{array}{ccccccc} CH_2 & — & CH_2 & — & CH_2 & — & CH_3 \\ | & & & & & & \\ Cl & & & & & & \end{array} \qquad \begin{array}{ccccccc} CH_3 & — & CH & — & CH_2 & — & CH_3 \\ & & | & & & & \\ & & Cl & & & & \end{array}$$

二氯代物有 6 种：

$$\begin{array}{ccccccc} Cl & & & & & & \\ | & & & & & & \\ CH & — & CH_2 & — & CH_2 & — & CH_3 \\ | & & & & & & \\ Cl & & & & & & \end{array} \qquad \begin{array}{ccccccc} & & Cl & & & & \\ & & | & & & & \\ CH_3 & — & C & — & CH_2 & — & CH_3 \\ & & | & & & & \\ & & Cl & & & & \end{array}$$

$$\begin{array}{ccccccc} CH_2 & — & CH & — & CH_2 & — & CH_3 \\ | & & | & & & & \\ Cl & & Cl & & & & \end{array} \qquad \begin{array}{ccccccc} CH_3 & — & CH & — & CH & — & CH_3 \\ & & | & & | & & \\ & & Cl & & Cl & & \end{array}$$

$$\begin{array}{ccccccc} CH_2 & — & CH_2 & — & CH & — & CH_3 \\ | & & & & | & & \\ Cl & & & & Cl & & \end{array} \qquad \begin{array}{ccccccc} CH_2 & — & CH_2 & — & CH_2 & — & CH_2 \\ | & & & & & & | \\ Cl & & & & & & Cl \end{array}$$

【答案】 B

专业术语

直链
تۈز زەنجىر

支链
تارماق زەنجىر

同位素
ئىزوتوپ

【例题7-6】

有机物

$$\begin{array}{l} CH_3—\underset{\displaystyle CH_3}{\underset{|}{CH}}—CH_2—\underset{\underset{\displaystyle CH_3}{\underset{|}{CH_2}}}{\underset{|}{CH}}—CH_2—CH_2—CH_3 \end{array}$$

的名称是(　　)。

A. 4-乙基-6-甲基庚烷

B. 2-甲基-4-丙基己烷

C. 2-甲基-4-乙基庚烷

D. 1,1-二甲基-3-乙基己烷

【分析】 用系统命名法命名烷烃时,应注意下面的几个问题:

(1) 找对主链,这是正确命名的前提;

(2) 正确编号;

(3) 确定简单取代基和较复杂取代基的先后顺序;

(4) 用准确字。

A项:错误。①给主链编号错误,不应从右向左编号,应该从左向右编号,因为主链左端离支链比右端离支链近。②简单的取代基$-CH_3$写在较复杂取代基$-C_2H_5$的后面。

B项:主链选错了。应选从左至右的最长直链为主链(含7个碳原子)。

D项:主链选错了。1号碳原子上不可能有甲基,所谓1号碳原子上的甲基实际上是主链上的一个碳原子,就像2号碳原子上不能有乙基、3号碳原子上不能有丙基一样。

【答案】 C

【例题7-7】 写出2,4-二甲基-4,5-二乙基庚烷的结构简式。

【分析】 (1) 根据名称中的"庚烷",写出7个碳原子的主链。

(2) 给7个碳原子依次编号(从任何一端开始均可)。

(3) 将2个甲基$—CH_3$分别连在2号和4号碳原子上,将2个乙基$—C_2H_5$分别连在4号和5号碳原子上。

(4)用氢原子补足碳原子的剩余价键,使每个碳都显4价。

【答案】

$$CH_3—\overset{\displaystyle CH_3}{\overset{|}{CH}}—CH_2—\underset{\displaystyle C_2H_5}{\underset{|}{\overset{\displaystyle CH_3}{\overset{|}{C}}}}—\underset{\displaystyle C_2H_5}{\underset{|}{CH}}—CH_2—CH_3$$

【例题7-8】 下列各组物质中,同素异形体是________,

同位素是________，同系物是________，同种物质是________，同分异构体是________，属于饱和烃的是________，属于不饱和烃的是________。

A. ${}_1^1H$ 和 ${}_1^2H$　　　　B. 甲烷和乙烷

C. 金刚石和 C_{60}　　　　D. 乙炔和乙烯

E：$CH_3-\underset{\displaystyle C_2H_5}{\underset{|}{CH}}-CH_2-CH_3$ 和 $C_2H_5-\underset{\displaystyle CH_3}{\underset{|}{CH}}-C_2H_5$

F：$CH_3-\underset{\displaystyle CH_3}{\underset{|}{CH}}-\underset{\displaystyle CH_3}{\underset{|}{CH}}-CH_3$ 和 $CH_3-CH_2-\underset{\displaystyle C_2H_5}{\underset{|}{CH}}-CH_3$

专业术语

单键

تاق باغ

饱和烃

كاربون گىدرىدلار تويۇنغان

不饱和烃

كاربون گىدرىدلار تويۇنمىغان

【分析】 同素异形体是指由同种元素组成的不同单质，同素异形体的物理性质不同，但化学性质相同。金刚石和 C_{60} 是碳元素组成的两种不同的单质，是碳原子的同素异形体。

同位素是指质子数相同，中子数不同的同一元素的原子。${}_1^1H$，${}_1^2H$，${}_1^3H$ 原子的质子数都为1，但中子数不同，分别为0，1，2，它们是氢元素的同位素。同系物、同分异构体、同种物质前面已讲过，这里不再重复。分子中的碳原子都以单键连接的烃称为饱和烃。含有双键或叁键的烃称为不饱和烃。

【答案】 C；A；B；E；F；B，E，F；D

习题

(一) 选择题

1. 下列哪组数字代表有机物中4个同系物的相对分子质量(　　)。

A. 16，32，48，64　　　　B. 16，30，44，58

C. 16，17，18，19　　　　D. 16，28，40，52

2. 下列物质中与 $CH_2{=}CH-CH_2-CH_3$ 是同系物的是(　　)。

A. $CH_3-CH_2-CH_2-CH_3$

B. $CH_2{=}CH-CH_3$

C. $CH_2{=}CH-CH{=}CH_2$

D. C_3H_4

3. 下列物质中与 $CH_3-CH_2-CH_2-CH_3$ 互为同分异构体的是(　　)。

A. C_5H_{10}　　　　B. $CH_3CH_2CH_2CH_2CH_3$

C. $CH_3-\underset{\displaystyle CH_3}{\underset{|}{CH}}-CH_3$　　　　D. C_4H_8

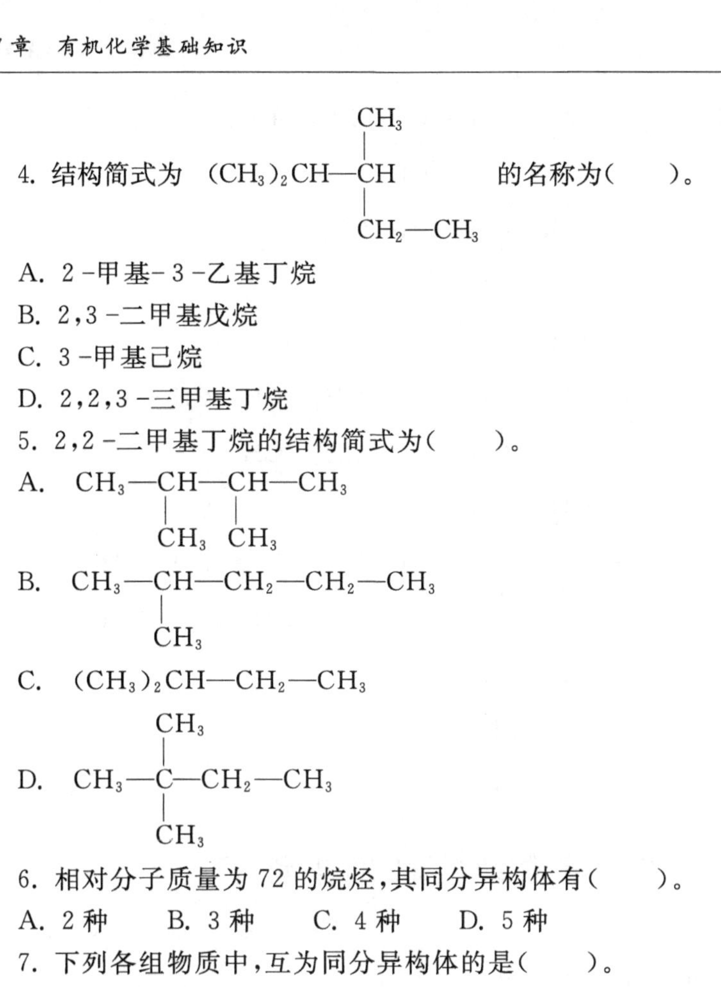

4. 结构简式为 $(CH_3)_2CH-CH(CH_3)-CH_2-CH_3$ 的名称为（　　）。

A. 2-甲基-3-乙基丁烷

B. 2,3-二甲基戊烷

C. 3-甲基己烷

D. 2,2,3-三甲基丁烷

5. 2,2-二甲基丁烷的结构简式为（　　）。

A. $CH_3-CH(CH_3)-CH(CH_3)-CH_3$

B. $CH_3-CH(CH_3)-CH_2-CH_2-CH_3$

C. $(CH_3)_2CH-CH_2-CH_3$

D. $CH_3-C(CH_3)_2-CH_2-CH_3$

6. 相对分子质量为 72 的烷烃，其同分异构体有（　　）。

A. 2 种　　B. 3 种　　C. 4 种　　D. 5 种

7. 下列各组物质中，互为同分异构体的是（　　）。

A. 乙烷和丙烷　　B. 乙烷和乙烯

C. 丁烷和异丁烷　　D. 乙烯和丁烯

（二）填空题

8. 按系统命名法，有机物

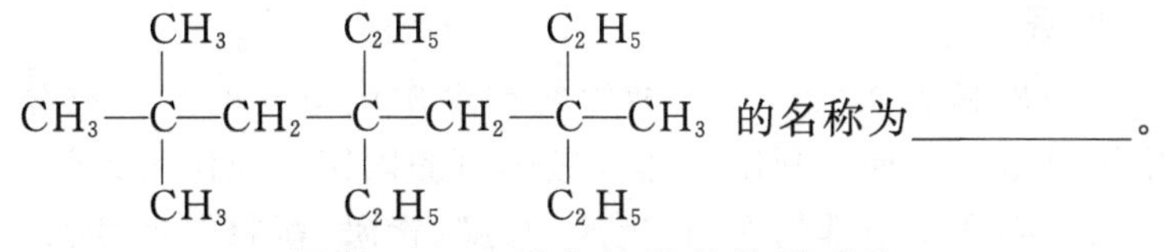

$CH_3-C(CH_3)_2-CH_2-C(C_2H_5)_2-CH_2-C(C_2H_5)_2-CH_3$ 的名称为__________。

9. 2,4-二甲基-5-乙基辛烷的结构简式为________。

10. 相对分子质量为 100 的某链状烷烃，分子中只含 1 个乙基支链，它的结构简式为__________。

11. 下列物质的名称都是错误的，请改正。

（1）2-乙基丁烷　　改正____________；

（2）1-甲基丙烷　　改正____________；

（3）1,2-二甲基丙烷　　改正____________；

（4）3-甲基-5-乙基己烷　　改正______。

12. 下列各种结构简式中，表示同一种分子的是____（填序号）。

专业术语

结构简式

ئاددى تۈزۈلۈش فورمۇلاسى

链状烷烃

زەنجىرسىمان ئالكان

① $CH_3-CH_2-\underset{CH_3}{\underset{|}{CH}}-CH_2-CH_3$

② $CH_3-\underset{CH_3}{\underset{|}{CH}}-\underset{CH_3}{\underset{|}{CH}}-CH_3$

③ $\begin{array}{l} CH_3-CH_2 \\ \qquad\quad | \\ CH_3-CH \\ \qquad\quad | \\ CH_3-CH_2 \end{array}$　　④ $CH_3-\underset{CH_3-CH_2}{\underset{|}{CH}}-CH_2-CH_3$

⑤ $\begin{array}{l} CH_3-CH-CH_3 \\ \qquad\quad | \\ \qquad\; CH-CH_3 \\ \qquad\quad | \\ \qquad\; CH_3 \end{array}$　　⑥ $\underset{CH_3}{\underset{|}{CH_2}}-\overset{CH_3}{\overset{|}{CH}}-\underset{CH_3}{\underset{|}{CH_2}}$

⑦ $\overset{CH_3}{\overset{|}{\underset{CH_3}{\underset{|}{CH}}}}-\overset{CH_3}{\overset{|}{\underset{CH_3}{\underset{|}{CH}}}}$

7.2 重要的有机化合物

专业术语

烷烃结构
ئالكان قۇرۇلمىسى

烷烃
ئالكان، ئالكانلار

7.2.1 烷　烃

分子中碳原子与碳原子间都是以单键连接成链状的称为饱和链烃,或称为烷烃。烷烃的组成通式是 C_nH_{2n+2} ($n \geqslant 1$)。烷烃的重要代表物是甲烷。

1. 甲烷

甲烷是天然气、沼气、油田气和煤矿坑道气的主要成分。中国是世界上最早利用天然气做燃料的国家。我国的天然气主要分布在中西部的四川、重庆、甘肃、青海、新疆等地区及海底,已探明储量为 1.37 万亿立方米,居世界第 19 位。天然气是一种高效、低耗、污染小的清洁能源,目前世界 20% 的能源需求由天然气提供。天然气还是一种重要的化工原料,可用于生产种类繁多的化工产品。

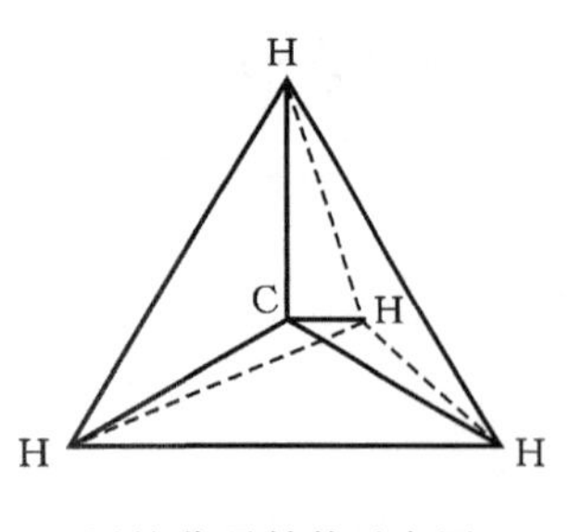

甲烷分子结构示意图

甲烷的分子式、电子式、结构式、结构简式如下:

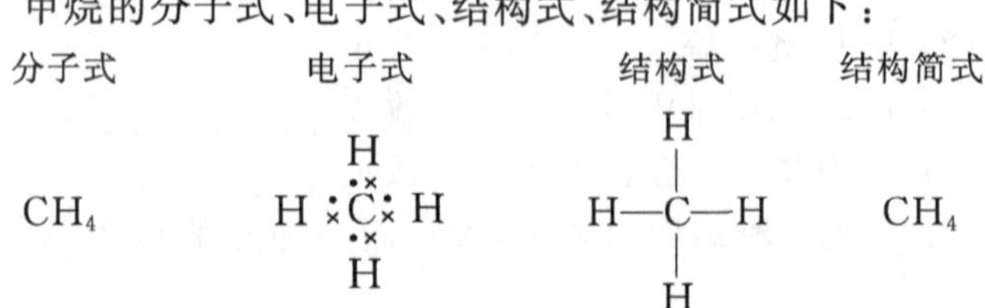

甲烷分子是一种对称的正四面体结构，四个 C—H 键强度相同。

(1) 甲烷的物理性质

甲烷是一种无色、无味的气体，密度为 0.717 g/L（标准状况），极难溶于水，很容易燃烧。

在通常情况下，甲烷比较稳定，与高锰酸钾等强氧化剂不反应，与强酸、强碱也不反应。但是在一定条件下，甲烷也会发生某些化学反应。

(2) 甲烷的化学性质

① 取代反应：在光照条件下，甲烷与卤素能发生反应。例如

$$\underset{\text{甲烷}}{\begin{array}{c} H \\ | \\ H—C—H \\ | \\ H \end{array}} + Cl—Cl \xrightarrow{\text{光}} \underset{\text{一氯甲烷}}{\begin{array}{c} H \\ | \\ H—C—Cl \\ | \\ H \end{array}} + Cl—H$$

该反应生成的 CH_3Cl 还可以继续与 Cl_2 反应，依次生成 CH_2Cl_2，$CHCl_3$，CCl_4。

有机物分子里的某些原子或原子团被其它原子和原子团所代替的反应，称为取代反应。烷烃的典型性质是取代反应。

② 可燃性：甲烷易燃烧。纯净的甲烷在空气里安静地燃烧，放出大量的热。

$$CH_4 + 2O_2 \xrightarrow{\text{点燃}} CO_2 + 2H_2O + Q$$

③ 加热分解：在隔绝空气的条件下加热到 1000℃以上，甲烷就分解，生成炭黑和氢气。

$$CH_4 \xrightarrow{\text{高温}} C + 2H_2$$

(3) 甲烷的实验室制法

用无水醋酸钠与碱石灰（氢氧化钠与生石灰的混合物）混合共热制得。

$$CH_3COONa + NaOH \xrightarrow[\triangle]{\text{碱石灰}} Na_2CO_3 + CH_4 \uparrow$$

(4) 甲烷的用途

用做气体燃料、化工原料、制取炭黑等。

2. 其它烷烃

与甲烷结构相似的有机物还有很多，如乙烷、丙烷、丁烷等。这些烃分子中的碳原子之间只以单键结合，剩余的价键均与氢原子结合，使每个碳原子的氧化数都已充分利用，达到“饱和”。这样的烃叫做饱和烃，也称为烷烃。

为了书写方便，有机物还可以用结构简式表示，如乙烷和丙烷为 CH_3CH_3 及 $CH_3CH_2CH_3$。

天然气加气站

专业术语

甲烷
مېتان
取代反应
ئورۇن ئېلىش رېئاكسىيىسى

专业术语

隔绝空气
ھاۋادىن ئايرىش
混合共热
ئارىلاشتۇرۇپ بىرگە ئىسسىتىش

空气中的甲烷含量在 5%～15.4%（体积）范围内时，遇火花将发生爆炸。煤矿中的瓦斯爆炸多数是甲烷气体爆炸引起的。为了防止爆炸事故的发生，必须采取通风、严禁烟火等安全措施。在进行甲烷燃烧实验时，必须先检验其纯度。

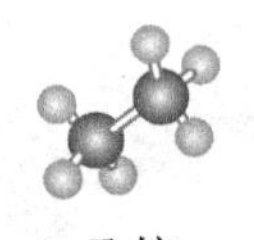

乙烷

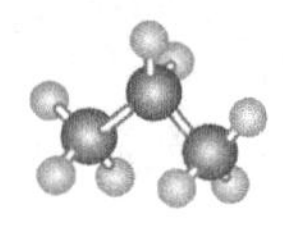

丙烷

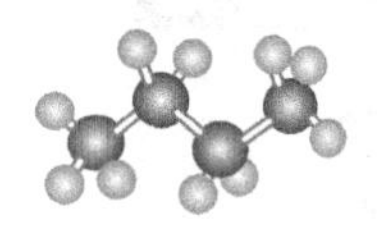

丁烷

几种烷烃的球棍模型图

烷烃的种类很多，表7.2列出了部分烷烃的物理性质。

表7.2　几种烷烃的物理性质

名称	分子式	常温时的状态	熔点/℃	沸点/℃	相对密度
甲烷	CH_4	气	−182.6	−161.7	
乙烷	CH_3CH_3	气	−172.0	−88.6	
丙烷	$CH_3CH_2CH_3$	气	−187.1	−42.2	0.5005
丁烷	$CH_3(CH_2)_2CH_3$	气	−135.0	−0.5	0.5788
戊烷	$CH_3(CH_2)_3CH_3$	液	−129.7	−36.1	0.5572
癸烷	$CH_3(CH_2)_8CH_3$	液	−29.7	174.0	0.7298
十七烷	$CH_3(CH_2)_{15}CH_3$	固	22.0	303	0.7767

从表7.2中可见，烷烃的物理性质随分子中碳原子数的增加，呈现规律性的变化。烷烃的化学性质与甲烷类似，通常较稳定，但在空气中能点燃，光照下能与卤素单质 X_2 发生取代反应。

7.2.2　烯　烃

链烃分子里含有碳碳双键的不饱和烃称为烯烃，烯烃的组成通式为 $C_nH_{2n}(n\geqslant 2)$。烯烃的重要代表物是乙烯。

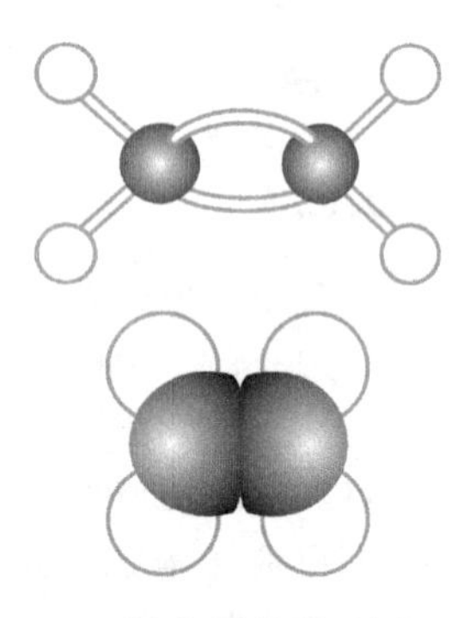

乙烯分子的模型图

1. 乙烯

从煤和石油中不仅可以得到多种常用燃料，而且可以从中获得大量的基本化工原料。例如，从石油中获得乙烯，已成为生产乙烯的主要途径。

乙烯是重要的化工原料。乙烯的世界年产量2000年为9662.4万吨，到2001年已突破1亿吨。乙烯的产量可以用来衡量一个国家的化工水平。

乙烯的分子式、电子式、结构式如下：

分子式	电子式	结构式
C_2H_4	$\begin{matrix} & H & & H & \\ H\times & \overset{\cdot\times}{C} & :: & \overset{\times\cdot}{C} & \times H\end{matrix}$	$H_2C=CH_2$

与只含碳碳单键的烷烃相比，乙烯分子中碳碳双键的存在，使乙烯与酸性高锰酸钾溶液和溴的四氯化碳溶液均能反应，表现出较活泼的化学性质，这是烷烃与烯烃的鉴别区分之处。

(1) 乙烯的物理性质

乙烯是无色、稍有气味的气体，密度比空气稍小，难溶于水。

(2) 乙烯的化学性质

① 加成反应

在适合的条件下，乙烯能跟卤素、氢气、卤化氢及水等发生加成反应。例如

$$CH_2{=}CH_2 + Br_2 \xlongequal{} CH_2Br{-}CH_2Br \text{（溴水褪色）}$$

（1,2-二溴乙烷）

乙烯可使溴水褪色，利用此性质可检验烯烃。

$$CH_2{=}CH_2 + H_2 \xrightarrow[\triangle]{\text{催化剂}} CH_3{-}CH_3$$

有机物分子里的不饱和碳原子跟其它原子或原子团直接结合生成其它物质的反应，称为加成反应。

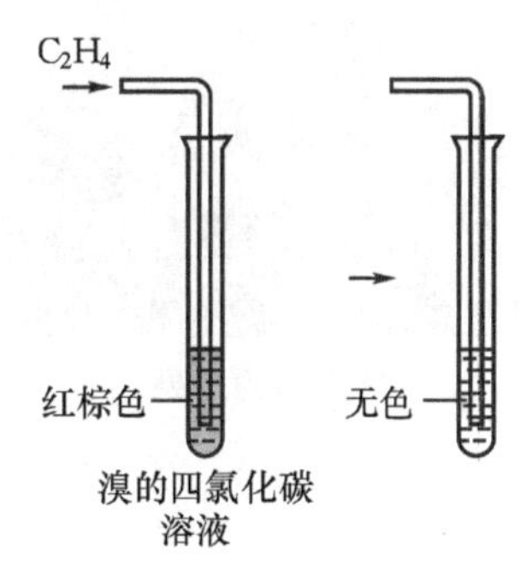

乙烯使溴的四氯化碳溶液褪色

② 氧化反应

a. 可燃性：纯净的乙烯在空气中安静燃烧，火焰较明亮，并稍有黑烟。

$$C_2H_4 + 3O_2 \xrightarrow{\text{点燃}} 2CO_2 + 2H_2O$$

b. 被氧化剂氧化：乙烯可被酸性高锰酸钾溶液氧化，从而使酸性高锰酸钾溶液褪色。这也是检验烯烃的方法。

③ 加聚反应

在适当的温度、压强和催化剂存在的条件下，乙烯分子双键中的一个键会断裂，从而分子里的碳原子能互相合成为很长的碳链。

$$CH_2{=}CH_2 + CH_2{=}CH_2 + CH_2{=}CH_2 + \cdots \xrightarrow{\text{催化剂}} \left[CH_2{-}CH_2 \right]_n$$

即可简单表示为

$$n\,CH_2{=}CH_2 \xrightarrow{\text{催化剂}} \left[CH_2{-}CH_2 \right]_n$$

乙烯　　　　聚乙烯

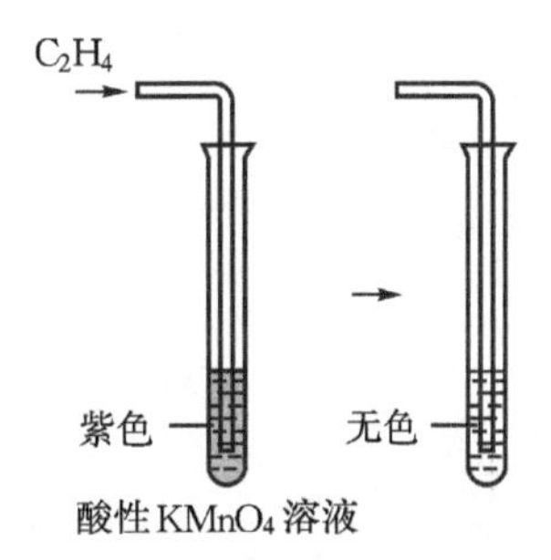

乙烯使酸性高锰酸钾溶液褪色

由不饱和的相对分子质量小的化合物（单体）的分子互相连接成相对分子质量很大的化合物的分子（高分子化合物）的反应，称为加成聚合反应，简称为加聚反应。

专业术语

加聚反应
رېئاكسىيىسى
پولىمېرلىنىش

脱水剂
سۇسىزلاندۇرغۇچى
رېئاكتىۋ

(3) 乙烯的实验室制法

在实验室里，用乙醇脱水方法制取乙烯

$$CH_3{-}CH_2OH \xrightarrow[170℃]{\text{浓硫酸}} H_2C{=}CH_2 \uparrow + H_2O$$

浓硫酸在反应中是催化剂和脱水剂。

(4) 乙烯的用途

乙烯是一种植物生长调节剂，植物在生命周期的许多阶

段,如发芽、成长、开花、果熟、衰老、凋谢等,都会生成乙烯。乙烯还可以作为水果的催熟剂,南方产的水果,多数在未成熟时采摘下来,运到北方后,向存放水果的库房中充少量乙烯,催熟之后再销售。另外,乙烯还是重要的化工原料,用于制塑料、合成纤维和有机溶剂等。

早成熟的水果

2. 其它烯烃

与乙烯结构相似的还有很多烯烃,如丙烯、丁烯、戊烯等。这些链烃分子里含有碳碳双键,这样的烃叫做不饱和烃,也称为烯烃。如丙烯、丁烯结构简式为 $CH_2{=}CHCH_3$ 及 $CH_2{=}CHCH_2CH_3$ 。烯烃类的种类很多,表 7.3 列出了部分烯烃的物理性质。

表 7.3　几种烯烃的物理性质

名称	结构简式	熔点/℃	沸点/℃	相对密度
乙烯	$CH_2{=}CH_2$	−169.5	−103.7	0.570
丙烯	$CH_3CH{=}CH_2$	−185.2	−47.6	0.610
1-丁烯	$CH_2{=}CHCH_2CH_3$	−185	−6.1	0.625
2-丁烯	$CH_3CH{=}CHCH_3$	−138.91	3.7	0.621 3
1-戊烯	$CH_2{=}CHCH_2CH_2CH_3$	−138	30.2	0.641 0
2-戊烯	$CH_3CH{=}CHCH_2CH_3$	−151.39	36.9	0.640
1-己烯	$CH_2{=}CH(CH_2)_3CH_3$	−139	63.5	0.673
1-十八碳烯	$CH_2{=}CH(CH_2)_{15}CH_3$	17.5	179	0.791

7.2.3　炔　烃

专业术语

炔烃
ئالكىنلار

卤化氢
گىدرو گالوگېنلار

氯乙烯
ۋىنىل خلورىد

链烃分子里含有碳碳叁键的不饱和烃称为炔烃。炔烃的组成通式是 $C_nH_{2n-2}(n\geqslant 2)$。炔烃的重要代表物是乙炔。

1. 乙炔

乙炔的分子式、电子式、结构式、结构简式如下:

分子式	电子式	结构式	结构简式
C_2H_2	$H\dot{\times}C\vdots\vdots C\dot{\times}H$	$H{-}C{\equiv}C{-}H$	$HC{\equiv}CH$

(1) 乙炔的物理性质

乙炔是无色无味的气体,密度比空气稍小,微溶于水。

(2) 乙炔的化学性质

① 加成反应。

在一定条件下,乙炔能跟氢气、卤素、卤化氢和水等发生加成反应。

$$HC\equiv CH + HCl \xrightarrow[\triangle]{\text{催化剂}} H_2C=CHCl$$

氯乙烯

氯乙烯是制取聚氯乙烯的原料。

$$n\,CH_2=CHCl \xrightarrow[\triangle]{\text{催化剂}} \lbrack CH_2-CHCl \rbrack_n$$

$$CH\equiv CH + Br_2 = CHBr=CHBr \text{（1,2-二溴乙烯）}$$

乙炔与溴发生加成反应，使溴水褪色，可用于对烷烃与炔烃的鉴别。

② 氧化反应。

a. 可燃性：纯净的乙炔在空气中安静地燃烧，发出明亮的火焰，并带浓烟。

$$2C_2H_2 + 5O_2 \xrightarrow{\text{点燃}} 4CO_2 + 2H_2O$$

b. 被氧化剂氧化：常温下乙炔被酸性高锰酸钾溶液氧化，使酸性高锰酸钾溶液褪色，这也常用于烷烃与炔烃的鉴别。

(3) 乙炔的用途

用于制取氯乙烯等化工原料。乙炔与氧气混合燃烧的氧炔焰温度可达 3000℃以上，可用于气割气焊。

专业术语

聚氯乙烯
پولىۋىنىل خلورىد

鉴别
ئايرىش، پەرقلەندۈرۈش

碳碳三键
كاربون- كاربون ئۈچ بېغى

2. 其它炔烃

与乙炔结构相似的还有很多炔烃，如丙炔、丁炔、戊炔等。这些链烃分子里含有碳碳叁键，这样的烃叫做不饱和烃，也称为炔烃。如丙炔、丁炔结构简式为 $CH\equiv CCH_3$ 及 $CH\equiv CCH_2CH_3$。炔烃类的种类很多，表 7.4 列出了部分炔烃的物理性质。

表 7.4　几种炔烃的物理性质

名称	结构简式	熔点/℃	沸点/℃	相对密度
乙炔	$CH\equiv CH$	−81.8	−83.4	0.618
丙炔	$CH\equiv CCH_2$	−101.5	−23.3	0.671
1-丁炔	$CH\equiv CCH_2CH_3$	−122.5	8.5	0.668
1-戊炔	$CH\equiv CCH_2CH_2CH_3$	−98	39.7	0.695
2-戊炔	$CH_3C\equiv CCH_2CH_3$	−101	55.5	0.7127
1-己炔	$CH\equiv C(CH_2)_3CH_3$	−124	71.4	0.719
1-十八碳炔	$CH\equiv C(CH_2)_{15}CH_3$	22.5	180	0.8696

专业术语

卤代反应
گالوگېنلىشىش رېئاكسىيىسى

硝化反应
نىتراتلىشىش رېئاكسىيىسى

硝基
نىترو- رادىكالى

7.2.4 芳香烃——苯

专业术语

芳香烃

ئاروماتىك

كاربونھىدرىدلار

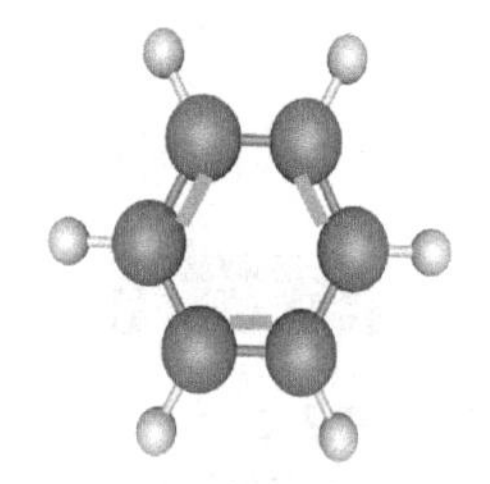

苯分子的模型

法拉第
Michael Faraday
(1791—1867)

苯的发现

19 世纪欧洲许多国家都使用煤气照明,煤气通常是压缩在桶里贮运的,人们发现这种桶里总有一种油状液体,但长时间无人问津。英国科学家法拉第对这种液体产生了浓厚兴趣,他花了整整五年时间提取这种液体,从中得到了苯——一种无色油状液体。

分子里含有苯环的烃称为芳香烃。苯是最简单的单环芳香烃。还有其它许多多环芳香烃,如萘、蒽等。

(1) 苯分子的结构特点

苯分子具有平面的正六边形结构,所有的碳原子和氢原子都在同一平面上。分子中的碳碳键,既不同于一般的碳碳单键,也不同于一般的碳碳双键,而是介于单键和双键之间的独特的键,6 个碳碳共价键都完全相同,即离域的大 π 键。

其分子式、结构式、结构简式如下:

分子式	结构式	结构简式
C_6H_6	(六元环:顶部 C—H,HC、CH、HC、CH,底部 C—H,单双键交替)	(正六边形内含三条双键)

(2) 苯的物理性质

苯是无色、有特殊气味的液体,易挥发,密度比水小,难溶于水,易溶于有机溶剂,有毒。

(3) 苯的化学性质

苯较易发生取代反应。

① 卤代反应

$$C_6H_5{-}H + Br_2 \xrightarrow{\text{催化剂}} C_6H_5{-}Br + HBr$$

纯溴　　溴苯

② 硝化反应

$$C_6H_5{-}H + HONO_2 \xrightarrow[\triangle]{\text{浓 } H_2SO_4} C_6H_5{-}NO_2 + H_2O$$

浓硝酸　　硝基苯

苯环上的氢原子被硝基($-NO_2$)取代的反应称为硝化反应。

③ 可燃性

苯不能被酸性高锰酸钾溶液氧化,因此,不能使酸性高锰酸钾溶液褪色。苯可燃烧,燃烧时发出明亮的火焰,并带浓烟。

$$2C_6H_6 + 15O_2 \xrightarrow{\text{点燃}} 12CO_2 + 6H_2O$$

(4) 苯的用途

苯是很重要的有机化工原料，广泛用于生产合成纤维、橡胶、塑料、农药、医药、染料、香料等，也用做有机溶剂。

专业术语

染料
بوياق ماتېرىياللىرى
香料
خۇش بۇي ماددىلار
合成纤维
سىنتېتىك تالا

7.3　烃的衍生物

7.3.1　乙　醇

醇是分子里含有跟链烃基结合着的羟基(—OH)的化合物，醇的官能团是羟基(—OH)。醇的重要代表物是乙醇。

乙醇的分子式、结构式、结构简式和官能团如下：

分子式	结构式	结构简式	官能团
C_2H_6O	$\begin{array}{ccc} & H & H \\ & \vert & \vert \\ H & C—C & H \\ & \vert & \vert \\ & H & OH \end{array}$	CH_3CH_2OH 或 C_2H_5OH	—OH(羟基)

含乙醇的饮料

1. 乙醇的物理性质

乙醇俗称酒精，是无色、有特殊香味的液体，密度比水小，可以跟水以任意比例互溶，易挥发，易燃烧。

酒精的快速检测

2. 乙醇的化学性质

① 与活泼金属反应

可跟 K，Na，Mg，Al 等反应。例如

$$2C_2H_5OH + 2Na = 2C_2H_5ONa + H_2\uparrow$$

② 氧化反应

乙醇在空气中易燃烧，生成二氧化碳及水。

$$C_2H_5OH + 2O_2 \xrightarrow{点燃} 2CO_2 + 3H_2O$$ 催化氧化(脱氢)

有机化合物得氧或脱氢的反应都称为氧化反应。

③ 跟氢卤酸反应

$$C_2H_5OH + HBr \xrightarrow{催化剂} C_2H_5Br + H_2O$$

④ 脱水反应

a. 分子内脱水生成乙烯

$$C_2H_5OH \xrightarrow[\triangle]{浓硫酸} CH_2{=}CH_2\uparrow + H_2O$$

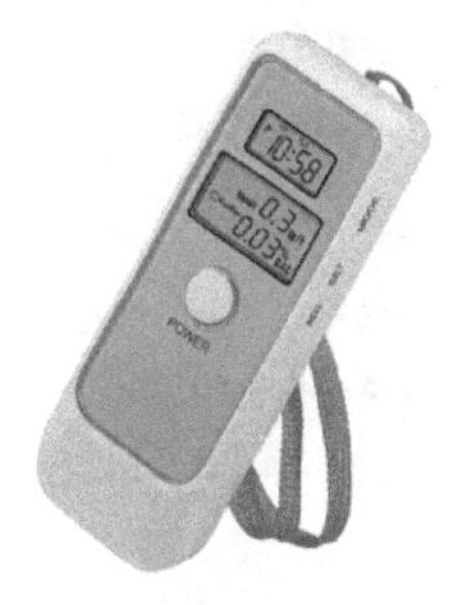
燃料电池型
酒精测试仪

有机化合物在适当条件下，从一个分子中脱去一个小分子(如水、卤化氢等分子)而生成不饱和(双键或叁键)化合物的反应，称为消去反应。

b. 分子间脱水生成乙醚

$$C_2H_5OH + C_2H_5OH \xrightarrow[140℃]{浓硫酸} C_2H_5-O-C_2H_5 + H_2O$$

由于温度不同(条件不同),同种物质可发生不同的反应(此反应为取代反应)。

⑤ 酯化反应

$$C_2H_5OH + CH_3COOH \underset{\triangle}{\overset{浓硫酸}{\rightleftharpoons}} CH_3COOC_2H_5 + H_2O$$

醇和酸作用生成酯和水的反应称为酯化反应。酯化反应中,一般是羧酸分子中的羧基(—COOH)中脱去羟基(—OH)、醇分子中的羟基(—OH)脱去氢原子生成水。

专业术语

脱水反应
سۇسىزلىنىش
رېئاكسىيىسى
酯化反应
ئېستېرلىشىش
رېئاكسىيىسى

3. 乙醇的用途

乙醇可以做燃料,制造饮料、香精。乙醇是重要的有机化工原料,可以制乙酸、乙醚,用做有机溶剂等。

7.3.2 乙　醛

醛是分子中烃基跟醛基相连构成的化合物。醛的官能团是醛基(—CHO),醛的组成通式为 $C_nH_{2n}O$,也常用 R—CHO 表示。醛的重要代表物是乙醛。

乙醛的分子式、结构式、结构简式和官能团如下:

分子式	结构式	结构简式	官能团
C_2H_4O	$\begin{array}{c}H\\|\\H—C—C—H\\|\quad\|\\H\quad O\end{array}$	CH_3CHO	—CHO(醛基)

专业术语

催化加氢
كاتالىزلىق
ھىدروگېنلاش
醛
ئالدېگىد
醛基
ئالدېگىد رادىكالى
银镜反应
كۈمۈش ئەينەك
رېئاكسىيىسى
甲醛
فورمالدېگىد

1. 乙醛的物理性质

乙醛是无色、有刺激性气味的液体,密度比水小,能跟水、乙醇、乙醚等互溶,易挥发,易燃烧。

2. 乙醛的化学性质

① 加成反应

乙醛在催化剂作用下与氢气加成,产物是乙醇。

$$CH_3CHO + H_2 \xrightarrow[\triangle]{催化剂} C_2H_5OH$$

② 氧化反应

a. 银镜反应

$$CH_3CHO + 2[Ag(NH_3)_2]OH \xrightarrow{\triangle} CH_3COONH_4 + 3NH_3\uparrow + 2Ag\downarrow + H_2O$$

银镜反应常用来检验醛基的存在。

b. 与新制的氢氧化铜反应

$$CuSO_4 + 2NaOH \longrightarrow Na_2SO_4 + Cu(OH)_2\downarrow$$

$$CH_3CHO + 2Cu(OH)_2 \xrightarrow{\triangle} CH_3COOH + Cu_2O\downarrow + 2H_2O$$

反应生成砖红色沉淀，此反应也用于检验醛基的存在。

3. 乙醛的用途

乙醛是有机合成的重要原料，用来生产乙酸、丁酸等。

甲醛(HCHO)也是重要的醛类物质，是一种具有强烈刺激性的气体，易溶于水。质量分数为35%～40%的甲醛水溶液称为福尔马林，福尔马林具有消毒杀菌作用。

注意：具有醛基的有机物除了醛类外，还有甲酸 $H-\overset{\overset{\displaystyle O}{\|}}{C}-OH$、甲酸甲酯 $H-\overset{\overset{\displaystyle O}{\|}}{C}-OCH_3$、甲酸的盐(如 $HCOONa$)、葡萄糖 $\underset{}{\overset{\overset{\displaystyle C_5H_{11}O_5}{|}}{HC}}{=}O$ 等。它们都能发生银镜反应，也都能被新制的氢氧化铜氧化，它们的共同特点是都有醛基。

7.3.3 乙　酸

羧酸是分子中烃基跟羧基直接相连构成的有机化合物。羧酸的官能团是羧基(—COOH)。羧酸的重要代表物是乙酸。

乙酸的分子式、结构式、结构简式如下：

分子式	结构式	结构简式	官能团
$C_2H_4O_2$	$H-\underset{\underset{\displaystyle H}{|}}{\overset{\overset{\displaystyle H}{|}}{C}}-\overset{\overset{\displaystyle O}{\|}}{C}-OH$	CH_3COOH	—COOH

专业术语

羧酸

كاربوكسىل كىسلاتاسى

凝结

قېتىشىش، ئۇيۇشۇش

1. 乙酸的物理性质

乙酸俗称醋酸，是无色的有刺激性气味的液体，熔点为16.6℃。当温度低于16.6℃时，乙酸就凝结成像冰一样的晶体，所以无水乙酸又称冰醋酸。乙酸易溶于水和乙醇。

2. 乙酸的化学性质

由于乙酸分子的官能团 $-\overset{\overset{\displaystyle O}{\|}}{C}-O-H$ 中的羟基—OH受羰基 $-\overset{\overset{\displaystyle O}{\|}}{C}-$ 的影响，极性大，故在水溶液中能电离出少量的氢离子呈弱酸性。

① 弱酸性：乙酸具有明显的酸性和酸的通性。

② 酯化反应

$$CH_3OH + CH_3COOH \underset{\triangle}{\overset{浓硫酸}{\rightleftharpoons}} CH_3COOCH_3 + H_2O$$

专业术语

醋酸纤维

ئاتسېتات تالاسى

3. 乙酸的用途

乙酸是一种重要的有机化工原料，用途极为广泛，可用于生产醋酸纤维、合成纤维、喷漆溶剂、香料、染料、医药和农药等。

7.3.4 乙酸乙酯

酯
ئېستېر

酯的重要代表物是乙酸乙酯 。乙酸乙酯的分子式、结构式、结构简式如下：

分子式	结构式	结构简式
$C_4H_8O_2$	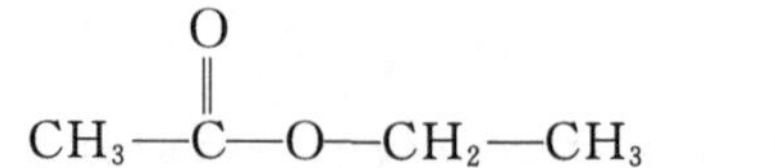	$CH_3COOC_2H_5$

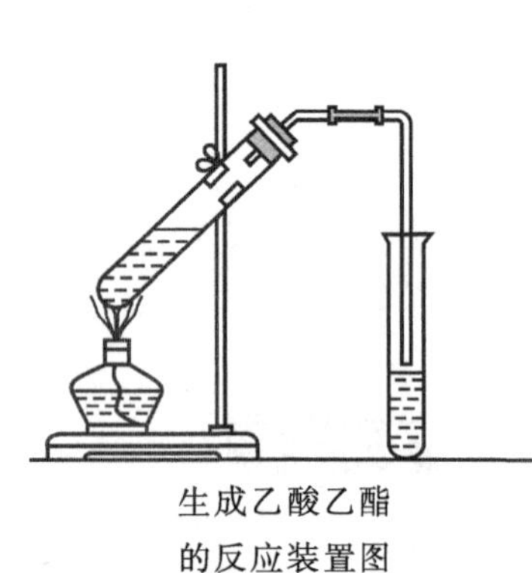

生成乙酸乙酯的反应装置图

1. 乙酸乙酯的物理性质

乙酸乙酯是具有水果香味(低级脂类都有水果香味)的液体,密度比水小,难溶于水而易溶于有机溶剂,易挥发。

2. 乙酸乙酯的化学性质

酯的重要的化学性质是水解反应。在有酸或碱存在的条件下,酯类跟水发生水解反应,生成相应的酸和醇。

$$CH_3COOCH_2CH_3 + HOH \xrightleftharpoons{\text{无机或有机}} CH_3COOH + CH_3CH_2OH$$

当有碱存在时,碱跟酯水解生成的酸发生中和反应,此时水解程度就大。

$$RCOOH + NaOH = RCOONa + H_2O$$

3. 乙酸乙酯的用途

乙酸乙酯可做香料,是良好的有机溶剂,在有机合成工业上应用广泛。

各类化合物的官能团代表物及主要反应如表 7.5 所示。

表 7.5　各化合物的官能团及代表物

	化合物类别	官能团名称	官能团结构	代表物	主要反应
烃	烷烃			CH_4	取代、热分解
	烯烃	碳碳双键	$>C=C<$	$CH_2=CH_2$	氧化、加成、加聚
	炔烃	碳碳叁键	$-C\equiv C-$	$CH\equiv CH$	氧化、加成
	芳香烃	苯环		C_6H_6	取代、加成

续表 7.5

	化合物类别	官能团名称	官能团结构	代表物	主要反应
烃的衍生物	卤代烃	卤素原子	—X(F、Cl、Br、I)	C_2H_5Br	取代、消去
	醇	羟基	—OH	C_2H_5OH	取代、氧化、消去
	酚	羟基	—OH	C_6H_5OH	弱酸性、取代、显色反应
	醛	醛基	$-\overset{O}{\overset{\|}{C}}-H$	CH_3COH	加成、氧化
	羧酸	羧基	$-\overset{O}{\overset{\|}{C}}-OH$	CH_3COOH	酸性、氧化
	酯	酯基	$-\overset{O}{\overset{\|}{C}}-O-$	$CH_3COOC_2H_5$	取代
	油脂	双键 酯基	$\gt C=C \lt$ $-\overset{O}{\overset{\|}{C}}-O-$	$H_2C-O-\overset{O}{\overset{\|}{C}}-C_{17}H_{33}$ $CH-O-\overset{O}{\overset{\|}{C}}-C_{17}H_{33}$ $CH_2-O-\underset{O}{\underset{\|}{C}}-C_{17}H_{33}$	加成、取代

7.4　糖类和蛋白质

生命由一系列复杂、奇妙的化学过程维持着。食物为有机体的这一过程提供原料，同时也为有机体维持生命活动提供能量；食物同时还是组织生长和修复所不可缺少的组成部分。食物中的营养物质主要包括糖类、油脂、蛋白质、维生素、无机盐和水。

人们习惯称糖类、油脂、蛋白质为动物性和植物性食物中的基本营养物质。为了能从化学的角度去认识这些物质，首先了解一下这些营养物质的化学组成(见表 7.6)及性质。

基本营养物质

专业术语

糖类
ساخارىدلار

维生素
ۋىتامىن

糖尿病患者的尿液中含有过量的葡萄糖，可以通过测定患者尿液中的葡萄糖含量，判断患者的病情。含糖量越高，病情越重。医院中使用仪器测量，家中可用根据葡萄糖特征反应原理制备的特制试纸进行检验。

表 7.6 糖类、油脂和蛋白质代表物的化学组成

物质＼项目		元素组成	代表物	代表物分子
糖类	单糖	C,H,O	葡萄糖、果糖	$C_6H_{12}O_6$
	双糖	C,H,O	蔗糖、麦芽糖	$C_{12}H_{22}O_{11}$
	多糖	C,H,O	淀粉、纤维素	$(C_6H_{10}O_5)_n$
油脂	油	C,H,O	植物油	不饱和高级脂肪酸甘油酯
	脂	C,H,O	动物脂	饱和高级脂肪酸甘油酯
蛋白质		C,H,O,N,S,P 等	酶、肌肉、毛发等	氨基酸连接成的高分子

7.4.1 糖 类

葡萄糖注射液

گلۇكوزا ئوكۇل سۇيۇقلىغى

糖类是由碳、氢、氧 3 种元素组成的，通式可用 $C_n(H_2O)_m$ 表示，(n 和 m 可以相同，也可以不同)。

糖类
- 单糖：葡萄糖、果糖 ($C_6H_{12}O_6$)　$C_6(H_2O)_6$
- 二糖：蔗糖、麦芽糖 ($C_{12}H_{22}O_{11}$)　$C_{12}(H_2O)_{11}$
- 多糖：淀粉、纤维素 $(C_6H_{10}O_5)_n$　$C_{6n}(H_2O)_{5n}$

1. 糖类的特征反应

葡萄糖的特征反应：葡萄糖在碱性、加热条件下，能从银氨溶液中析出银；加热条件下，也可使新制的氢氧化铜产生砖红色沉淀。应用上述反应可以鉴别葡萄糖。

2. 葡萄糖

葡萄糖的分子式为 $C_6H_{12}O_6$。结构简式为 $CH_2OH—(CHOH)_4CHO$。葡萄糖可发生氧化反应(因含有醛基)和酯化反应(因含有羟基)。

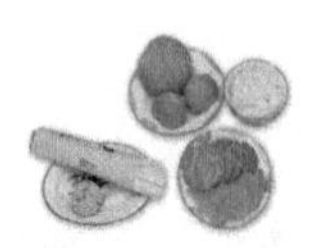

含糖食物

شكەرلىك يېمەكلىك

3. 淀粉

淀粉可用通式 $(C_6H_{10}O_5)_n$ 表示。淀粉没有还原性，在稀酸作用下可发生水解反应，最终产物是葡萄糖。

$$(C_6H_{10}O_5)_n + nH_2O \xrightarrow{H^+} nC_6H_{12}O_6$$

淀粉的特征反应：淀粉与单质碘作用呈现蓝色，所以可用单质碘检验淀粉的存在。

双糖、多糖可以在稀酸的催化下，最终水解为葡萄糖或果糖。

$$C_{12}H_{22}O_{11} + H_2O \xrightarrow{催化剂} \underset{葡萄糖}{C_6H_{12}O_6} + \underset{果糖}{C_6H_{12}O_6}$$

专业术语

葡萄糖

گلۇكوزا، ئۈزۈم قەنتى

果糖

فرۇكتوزا، مېۋە قەنتى

$$(C_6H_{10}O_5)_n + nH_2O \xrightarrow{\text{催化剂}} \underset{\text{葡萄糖}}{nC_6H_{12}O_6}$$

7.4.2　蛋白质

蛋白质是形成生命和进行生命活动不可缺少的基础物质。没有蛋白质就没有生命。蛋白质更是现代生命科学研究的重点和关键。

蛋白质
鸡蛋
تۇخۇم

蛋白质的特征反应：硝酸可以使蛋白质变黄，称为蛋白质的颜色反应。常用来鉴别部分蛋白质。蛋白质也可以通过其烧焦时的特殊气味进行鉴别。

1. 蛋白质的存在和组成

(1) 存在
- 组成细胞的基础物质
- 动物体的肌肉、皮肤、毛、发、蹄、角等
- 植物的各种器官也含蛋白质

(2) 组成

蛋白质是由不同的氨基酸相互结合而形成的高分子化合物。氨基酸的分子中含羧基和氨基（$-NH_2$），如甘氨酸（氨基乙酸）

$$NHCH_2—COOH$$

(3) 氨基酸

羧酸分子里烃基上的氢原子被氨基取代后的生成物叫氨基酸。苯丙氨酸的结构简式为

$$C_6H_5—CH_2—\overset{\alpha}{C}H(NH_2)—\overset{O}{\overset{\|}{C}}—OH$$

（图中标注：氨基 $-NH_2$；羧基 $-COOH$；α 指向 CH）

专业术语

α－氨基酸
α - ئامىنو كىسلاتالىرى
氨基
ئامىنو رادىكالى

α-碳原子上有氨基的氨基酸叫 α-氨基酸。α-氨基酸的通式为

$$R—\underset{NH_2}{\overset{H}{\underset{|}{\overset{|}{C}}}}—COOH$$

人体中有 20 种基本氨基酸，表 7.7 列出了几种最基本氨基酸的名称和结构。

表 7.7　几种基本氨基酸

名称	学名	结构式
甘氨酸	α-氨基乙酸	$CH_2—COOH$ (α-C 上连 NH_2)
丙氨酸	α-氨基丙酸	$CH_3—CH—COOH$ (CH 上连 NH_2)
苯丙氨酸	α-氨基-β-苯基丙酸	$C_6H_5—CH_2—CH—COOH$ (CH 上连 NH_2)
谷氨酸	α-氨基戊二酸	$HOOC—CH_2—CH_2—CH—COOH$ (CH 上连 NH_2)

2. 蛋白质的主要化学性质

专业术语

显色反应

رەڭ كۆرستىش رېئاكسىيىسى

(1) 变性:许多蛋白质在受热或化学试剂作用下会发生性质变化,变性蛋白质丧失原有的可溶性。

(2) 盐析:蛋白质溶液中,加入无机盐溶液,便会有蛋白从溶液中析出,这种作用称为盐析。可用多次盐析的方法提纯蛋白质。

(3) 显色反应:蛋白质能跟许多试剂发生显色反应。例如,有些蛋白质跟浓硝酸作用呈黄色。

7.4.3　糖类和蛋白质在生产、生活中的应用

1. 糖类物质的主要应用

糖类物质是绿色植物光合作用的产物,是动物、植物所需能量的重要来源。我国居民传统膳食以糖类为主,约占食物的80%,每天的能量约75%来自糖类。

葡萄糖、果糖是单糖,主要存在于水果和蔬菜中,动物的血液中也含有葡萄糖,人体正常血糖的含量为100 mL血液中约含葡萄糖80~100 mg。葡萄糖是重要的工业原料,主要用于食品加工、医疗输液、合成补钙药物及维生素C等。

蔗糖主要存在于甘蔗(含糖质量分数11% ~17%)和甜菜(含糖质量分数14% ~26%)中。食用白糖、冰糖等就是蔗糖。

淀粉和纤维素是食物的重要组成部分,也是一种结构复杂的天然高分子化合物。淀粉主要存在于植物的种子和块茎中。

如大米含淀粉约 80%，小麦含淀粉约 70%，马铃薯含淀粉约 20%等。淀粉除做食物外，主要用来生产葡萄糖和酒精。

2. 蛋白质的主要应用

蛋白质是细胞结构里复杂多变的高分子化合物，存在于一切细胞中。组成蛋白质的氨基酸有必需和非必需之分。必需氨基酸是人体生长发育和维持氮元素稳定所必需的，人体不能合成，只能从食物中补给，共有 8 种；非必需氨基酸可以在人体中利用氮元素合成，不需要由食物供给，有 12 种。

蛋白质是人类必需的营养物质，成年人每天大约要摄取 60～80 g 蛋白质，才能满足生理需要，保证身体健康。蛋白质在人体胃蛋白酶和胰蛋白酶的作用下，经过水解最终生成氨基酸。氨基酸被人体吸收后，重新结合成人体所需的各种蛋白质，其中包括上百种的激素和酶。人体内的各种组织蛋白质也在不断分解，最后主要生成尿素，排出体外。

蛋白质在工业上也有很多应用。动物的毛和皮、蚕丝等可以制作服装，动物胶可以制造照相用片基，驴皮制的阿胶还是一种药材。从牛奶中提取的酪素，可以用来制作食品和塑料。

有关糖类、油脂、蛋白质的结构、性质和用途见表 7.8。

专业术语

酪素

كازېئىن

蛋白酶

پروتېئىنازا

表 7.8　糖类、油脂、蛋白质的结构、性质和用途

种 类	代表性物质	分子结构特征	重要化学性质	用 途
单糖	葡萄糖 $C_6H_{12}O_6$	既含有醛基，又含有多个羟基	还原性：能发生银镜反应和使新制的 $Cu(OH)_2$ 还原成 Cu_2O 砖红色↓	1. 医用 2. 用于制镜工业、糖果工业等
二糖	蔗糖 麦芽糖 $C_{12}H_{22}O_{11}$	蔗糖：不含醛基 麦芽糖：含醛基	蔗糖 1. 水解生成两分子单糖 2. 无还原性 麦芽糖 1. 水解生成两分子单糖 2. 有还原性	做甜味食物，用于糖果工业
多糖	淀粉 纤维素 $(C_6H_{10}O_5)_n$	由多个葡萄糖单元构成的天然高分子化合物	淀粉 1. 水解最终生成葡萄糖 2. 遇单质碘变蓝 3. 无还原性 纤维素 1. 水解最终生成葡萄糖 2. 能发生酯化反应 3. 无还原性	淀粉：供食用，制造葡萄糖和酒精 纤维素：用于纺织、造纸、制造硝酸纤维等

续表 7.8

种类	代表性物质	分子结构特征	重要化学性质	用途
油脂	油酸甘油酯 $C_{17}H_{33}COO—CH_2$ $C_{17}H_{33}COO—CH$ $C_{17}H_{33}COO—CH_2$ 硬脂酸甘油酯 $C_{17}H_{35}COO—CH_2$ $C_{17}H_{35}COO—CH$ $C_{17}H_{35}COO—CH_2$	$R_1—C(=O)—OCH_2$ $R_2—C(=O)—OCH$ $R_3—C(=O)—OCH_2$ R代表饱和、不饱和烃基,R_1,R_2,R_3可相同也可不同	1. 氢化:油酸甘油酯加氢,可以制得硬脂酸甘油酯 2. 水解 {酸性条件 {碱性条件-皂化反应	1. 食用 2. 制造肥皂 3. 制造脂肪酸和甘油
蛋白质		由多种不同的氨基酸相互结合而形成高分子化合物,分子中有羧基和氨基	1. 具有两性;2. 在酸性或碱或酶作用下水解,最终得多种α-氨基酸;3. 盐析;4. 变性;5. 变色:有些蛋白质遇浓硝酸呈黄色;6. 燃烧产生烧焦羽毛的气味	1. 食物 2. 丝毛作纺织原料 3. 皮革加工 4. 制造照相胶卷和感光纸

例题

【例题7-9】 某烯烃与氢气发生加成反应生成2,2-二甲基丁烷,该烯烃的结构简式是__________。

【分析】 烯烃与氢气发生加成反应生成烷烃。烯烃在发生加成反应时,氢原子加在不饱和的碳原子上(即连接双键的碳原子上),这样使原来的双键变成单键,成为烷烃。根据题目可知,烯烃与氢气加成后生成的结构简式可写成

$$\overset{a}{H_3C}—\overset{b}{C}(\overset{e}{CH_3})(\overset{f}{CH_3})—\underset{c}{C}H_2—\overset{d}{CH_3}$$

现在根据加氢后生成的烷烃找出来烯烃中双键的位置。不难看出,连接两个支链的碳原子b,不可能与碳原子a,c,e,f形成双键(碳原子b没有连接氢原子)。也就是说,原来烯烃中连接双键的两个碳原子与氢气发生加成反应都将连接至少一个氢原子。因此,烯烃中的双键只能在c和d两个碳原子之间。

【答案】

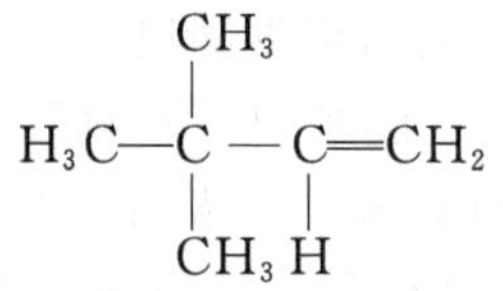

$$
\begin{array}{c}
\quad CH_3 \\
\quad | \\
H_3C—C—C{=}CH_2 \\
\quad |\quad\ \ | \\
\quad CH_3\ H
\end{array}
$$

当该烯烃与氢气发生加成反应时，反应方程式如下：

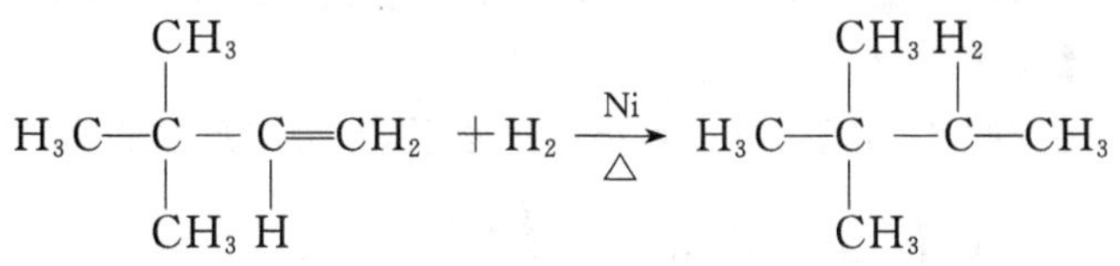

$$
\begin{array}{c} CH_3 \\ | \\ H_3C—C—C{=}CH_2 \\ |\quad\ \ | \\ CH_3\ H \end{array} + H_2 \xrightarrow[\triangle]{Ni} \begin{array}{c} CH_3\ H_2 \\ |\quad\ \ | \\ H_3C—C—C—CH_3 \\ | \\ CH_3 \end{array}
$$

答案与题目相符。

【例题 7-10】 对有机物 $CH_2C(CH_3)CHO$ 的化学性质叙述不正确的是（　　）。

A. 能发生加聚反应

B. 能被新制的氢氧化铜氧化

C. 能与乙醇发生酯化反应

D. 1 mol 该有机物只能跟 1 mol 氢气加成

【分析】 该有机物是烃的衍生物，决定烃的衍生物化学特性的是该有机物中的官能团。该有机物中含有两种官能团，即碳碳双键（$>C{=}C<$）和醛基（$-CHO$）。碳碳双键的存在可使该有机物发生加成反应、加聚反应。醛基的存在可使该有机物发生银镜反应，可被新制的氢氧化铜氧化，也可与氢气发生加成反应，使醛基还原成羟基。

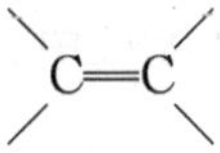

发生酯化反应的有机物只能在醇和羧酸之间，即含有羟基和含有羧基的有机物之间。由于该有机物既不含有羟基，又不含羧基，所以不能发生酯化反应。

该有机物 1 mol 如果要与氢气发生加成反应需要 2 mol 氢气。其中 1 mol 氢气加在碳碳双键上，1 mol 氢气加在醛基上，反应如下：

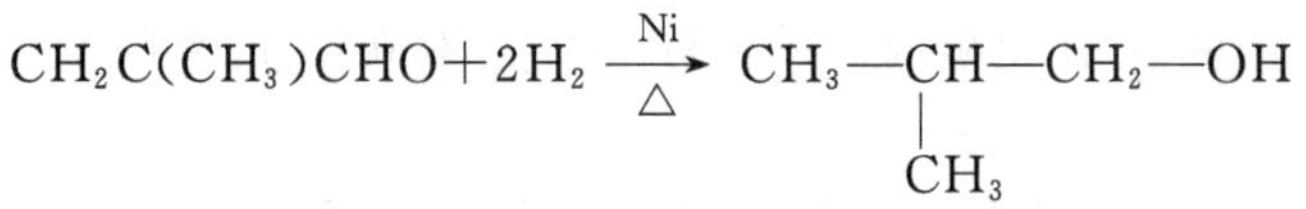

$$
CH_2C(CH_3)CHO + 2H_2 \xrightarrow[\triangle]{Ni} \begin{array}{c} CH_3—CH—CH_2—OH \\ | \\ CH_3 \end{array}
$$

【答案】 C，D

【例题 7-11】 某酯水解生成甲和乙两种物质。在同温同压下，相同质量的甲和乙的蒸气占有相同的体积，则该酯的结构简式为（　　）。

A. $HCOOCH_3$　　　　B. CH_3COOCH_3

C. $HCOOC_2H_5$　　　　D. $CH_3COOC_2H_5$

【分析】 因酯水解生成酸和醇，所以甲和乙分别是酸或醇。又因在同温同压下，相同质量的甲和乙的蒸气所占有的体

专业术语

羟基
گىدروكسىل رادىكالى

酯化
ئېستېرلىشىش

积相同(即甲和乙的密度相同),根据同温同压下气体密度之比等于气体的相对分子质量之比,所以酯水解后生成的酸和醇的相对分子质量相等。通过分析得知,只有 HCOOH 和 C_2H_5OH 的相对分子质量相等,都为 46。因此答案应选 HCOOH 和 C_2H_5OH 发生酯化反应生成的酯 $HCOOC_2H_5$。

【答案】 C

【例题 7-12】 下列各组中的物质,互为同系物的是(　　)。

专业术语

结构相似
قۇرۇلمىسى ئوخشاش

饱和烃基
تويۇنغان كاربون
ھەدرېد رادىكالى

A. $H_2C{=}CH_2$ 和 环丙烷(三个 CH_2 成环:CH_2 与 H_2C—CH_2 相连)

B. $HCOOCH_3$ 和 CH_3COOH

C. $H_2C{=}CH_2$ 和 CH_3-CH_3

D. CH_3-CHO 和 $CH_3CH_2CH_2-CHO$

【分析】 同系物的定义是:结构相似,在分子组成上相差一个或几个 CH_2 原子团的有机化合物互称同系物。其中“结构相似”,组成上“相差几个 CH_2 原子团”是两个必须同时满足的要点,现将各选项分析如下。

A 项:组成相差一个 CH_2 原子团,但它们的结构不同,乙烯分子中有碳碳双键,为链状结构,而在环丙烷中,都是碳碳单键,且为环状,所以它们不是同系物。

B 项:两个物质的分子组成相同,都是 $C_2H_4O_2$,所以它们也不是同系物。

C 项:$CH_2=CH_2$ 中有不饱和的碳碳双键,属于烯烃,而 CH_3CH_3 中无不饱和键,是饱和烃。两个物质的结构不相似,所以也不是同系物。

D 项:两种物质都是由饱和烃基与醛基组成的物质,结构相似,组成相差 2 个 CH_2 原子团,所以它们互为同系物。

【答案】 D

【例题 7-13】 将 0.5 mol 某饱和一元醇完全燃烧,生成一定量的二氧化碳和 36 g H_2O。此饱和一元醇的分子式为__________。

【分析】 饱和一元醇即饱和烃基($-C_nH_{2n+1}$)和一个羟基($-OH$)相连组成的有机化合物,其通式可写成 $C_nH_{2n+1}OH$ 或 $C_nH_{2n+2}O$。

该饱和一元醇燃烧的反应方程式为

$$C_nH_{2n+2}O + \frac{3n}{2}O_2 \longrightarrow n\,CO_2 + (n+1)\,H_2O$$

$$1\ \text{mol} \qquad\qquad (n+1)\ \text{mol}$$

$$0.5\ \text{mol} \qquad\qquad \frac{36\ \text{g}}{18\ \text{g}\cdot\text{mol}^{-1}} = 2\ \text{mol}$$

$$\frac{1}{0.5}=\frac{n+1}{2}\qquad n=3$$

即此一元醇的分子式是 C_3H_8O。结构式为 $H-\overset{\displaystyle H}{\underset{\displaystyle H}{\overset{|}{\underset{|}{C}}}}-\overset{\displaystyle H}{\underset{\displaystyle H}{\overset{|}{\underset{|}{C}}}}-\overset{\displaystyle H}{\underset{\displaystyle H}{\overset{|}{\underset{|}{C}}}}-OH$

【答案】 C_3H_8O

【例题 7-14】 下列物质中，能与新制的 $Cu(OH)_2$ 悬浊液反应，但不能发生银镜反应的是(　　)。

A. 甲酸乙酯　　B. 乙酸

C. 乙醛　　D. 葡萄糖

【分析】 (1)具有醛基($-CHO$)的物质，既能与新制的 $Cu(OH)_2$ 悬浊液反应，又能发生银镜反应，而甲酸、甲酸盐、甲酸的酯、醛类、葡萄糖都含有醛基。所以，它们都不是本题的正确选项。

(2)乙酸(CH_3COOH)含羧基($-COOH$)，具有酸性，可与新制的 $Cu(OH)_2$ 悬浊液发生酸碱中和反应，生成盐和水

$$Cu(OH)_2+2CH_3COOH = Cu(CH_3COO)_2+2H_2O$$

但乙酸不能发生银镜反应，所以乙酸是该题的正确选项。

【答案】 B

专业术语

一元醇
بىر ئاسلىق ئىسپىرت

悬浊液反应
سۇسپېنزىيە رېئاكسىيىسى

习题

(一)选择题

1. 常温下，能使酸性高锰酸钾溶液褪色的是(　　)。

A. 苯　　B. 己烯

C. 己烷　　D. 环己烷

2. 下列物质既能发生银镜反应又能使石蕊试液变红的是(　　)。

A. CH_3COOH　　B. CH_3OH

C. 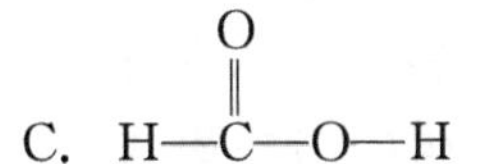　　D. $H-\overset{\displaystyle O}{\overset{\|}{C}}-O-CH_3$

3. 某有机物在氧气中充分燃烧，生成的水蒸气和二氧化碳的物质的量之比为 1∶1，由此得出的结论是(　　)。

A. 该有机物的分子中 C 与 H 原子的个数比为 1∶1

B. 该有机物的分子中 C 与 H 原子的个数比为 1∶2

C. 有机物必定含有氧元素

D. 有机物必定不含氧元素

专业术语

高锰酸钾
كالىي پېرمانگانات، مەرگەنسۇپ

石蕊试液
لاكمۇس تەجرىبە ئېرىتمىسى

4. 分子式为 $C_6H_{12}O_2$ 的酯水解后,生成 X 和 Y,X 可氧化生成 Y,则 $C_6H_{12}O_2$ 的结构式为(　　)。

A. $CH_3COOC_4H_9$

B. $C_3H_7COOC_2H_5$

C. $C_3H_7OOCC_2H_5$

D. $C_4H_9COOCH_3$

5. 下列物质中,不能与金属钠反应放出氢气的是(　　)。

A. CH_3CH_2OH　　B. H_2O

C. CH_3COOH　　D. CH_3CHO

6. 某烯烃与 H_2 加成后的产物是 2,2,3,4 -四甲基戊烷,则该烯烃的结构简式有(　　)。

A. 1 种　　B. 2 种　　C. 3 种　　D. 4 种

7. 下列各组液体混合物,用分液漏斗不能分开的是(　　)。

A. 乙醇和水　　B. 正己烷和水

C. 苯和水　　D. 乙酸乙酯和水

8. 下列物质中,在一定条件下能发生酯化反应,也能与溴水反应并使其褪色,还能与 Na_2CO_3 溶液反应的是(　　)。

A. $CH_2CHCOOH$　　B. $CH_3COOC_2H_5$

C. CH_2CHCHO　　D. C_2H_5OH

(二) 填空题

9. 某酯的分子式为 $C_4H_8O_2$,若它水解产生的醇跟浓硫酸共热生成乙烯,则该酯的结构简式及名称是____________,有关的化学方程式是____________。若这种酯水解产生的醇能被氧化成甲醛,则该酯的结构简式及名称是__________,有关的化学方程式是____________。

10. 为检验患者是否患糖尿病,可把患者的尿液加到新制的氢氧化铜悬浊液中加热,若产生砖红色沉淀,则证明有糖尿病。这种检验方法的原理是____________。

11. 某化合物 A 的化学式为 $C_5H_{11}Cl$,分析数据表明,分子中有 2 个 $-CH_3$,2 个 CH_2,1 个 CH 和 1 个 Cl 原子,它的可能结构有 4 种。请写出这 4 种可能结构的结构简式:________、__________、__________、____________。

12. 在葡萄糖、乙醇、甲酸乙酯和乙醛中,__________的最简式与乙酸的相同。

13. 某有机物的化学式为 $C_3H_4O_2$,它的水溶液显酸性,能跟碳酸钠溶液反应,又能使溴水褪色。此有机物的结构简式为__________。

专业术语

糖尿病

دىئابېت

褪色

ئۆڭۈش، رەڭسىزلىنىش

链烃

زەنجىرسىمان ھىدرو كاربونلار

14. 丙醇分子中的氧原子^{18}O，它和乙酸反应生成酯的结构简式为__________，该酯的分子量为____________。

15. 链烃 A 分子中，碳和氢元素的质量比为 6∶1，A 的蒸气对氢气的相对密度为 21，它能跟溴水反应生成 B。A 和 B 的结构简式分别为__________和__________。

16. 完全燃烧 0.1 mol 某烯烃 X，生成 0.2 mol 二氧化碳，在一定条件下，X 与氯化氢反应生成 Y。则 X 是__________，Y 是__________。（写名称或结构简式）

17. 一定条件下，某有机物能发生银镜反应，但不能发生水解反应。若将 0.5mol 该有机物完全燃烧，只生成 1.5 mol 二氧化碳和 1.5 mol 水。该有机物的结构简式为__________。

18. 某烃既能使酸性高锰酸钾溶液褪色，又能使溴水褪色，它与溴单质的加成产物是 1，2 -二溴- 2 -甲基丙烷。该烃的结构简式为__________。

阅读

与细菌的战斗:抗生素的战争

1928 年晚夏,苏格兰细菌学家佛来明爵士(Sir Alexander Fleming)去度假。当他回来的时候,人类的历史进程发生了变化。佛来明离开时在实验室桌上留了一个含有金黄色葡萄球菌(staphylococcus aureus)的培养皿,一段时间的冷天气使细菌停止了生长。与此同时,青霉菌的芽孢碰巧从地板上飘浮上来落入培养皿,幸运的是他首次注意到青霉菌正在侵吞着细菌的菌落。1939 年,具有这种抗生素效应的物质得到分离,并被命名为青霉素。

佛来明原先用的霉菌产生的是苄基青霉素,霍青霉素 G($R=C_6H_5CH_2$)。以后,合成了许多青霉素的类似物,组成了一大类所谓的 β-内酰胺抗生素,它们均含有大张力的四元内酰胺环作为结构上和功能上的特征。由于环张力在开环时被释放,因而与普通的酰胺相比,β-内酰胺具有不寻常的反应活性。在维持细菌细胞壁结构的一个聚合物的生物合成中,转肽酶(transpeptidase)催化着一个关键的反应。酶的亲核性氧与一个氨基酸的羧酸官能团连接,催化它与另一个氨基酸分子中的氨基反应形成酰胺。这个过程的不断重复则产生聚合物。青霉素的 β-内酰胺上的羧基和酶上这一关键性的氧很容易、并且不可逆地发生反应,使酶失去活性,从而阻止细菌细胞壁的合成,并杀死细菌。

一些细菌能够耐青霉素,因为它们自身能产生一种青霉素酶(penicillinase),破坏抗生素中的 β-内酰胺环。青霉素类似物的合成只能部分解决耐药性问题。因此,人们最终把目光转向发展具有完全不同作用模式的抗生素。1952 年首次在菲律宾的土壤样品中发现了一种名字叫链霉菌的菌株(streptomyces),由它产生的红霉素(erythromycin)具有完全不同的作用方式。红霉素是一个大环内酯,它能够干扰细菌中合成细胞壁蛋白质工厂的核糖体(ribosome)。尽管红霉素不受青霉素酶的影响,但是自从它作为抗生素应用以来,对它耐药的细菌也在数十年的应用中发展而成。

1956 年,从一个细菌的发酵液中发现一种更为复杂的抗生素,万古霉素(vancomycin)该细菌来自于婆罗洲(Borneo)丛林的土壤之中。由于纯化困难,使得这个物质直到 20 世纪 80 年代才被用作农药,而当时具有耐受所有已知抗生素的金黄色葡萄球菌株已经对人类的健康构成严重的威胁。无疑,抗生素的不合理使用,也促进了耐药性菌株的迅速发展。“万古”(vanco)(由 vanquish 征服一字而来)很快就成了治疗此类感染的“最后一招”。万古霉素的效果源于全新的化学作用:它的形状和结构使它可以与细胞壁生长中高分子末端上的氨基酸形成紧密的氢键网络,从而阻止它们与其它氨基酸键连。但是在十年内,又出现了耐万古霉素的金黄色葡萄球菌株,它在聚合物末端微小的结构改性,破坏了万古霉素与之键合的能力。科学家与细菌世界之间的战争仍在继续。新的抗生素不断地被合成,并进行活性测试;同时,微生物也在继续不断地对它们的生化机器进行改进和发展,以挫败抗生素的进攻。

20 世纪中叶开始的“抗生素纪元”是否将一直持续?这是一个远未得到答案的问题。

N-亚硝基二烷基胺的致癌性与腌肉

N-亚硝基二烷基胺对各种动物都是名声很坏的强致癌物质。尽管没有直接的证据,但它也被怀疑会引发人类的癌症。大多数亚硝胺引发肝癌,但它们中有一些在致癌性上显示出对器官(膀胱、肺、食道和鼻腔等)的专一性。

它们致癌作用的模式可能是先酶促氧化N-半缩胺醛的α-位置中的一个质子,最后形成不稳定的单烷基-N-亚硝胺。这个化合物随后分解成碳正离子,作为很强的亲电剂,它被认为可以进攻DNA中的一个碱基造成基因损伤,这似乎就是导致癌细胞产生的原因。

在各种腌肉如烟熏鱼、香肠(含N-亚硝基二甲胺)和炸咸肉(含N-亚硝基吡咯烷)中都检测出有亚硝胺。

用来保存肉的腌制加工已有几个世纪了,起初这种加工是用氯化钠,其作用是直接或间接(通过干燥)防止细菌生长。到20世纪初,发现用硝酸钠($NaNO_3$)来腌制会产生一种符合需要的效果,即产生能增进食欲的石竹色和腌肉的特殊风味。后来,这种效应的起因被追踪到是亚硝酸钠($NaNO_2$),因为在加工时,由于细菌的作用把硝酸钠变成了亚硝酸钠。因此,当今用$NaNO_2$来腌制食品。它抑制产生肉毒素的细菌的生长,延缓贮藏时的腐败变味,保存添加的香味和熏味(如果肉是熏制的)。它产生一氧化氮(NO),跟肌红蛋白中的铁形成红色的络合物(肌红蛋白的氧络合物是血的特征颜色)。食品中亚硝酸盐的含量是严格限定的,它能把胃中存在的天然胺转变成亚硝胺。然而,从整体来看,我们从腌肉中吸收的硝酸盐(亚硝酸盐)数量不大,主要还是来自天然蔬菜,如菠菜、甜菜、萝卜、芹菜和甘蓝菜。

大自然并非总是绿色的:天然杀虫剂

许多人认为,所有合成的东西都是可疑的和“坏”的,而所有天然的化学物质都是无害的。就如埃姆斯(Ames)和其他人指出的,这是一个错误的观念。虽然我们看到,许多人造的化学品的确具有毒性,对环境有不良的作用,但天然的化学物质和合成的化学物质并没有任何不同。大自然有自己的高生产能力的实验室,生产出了数百万计的化合物,它们中的许多是高毒性的,如存在于植物中的许多生物碱。结果,就有了许多由于偶然摄入植物物质而发生的中毒案例(特别是对于儿童),如吃了青土豆(在阳光下暴露提高了毒性),喝了草药茶,吃了毒蘑菇等。亚伯拉罕·林肯的母亲就因为喝了在生长有毒植物蛇根的牧场放牧的奶牛的奶而死亡。这些化合物在植物生命中的目的是什么呢?植物在遇到觅食者和入侵生物(如真菌、昆虫、动物和人)时无法逃走,它们也没有自卫的器官。然而,它们发展出了一系列化学武器“天然杀虫剂”,用它们设置起有效的防御体系。现在已经知道数万种这样的化合物。它们要么已经存在于现有的植物中,要么对外界的伤害(如毛虫和食草昆虫)会产生原始的“免疫应答”。

例如,在植物西红柿中,一种叫做系统毒(systemin)的含十八个氨基酸的小肽是对外来进攻的警告信号。这种分子快速地在植物中移动,启动产生化学毒素的串联反应。这一作用或者完全挡开进攻者,或者使进攻者的动作变慢,以便其它觅食者有足够的时间把它们吃掉。有趣的是,这些化合物中有一个是水杨酸(阿司匹林的核心结构),它使受损伤的部位(很像伤口)不会受到感染。处于危难中的植物已经学会使用化学物质作为报警信息素,它们通过由空气或水携带的分子信号使尚未受到伤害的邻居激活它们的化学武器系统。它们也可能通过化学途径发展出抵抗力(免疫性)。

美国人每人每天以蔬菜的形式(水果、茶、叶、咖啡等)消费 1.5 g 天然杀虫剂(超过他们摄入的合成杀虫剂的残留的10 000倍)。这些天然化合物的浓度在百万分之几的数量级,超过了通常检测到的十亿分之一水的污染物(如氯代烃)和其它合成的污染物(如二恶英)。这些植物毒素中有少数已经测试了致癌性,但在小鼠中进行试验的化合物,大概有一半是致癌性的很多已证明有毒,因此,天然化合物合成的化学品所占比例是相同的。

那么,为什么我们没有被这些毒药消灭呢?一个理由是我们所接触的这些天然杀虫剂的任何一种含量都非常低。更重要的是,我们也像植物一样,已经进化到面对这一化学炮弹的攻击能够保卫自己。因此,作为我们的防御第一线,口腔、食管、胃、肠、皮肤和肺的表面层每几天就排空一次“炮灰”。此外,我们有多种解毒机理使得摄入的毒物变成无毒的;许多物质在造成伤害之前已经被我们排泄;我们的 DNA 有许多方法修复损伤;最后,我们闻出和尝出令人厌恶物质(如“苦味”的生物碱、腐败的食物、馊掉的牛奶、臭蛋气味的硫化氢)的能力提供了预警信号。归根到底,我们每一个人都必须对我们要摄入的食物进行鉴别,还要记住下面老生常谈的一句话:任何东西都不要过量,要保持膳食的多样性。

第8章　营养与化学元素

大自然中的一切物质都是由化学元素组成的，人体也不例外。各种化学元素在人体中各有不同的功能。人体通过呼吸、饮水和进食，与地球表面的物质交换和能量交换达到某种动态平衡。所以生命过程就是生物体发生的各种物质转化以及能量转化的总结果。在生命活动过程中，化学元素和营养物质则通过食物链循环转化，再通过微生物分解返回环境。健康长寿是人类的共同愿望。许多资料证明，危害人类健康的疾病都与体内某些元素的平衡失调有关。因此，了解生命元素的功能，并正确理解饮食、营养与健康的关系，树立平衡营养观念，通过食物链方法补充和调节体内元素的平衡，会有益于预防疾病，增强体质，保持身体健康。

学习内容

本章主要介绍营养与化学元素，其中包括生物体中的化学元素分类及功能，营养与健康和树立平衡营养观念。

学习目的

1. 了解生命必需元素的含义。
2. 掌握生物体中化学元素的分类和主要功能。
3. 了解营养与健康的内在联系。

8.1　生物体中的化学元素分类及功能

专业术语

必需元素
زۆرۈر ئېلېمېنت
非必需元素
زۆرۈرىيەتسىز ئېلېمېنت
摄入量
قوبۇل قىلىش مىقدارى
微量元素
مىكرو ئېلېمېنت
生物效应
بىئو ـ ئېففېكتى
安全限度
بىخەتەرلىك چېكى

存在于生物体(植物和动物)内的元素大致可分为：

(1) 必需元素，按其在体内的含量不同，又分为常量元素和微量元素；

(2) 非必需元素；

(3) 有毒(有害)元素。

人体内大约含 30 多种元素，其中有 11 种为常量元素，如 C，H，O，N，S，P，Cl，Ca，Mg，Na，K 等，约占 99.95%，其余的 0.05%为微量元素或超微量元素。

1. 必需元素

必需元素是指下列几类元素：

(1) 生命过程的某一环节(一个或一组反应)需要该元素的参与，即该元素存在于所有健康的组织中；

(2) 生物体具有主动摄入并调节其体内分布和水平的元素；

(3) 存在于体内的生物活性化合物的有关元素；

(4) 缺乏该元素时会引起异常的生化生理变化，当补充后即能恢复。

哪些是构成人体的必需元素？19 世纪初，化学家开始分析有机化合物，清楚地认识到活组织主要由 C，H，O 和 N 四种元素组成，仅这四种元素就约占人体体重的 96%。此外，体内还有少量 P。将人体内这五种元素的化合物焚化后就会留下一些白灰，大部分是骨骼的残留物，这些灰乃是无机盐的集合，在灰里可找到普通的食盐(NaCl)。食盐并不仅仅是增进食物味道的调味品，而是人体组织中的一种基本成分。食草动物有时甚至要舔吃盐渍地，以便弥补食物中所缺乏的盐。在实际研究中，确定某元素是否为必需元素，既与该元素在体内的浓度有关，也与它的存在状态和生物活性密切相关。人体中的每一种元素呈现不同的生物效应，而效应的强弱依赖于特定器官或体液中该元素的浓度及其存在的形态。对于每种必需元素，都有一段其相应的最佳健康浓度，有的具有较大的体内恒定值，有的在最佳浓度和中毒浓度之间只有一个狭窄的安全限度。元素浓度和生物功能的相关性可用图 8.1 表示。

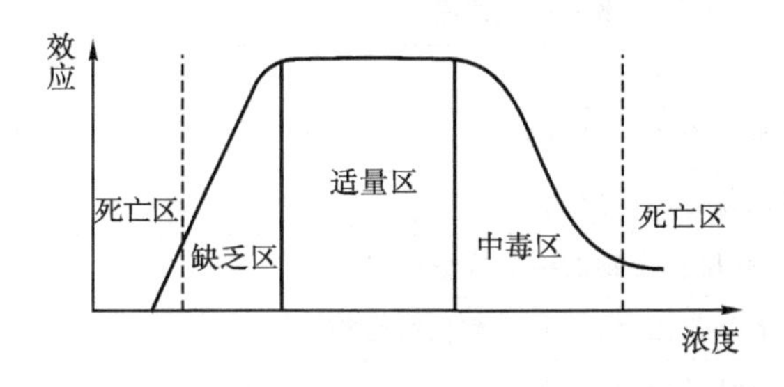

图 8.1 必需微量元素浓度－生物功能相关图

2. 非必需元素

有 20～30 种普遍存在于组织中的元素，它们的浓度是变化的，而它们的生物效应和作用还未被人们认识，有待于研究，所以称它们为非必需元素。

3. 有毒(害)元素

如血液中浓度非常低的铅、镉或汞，对人体具有有害的作用，就可称为有毒元素，亦称有害元素。

从海水中必需微量元素的含量与人体中主要元素的对比说明，赖以生存的环境中的元素是生物进化的结果。人类在适应生存和进化中，逐渐形成一套摄入、排泄和适应这些元素的保护机制，即人体内的元素，不论是常量或微量，维持平衡状态是经过人类长期进化形成的。许多元素是必需的还是有害的与摄入量(即在体内的浓度)有关。每一种必需元素在体内都有其合适的浓度范围，超过或不足都不利于人体健康。例如，人们对碘的最小需要量为 0.1 mg/天，耐受量为 10000 mg/天，当大于 10000 mg/天即为中毒量。若人体自身用以维持稳态的调节机制出现障碍，便会发生疾病。有时元素的过量可能比缺乏更令人担忧，因为某种元素的缺乏易于补充，而过量往往则难以清除，或清除过程中会产生副作用。另外共存元素的相互影响——在生物体内存在协同或拮抗作用，对元素浓度比例的要求就更复杂了。例如，锌可以抑制镉的毒性，铜可以促进铁的吸收等。由于元素间的相互作用，当评定某一微量元素对人体健康的影响时，还必须考虑与其有关元素的存在。表 8.1归纳了主要生物元素及其功能。在生命物质中，除 C,H,O,S 和 N 参与各种有机化合物外，其它生物元素各具有一定的化学形态和功能，这些形态包括它们的游离水合离子，与生物大分子或小分

专业术语

协同作用
سىنېرگىزم

拮抗作用
ئانتاگونىزم

金属激活酶
مېتاللىق ئاكتىپلاشتۇرغۇچى ئېنزىملار

拮抗作用是生物体内一种元素抑制另一种元素生物学作用的现象；协同作用则是生物体内一种元素促进另一种元素生物学作用的现象。

子配体形成的配合物，以及构成硬组织的难溶化合物等。

表 8.1　生物元素及其功能

元素	功　能
H	水、有机化合物的组成成分
B	植物生长必需
C	有机化合物组成成分
N	有机化合物组成成分
O	水、有机化合物的组成成分
F	鼠的生长因素，人骨骼成长所必需
Na	细胞外的阳离子，Na^+
Mg	酶的激活，叶绿素构成，骨骼的成分
Si	在骨骼、软骨形成的初期阶段所必需
P	含在 ATP 等之中，为生物合成与能量代谢所必需
S	蛋白质的组分，组成铁-硫蛋白质
Cl	细胞外的阴离子，Cl^-
K	细胞内的阳离子，K^+
Ca	鼠和骨骼、牙齿的主要组分
V	鼠和绿藻生长因素，促进牙齿的矿化
Cr	促进葡萄糖的利用，与胰岛素的作用机制有关
Mn	酶的激活、光合作用中水光解所必需
Fe	最主要的过渡金属，组成血红蛋白、细胞色素、铁-硫蛋白等
Co	红血球形成所必需的维生素 B_{12} 的组分
Cu	铜蛋白的组分，铁的吸收和利用
Zn	许多酶的活性中心，胰岛素组分
Se	与肝功能、肌肉代谢有关
Mo	黄素氧化酶、醛氧化酶、固氮酶等所必需
Sn	鼠发育必须
I	甲状腺素的成分

专业术语

叶绿素
خلوروفىل
胰岛素
ئىنسۇلىن
光合作用
فوتوسىنتېز رولى
甲状腺素
قالقانسىمان بەز هورمونى
红血球
قىزىل قان دانىچىلىرى

这些元素在生物体内所起到的生理和生化作用，主要有以下几个方面。

(1) 结构材料　无机元素中 Ca，P 构成硬组织，C，H，O，N，S 构成有机大分子结构材料，如多糖、蛋白质等。

(2) 运载作用　人体对某些元素和物质的吸收、输送以及它们在体内的传递等物质和能量的代谢过程往往不是简单的扩散或渗透过程，而需要有载体。金属离子或它们所形成的一

血红蛋白
قىزىل قان ئاقسىلى

些配合物在这个过程中担负重要作用。如含有 Fe^{2+} 的血红蛋白具有运载 O_2 和 CO_2 的作用等。

(3) 组成金属酶或作为酶的激活剂　人体内约有四分之一的酶的活性与金属离子有关。有的金属离子参与酶的固定组成,称为金属酶。有一些酶必须有金属离子存在时才能被激活以发挥它的催化功能,这些酶称为金属激活酶。

(4)调节体液的物理、化学特性　体液主要是由水和溶解于其中的电解质所组成。生物体的大部分生命活动是在体液中进行的。为保证体内正常的生理、生化活动和功能,需要维持体液中水、电解质平衡和酸碱平衡等。存在于体液中的 Na^+,K^+,Cl^- 等发挥了重要作用。

(5)"信使"作用　生物体需要不断地协调机体内各种生物过程,这就要求有各种传递信息的系统。细胞间的沟通即信号的传递需要有接受器。化学信号的接受器是蛋白质。Ca^{2+} 作为细胞中功能最多的信使,它的主要受体是一种由很多氨基酸组成的单肽链蛋白质,称钙媒介蛋白质(分子量为16700)。氨基酸中的羧基可与 Ca^{2+} 结合。钙媒介蛋白质与 Ca^{2+} 结合而被激活,活化后的媒介蛋白质可调节多种酶的活力。因此 Ca^{2+} 起到传递某种生命信息的作用,Ca^{2+} 也有细胞内信使的作用。

有些元素可同时在几个方面发挥作用。例如 Ca^{2+} 就有多方面的生物功能。下面仅就 Ca,P,Na,K 等的主要生物功能作简要介绍。

钙是骨骼和牙齿的主要成分。调控人体正常肌肉收缩和心肌收缩,同时起细胞信使的作用,如图 8.2 所示。例如,血液中 Ca^{2+} 过多,会造成神经传导和肌肉反应的减弱,使人体对任何刺激都无反应,但血液中 Ca^{2+} 太少,又会造成神经和肌肉的超应激性,在这种极度兴奋的情况下,微小的刺激,比如一个响声、咳嗽,就可能使人陷入痉挛性抽搐。

骨骼和牙齿中除了含 Ca 外,磷也是一种重要的元素。体内 90% 的磷是以磷酸根 PO_4^{3-} 的形式存在,如牙釉质中的主要成分是羟基磷灰石 $Ca_{10}(OH)_2(PO_4)_6$ 和少量氟磷灰石 $Ca_{10}F_2(PO_4)_6$、氯磷灰石 $Ca_{10}Cl_2(PO_4)_6$ 等。

牙釉质是由不溶性物质所组成,主要是羟基磷灰石 $Ca_{10}(OH)_2(PO_4)_6$。使它从牙齿上溶解下来称为去矿化,而形成时称为再矿化。在口腔中存在着这样一种平衡

$$Ca_5(PO_4)_3OH(s) \underset{\text{再矿化}}{\overset{\text{去矿化}}{\rightleftharpoons}} 5Ca^{2+}(aq) + 3PO_4^{3-}(aq) + OH^-(aq)$$

专业术语

羟基磷灰石
گىدروكسىللىق ئاپاتىتلار

氟磷灰石
فتوراپاتىت

氯磷灰石
خلوراپاتىت

痉挛性抽搐
سپازملىق تارتىشىش
(پۇت، قول، يۈزلەرنىڭ تارتىشىشى)

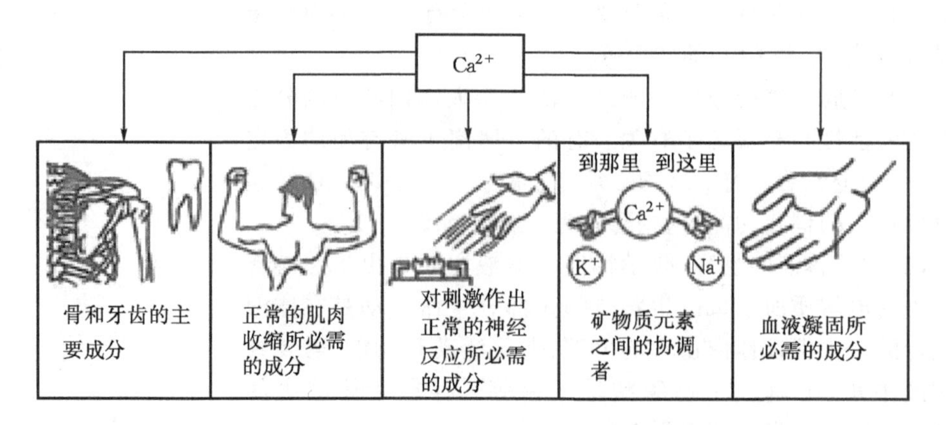

图 8.2 钙在人体内的功能

健康的牙齿也同样存在这样的平衡。然而,当糖吸附在牙齿上并且发酵时,产生的 H^+ 与 OH^- 结合成 H_2O 以及 PO_4^{3-} 而扰乱平衡,会引起更多的 $Ca_{10}(OH)_2(PO_4)_6$ 溶解,结果使牙齿腐蚀。氟化物通过取代羟基磷灰石中的 OH^- 有助于防止牙齿腐蚀,由此产生的 $Ca_{10}F_2(PO_4)_6$ 能抗酸腐蚀。

磷酸可以和有机化合物中的羟基(糖羟基、醇羟基)形成磷酸脂。如 ATP 就是三磷酸腺苷,磷脂存在于细胞膜中。ATP 水解时释放出高能量,如 ATP 的水解与细胞里的一个放热反应(如肌肉收缩或大分子的合成)相配合,则 ATP 的水解就可为其它反应提供必要的能量。磷的化学规律控制着核糖、核酸以及氨基酸、蛋白质的化学规律,从而控制着生命的化学进化。身体中磷的主要作用如图 8.3 所示。由于磷的分布很广,因此人们日常食品中很少缺少这种元素。

磷脂
پوسفولىپىن

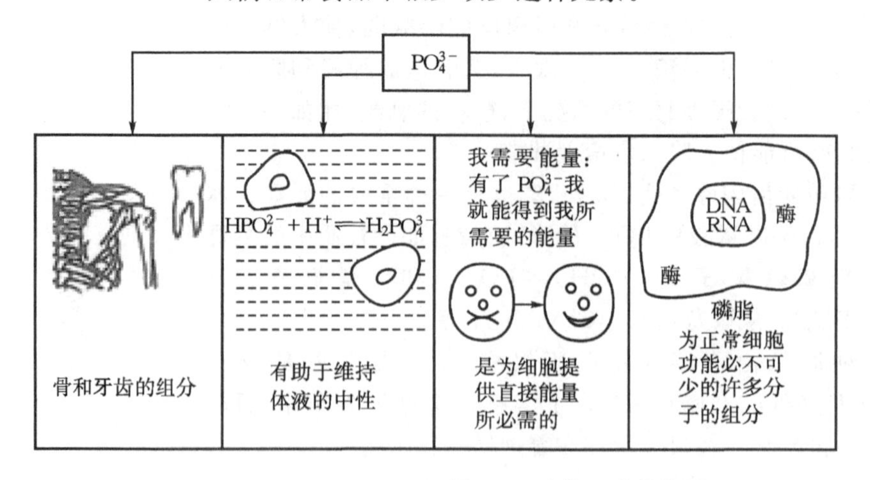

图 8.3 身体里磷的作用

K^+,Na^+ 和 Cl^- 在人体内的作用是错综复杂而又相互关联的。K^+ 和 Na^+ 常以 KCl 和 NaCl 的形式存在。K^+，Na^+，Cl^- 的首要作用是控制细胞、组织液和血液内的电解质平衡。这种平衡对保持体液的正常流通和控制体内的酸碱平衡都是必要的。Na^+ 和 K^+（与 Ca^{2+} 和 Mg^{2+} 一起）有助于使神经和肌肉保持适当的应激水平。NaCl 和 KCl 的作用还在于使蛋白质大分子保持在溶液之中，并使血液的黏性或稠度调节适当。胃里消化某些食物的酸和其它胃液、胰液及胆汁里的助消化的化合物，是由血液里的钠盐和钾盐形成的。另外，视网膜对光脉冲反应的生理过程，也依赖于 Na^+，K^+ 和 Cl^- 有适当的浓度。显然，人体的许多重要机能对这三种离子都有依赖关系，如图 8.4所示。体内任何一种离子不平衡，都会对身体产生影响。例如运动过度，特别是在炎热的天气里，会引起大量出汗，汗的主要成分是水，还有许多离子，其中有 Na^+，K^+ 和 Cl^-，使汗带咸味。出汗太多使体内这些离子浓度大为降低，就会出现不平衡，使肌肉和神经反应受到影响，导致出现恶心、呕吐、衰竭和肌肉痉挛。因此，运动员在训练或比赛前后，喝特别配制的饮料，用以补充失去的盐分。

当我们仔细观察和研究那些含金属元素生物分子的结构以及它们的生理功能时，发现人体内的常量元素都是海水中最丰富的元素。人体大部分的组成元素是周期表中的轻元素（原子序数在 34 以下），两个较重的元素就是原子序数为 42 的钼和 53 的碘。而由地球表面大气圈、水圈和浅岩石圈所组成的生物圈中的元素也主要由这些轻元素所组成，这正是丰度原则的直接结果。因此可以认为生物体发源于水圈。生物体体液中的离子组成与水圈中的离子组成也很相似。生物体正是利用水体中含量最丰富的 Na^+ 和 K^+ 来控制体内的离子浓度和

专业术语

磷酸脂
فوسفات ئېستېرى
ATP
ئادېنوسىن ترى فوسفات
电解质平衡
ئېلېكترولىت مۇۋازىنىتى
酸碱平衡
كىسلاتا ـ ئىشقار مۇۋازىنىتى
应激水平
سېزىش سەۋىيىسى

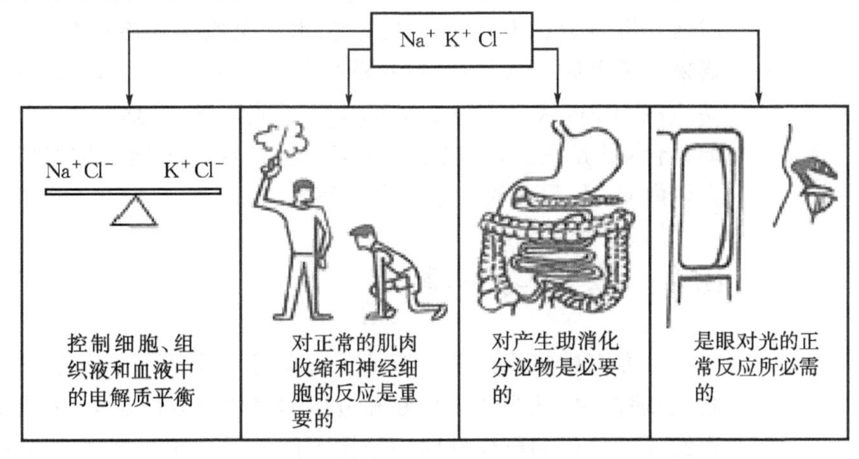

图 8.4　体内钠、钾和氯的功能

渗透压等;又如 Ca^{2+} 和 Sr^{2+} 在性质上虽然很相似,而自然界绝大多数的生物却是利用钙盐作为构成骨骼的材料,这正是利用了钙有较高的丰度的特性。

人类自身目前仍然处于一个进化的过程之中,与地球的形成、生物体的进化这个漫长的历史进程相比,人类只是这条长河中极其短暂的一段。现代人类还在不断地随着环境的改变而进化,以适应新的环境。

专业术语

渗透压
ئوسموس بېسىمى
免疫功能
ئىممۇنىتېت كۈچى
食品添加剂
يېمەكلىك خۇرۇچلىرى
丰度
موللۇق
(مىقدارىنىڭ كۆپلىگىنى كۆرسىتىدۇ)

微量元素在人体内不同部位的水平与人体健康关系极大。它与人体健康的关系是很复杂的,其浓度、价态、摄入机体的途径等对人体健康都有影响,有些疾病的发生与微量元素的平衡失调关系密切。例如我国地方病——克山病是与缺硒有关的心肌坏死;地方性甲状腺肿、地方性克汀病则是由于严重缺碘引起的等等。微量元素还与人体免疫功能、出生缺陷、肿瘤、血液病、眼疾等有关。如何将微量元素做成药物和食品添加剂等用于治疗疾病和预防疾病是一个重要的专门研究领域。微量元素与人体的关系不是孤立的,微量元素之间,微量元素与蛋白质、酶、脂肪、维生素之间都存在相互作用。如铜和铁在机体内显示生理协同作用,即铜可促进机体对铁的吸收;铁可拮抗镉的毒性等。在分析它们的作用时,不能忽略其它因素的影响。

人体中也含有非必需微量元素,甚至有害元素如 Cd,Hg,Pb 等,这和食物、水质及大气的污染关系甚大。如经口腔、呼吸道吸收的 Cd 通过血液转移后,大部分蓄积于肾脏和肝脏中,可引起机体对有益元素 Zn 和 Ca 的吸收和利用的紊乱,导致一种以骨骼疾患为特征的骨痛病。Cd 的污染主要是工业污染造成的,采矿、冶炼、合金制造、电镀、油漆颜料制造等工业部门向环境排放的 Cd,污染了大气、水和土壤。人体中 Cd 的主要来源是食物。人从环境中摄取 Cd 的途径及比率大致为:食品约占 50%,饮用水约占 1%,空气约占 1%,香烟约占 46%。烟草含 Cd 量很高,一包香烟含 Cd 达 30 mg,长期吸烟造成的人体内 Cd 积累会对健康带来不利影响。

8.2 营养与健康

世界卫生组织给予健康的定义是:“一个人只有在躯体健康、心理健康、社会适应良好和道德健康四个方面健全,才是健康的人。”这里的躯体健康一般指人体生理上的健康,要求能抵抗一般性感冒和传染病等。改善营养是增强民众体质的物质基础,国民的营养状况是衡量一个国家经济和科学文化发达程度的标志。

近代营养学是在生理学和生物化学的基础上逐渐形成的，它是一门综合性的学科。既研究人体的新陈代谢，又研究食物的营养成分和食品卫生；既研究现有食物资源的合理利用，又研究开发新的食物资源；既研究从初生儿到老年人不同年龄阶段人的营养要求，又研究各类疾病患者的营养需求；既研究各种职业人群（重体力劳动、轻体力劳动、脑力劳动等）的营养需求，又研究各种地理环境（严寒地区、酷热地区、高海拔地区等）人群的营养需求。总之，营养学研究不同人的不同营养需求，以便使儿童发育健壮、聪明，使成年人精力充沛，使老年人健康长寿。营养学是以新陈代谢为基础的生物化学。营养素就是食物的组分，主要包含糖类、脂肪、蛋白质、维生素、无机盐和水等六类物质。人从食物中摄取这些营养素。

专业术语

营养学
ئوزۇقشۇناسلىق
能源
ئېنېرگىيە مەنبەسى
碳源
كۆمۈر مەنبەسى
新陈代谢
مېتابولىزم

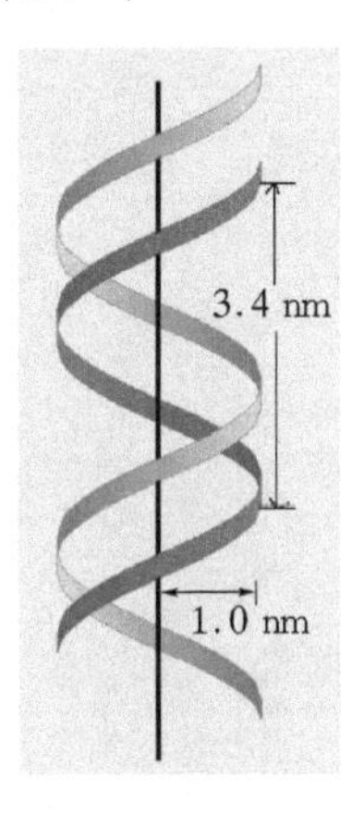

DNA 结构
DNA قۇرۇلمىسى

1. 糖类

糖类包括葡萄糖、果糖、乳糖、淀粉、纤维素等，它们是人体重要的能源和碳源。糖分解时释放能量，供生命活动的需要，糖代谢的中间产物又可以转变成其它的含碳化合物如氨基酸、脂肪酸、核苷等。糖的磷酸衍生物可以生成脱氧核糖核酸（DNA）、核糖核酸（RNA）、三磷酸腺苷（ATP）等重要的生物活性物质。植物光合作用产生的糖类是动物的重要营养来源，因为动物体自身没有产生这些糖类的机能。

2. 脂肪

脂肪属于脂类物质。脂类包括的范围很广，这些物质在化学组成和化学结构上有很大差异，但是它们都有一个共同的特性，不溶于水，而易溶于乙醚、氯仿、苯等非极性溶剂。脂类具有重要的生物功能，它是构成生物膜的重要物质，几乎细胞所含有的磷脂都集中在生物膜中。脂类物质，主要是油脂，是机体代谢所需燃料的贮存形式和运输形式。人们吃的动物油脂（如牛油、羊油、鱼肝油、奶油等）、植物油（如豆油、菜油、花生油、芝麻油、棉子油等）和工业、医药上用的蓖麻油和麻仁油等都属于脂类物质。动物（包括人类）腹腔的脂肪组织、肝组织、神经组织和植物中油料作物的种子中的脂质含量都很高。

专业术语

脂肪酸
ماي كىسلاتاسى
甘油三酯
گلىتسېرىن تىترو ئېستېر
脂类代谢
ياغلارنىڭ مېتابولىزمى

脂肪酸是生物体的重要能源。由它组成的甘油三酯（三脂酰甘油）可在动物的脂肪组织、植物种子果实中大量储藏。甘油三酯的结构式为

$$
\begin{array}{ccccc}
 & & & & \mathrm{O} \\
 & & & & \| \\
 & \mathrm{O} & & \mathrm{CH_2{-}O{-}C{-}R_1} & \\
 & \| & & | & \\
\mathrm{R_2{-}} & \mathrm{C{-}O{-}} & & \mathrm{CH} & \mathrm{O} \\
 & & & | & \| \\
 & & & \mathrm{CH_2{-}O{-}C{-}R_3} &
\end{array}
$$

动物性食物中的脂类主要是甘油三酯。最普通的脂肪就是烹调用的油脂如动物油、豆油、菜籽油、花生油、麻油和肥肉等。每种食物也都含有或多或少的脂肪。脂肪的主要功用是供给人体生活所需的能量及促进脂溶性维生素的吸收。体重为 70 kg 的人贮存的脂肪可产生 2 008 320 kJ 的能量;而贮存的蛋白质、葡萄糖相应地可产生 105 000 kJ 和 168 kJ 的能量。同时,脂肪的热值即在体内氧化,1 g 脂肪所产生的热量为 39 kJ,是蛋白质或糖的 2～3 倍。

脂肪是人体必不可少的营养素成分之一,但另一方面,人体的一些疾病如动脉粥样硬化、脂肪肝等都与脂类代谢紊乱有关。

3. 蛋白质

19 世纪的化学家和生物学家们在不断研究食物的营养性能中发现蛋白质是最基本且必不可少的,只要维持蛋白质的供给,机体就能存活。身体不能从糖类和脂肪中制造蛋白质,因为糖类和脂肪中没有氮。然而蛋白质所提供的物质却能制造出必需的糖类和脂肪。蛋白质是我们日常膳食中氮的主要来源。大气中约有 80％的氮气,但我们人体却没有利用该元素的能力,而是要依靠土壤中或豆科植物根部的微生物的固氮作用,使氮成为植物可以用来生成氨基酸的形式。如图 8.5 所示。

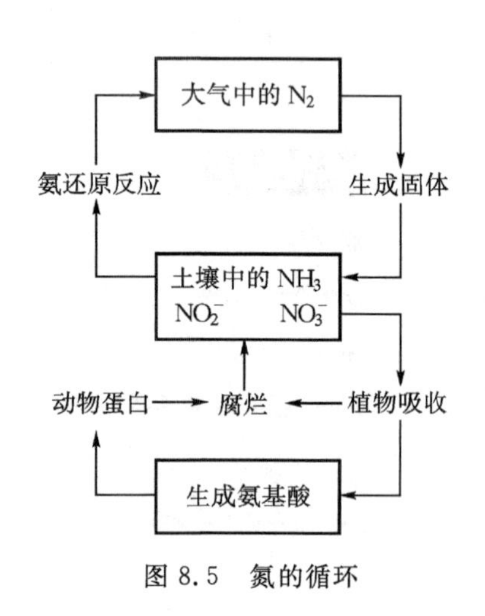

图 8.5　氮的循环

人类究竟需要什么样的蛋白质呢?通过对大鼠食物中氨基酸组成的系统研究发现,动物体不可缺少的 10 种氨基酸分别是:赖氨酸、色氨酸、组氨酸、苯丙氨酸、亮氨酸、异亮氨酸、苏氨酸、蛋氨酸、缬氨酸和精氨酸。如果这些氨基酸的供给充足了,大鼠便能制造出其它氨基酸,如甘氨酸、脯氨酸、天冬氨酸,等等。人类的必需氨基酸只有 8 种,上述的精氨酸和组氨酸在人类膳食中并不是必需的。

蛋白质的营养价值取决于所含氨基酸的种量和数量。凡含有各种必需氨基酸的蛋白质,能维持生命体的正常生长的蛋白质(当然在其它营养素适当情况下)称完全蛋白质;缺少一种或一种以上必需氨基酸的蛋白质称不完全蛋白质。蛋白质是构成机体组织(特别是肌肉)的重要成分,日常食用的豆腐、大豆、瘦肉、鱼、蛋白、奶等都含较多的蛋白质。人们膳食中的蛋白质有很大一部分由米、麦等粮食中得来。大豆是最经济的蛋白质来源，大豆蛋白质的氨基酸种类完全。因此，大豆是完全蛋白，营养价值相当高。米、麦蛋白的营养价值亦很高。如果利用蛋白质的互补作用，则其生理价值(指由食物摄入的总氮量在身体内存留的百分数)还可增高，例如加入少量鸡蛋蛋白，可提高大豆蛋白质的生理价值。需要注意的是，蛋白质的生理价值也可受其它因素的影响。如可破坏氨基酸的烹调方法及影响消化、吸收的因素都可使蛋白质的生理价值降低。

人体内如果蛋白质供应不足，会导致生长发育迟缓，体重减轻，容易疲劳，对传染病抵抗力下降，病后不易恢复健康，甚至贫血，发生营养不良性水肿等疾病。生理学家的实验数据表明，成人每天体内的蛋白质更新 3%，每公斤体重每日约需补充 1 g 蛋白质才能维持氮平衡。一个体重 60 kg 的成年人，按从事劳动的轻重不同，每天约需补充 70～105 g 蛋白质。若以 60 g 为需要的最低量，大约 2 L 牛奶便能提供此量。肉、蛋、奶等动物性食品和许多植物性食品中都含有丰富的蛋白质。所谓粮食质量的提高，主要是指增加蛋白质在粮食中所占的比重。各种农作物中，蛋白质含量高者首推大豆。营养学认为，动物蛋白在摄入的总蛋白量中至少应占 1/3，若达不到时应尽可能多吃些豆制品，使二者加起来占总蛋白质的 1/3～1/2。

专业术语

必需氨基酸
زۆرۈر ئامىنو كىسلاتا

非必需氨基酸
زۆرۈرىيەتسىز ئامىنو كىسلاتالار

完全蛋白质
مۇكەممەل ئاقسىل

橙子
ئاپېلسىن

4. 维生素

早期发现有个别疾病可以用特殊的食物防治。这些病就是因为缺乏某种生物小分子所造成的疾病，即由于在食物中缺乏身体所必需的某些物质而造成的疾病。这些病几乎都出现在一个人得不到正常而平衡的饮食(这包括广泛的食物种类)的时候，引起某些特定的疾病所缺少的物质就是维生素。

专业术语

辅酶
ياردەمچى ئىنزىم

人类认识维生素的必需性已有 200 多年的时间了。英国水手们的绰号叫做“limeys”，这个名称就来源于他们喝 lime juice(酸橙汁)以防止坏血病，酸橙汁中防止坏血病的物质就是维生素 C。当年储藏酸橙汁柳条箱的伦敦泰晤士区至今还叫“酸橙库”。又如，日本某海军将军由于让他的船队官兵从单调地吃大米改为更多样化的膳食，而使得日本海军的一种灾难性疾病“脚气病”结束了。进而一名荷兰医生艾克曼假定脚气病是一种细菌引起的病，便用一些鸡做实验动物以确定引起该病的细菌。当用精白米喂鸡，鸡就得病，若用未去壳的稻米，鸡就痊愈。艾克曼判定折磨家禽的这种“多发性神经炎”和人类脚气病的症状相似。作为人类的消费品，稻米脱壳是为了可以更好地保存，因稻米的细菌随壳脱去，而这些细菌含有油类，很易腐败。艾克曼和他的同事研究了稻米的壳中什么东西可以防止脚气病。他们成功地将壳中的这种关键性的因子溶解在水中，并发现这种物质能通过膜，而这种膜是蛋白质所不能透过的。显然这种未知的物质定然是一种相当小的分子，而当时未能被鉴定出来。后来很多科学家进行了进一步地试验，并分离得到这种物质，现在我们知道脚气病是因为缺乏维生素 B_1(硫胺)所引起的。其它主要维生素的功能，以及缺乏它们所引起的相应病症的关系等可查阅相关文献资料。

专业术语

维生素 B1
ۋىتامىن B_1
维生素 D
ۋىتامىن D
膳食纤维
تائام تالالىرى
烟酰胺
نىكوتىنامىد

维生素是维持正常生命过程所必需的一类有机物，需要量很少，但对维持健康十分重要。有些生物体可自行合成一部分，但大多数需由食物供给。维生素不能供给机体热能，也不能作为构成组织的物质，其主要功能是通过作为辅酶的成分调节机体代谢。长期缺乏任何一种维生素都会导致某种营养不良症及相应的疾病。有些维生素在体内有协同作用，如维生素 C 能提高对铁的吸收率；维生素 D 又称抗软骨病维生素，其主要功能是调节钙、磷代谢，维持血液钙、磷浓度正常，从而促进钙化，使牙齿、骨骼正常发育。植物体内不含维生素 D，仅动物体内才有，鱼肝油含量最丰富，蛋黄、牛奶中也都含有维生素 D。

人体的保健、儿童的发育都需要维生素。人体每日必须从膳食中(或维生素制剂中)摄入一定数量的各种维生素。如老年人需要较多的 B 族维生素和维生素 C，对维生素 D 需要很少。需要视力集中的人如射手、领航人员、精细机器制造工人，一般皆需要摄取较多的维生素 A；对暗适应力低的病人和眼角膜干燥的病人，同样需要较多的维生素 A。膳食中糖类比例较大的人和食欲不好的及患神经性疾患的病人需要较多的维生素 B_1；化工厂和高温车间工人需要较多的维生素 C，等等。

各种维生素的摄食量虽然应适当充足，但并非愈多愈好。过量的维生素 A，D 和烟酰胺都有毒性，例如，维生素 D 摄食过量会引起乏力、疲倦、恶心、头痛、腹泻等，还可使总血脂和血胆固醇量增加，妨碍心血管功能。过量维生素 D 之所以产生毒性，主要是因它不易排泄，机体只能从胆汁排出一部分过多的维生素 D。维生素 C，B_1，B_2，B_6 等虽然无毒性，但超过机体所能利用和储存的量即由尿和其它体液排泄出体外。这再一次证明，生命体对任何营养素的需求都是有其浓度范围的。

5. 无机盐

无机盐又称矿物质，人体及动物所需的矿物质元素有 K，Na，Ca，Fe，Mg，Cu，Mn，Co，P，S，Cl，I，F，Se 等，它们是构成骨、齿和体液(血液、淋巴)的重要成分。体内许多生理作用也要靠无机盐来维持。例如酸碱平衡的调节和渗透压调节等就需要 Na^+ 和 K^+ 的参加。含有 Mg^{2+}，Mn^{2+}，Na^+，Fe^{3+}，Ca^{2+} 的矿物质还有促进酶活性的功能。有的酶本身就含有金属元素如 Cu，Mg，Fe 等。

膳食中长期缺乏某些无机盐会出现营养不良症状。食物中缺铁，血液中的血红蛋白就变得不足，通过血液流送到各部位的氧气也就减少，这种情况被称为缺铁性贫血。这种病人因血红蛋白的缺乏而面色苍白，因氧的缺乏而倦怠。钙是骨骼的主要成分，缺钙会得佝偻病和龋齿。但过多的钙会引起骨质增厚和软骨的钙化。50 年代，日本的某河流沿岸的居民遭受了一种称做“疼疼病”的侵袭，这种病引起严重的疼痛性骨脱钙，并导致多发性骨折。后来得知，这种疾病是镉造成的。是由于使用了含有镉的工业污水灌溉水稻，使稻谷中含有镉，它通过食物链进入人体，降低了钙离子浓度，使正常的钙代谢受到了干扰。

酶催化反应都是在比较温和的条件下（pH≈7，温度≈37℃）进行的。因为酶是由蛋白质组成的，对周围环境的变化比较敏感，若遇到高温、强碱、强酸、重金属离子、配位体或紫外线照射等因素的影响时，易失去它的催化活性。

第一个被发现的人体不可缺少的微量元素不是金属，而是一种非金属元素碘。缺碘最严重的危害是影响儿童的智力，甚至会使其终生难以得到改善。碘缺乏会导致地方性甲状腺肿（俗称大脖子病）。克服碘缺乏问题并不十分困难，最经济实用的方法就是烹调时使用碘盐（氯化钠中加碘酸钾），另外可多吃含碘丰富的海带等。海带被认为是营养价值较高的食品，不仅含碘丰富，可防治甲状腺肿大，促进智力发育，且蛋白质含量较高，具有 18 种氨基酸，此外，其中 Ca，P，Fe 等矿物质及维生素的含量也比较丰富。

人体中的微量元素含量极少，大多为过渡元素，是酶中不可缺少的成分，如 Cu，Zn，Mn，Mo 等参与多种酶的组成与激活。在体内的新陈代谢中，酶是生物催化剂，如果消化道中没有酶，消化一餐饭将花费 50 年的时间。人体内的酶有近 1000 种，60％以上含有微量元素，例如 Cu，Zn 在人体生物功能的重要性仅次于 Fe，Cu 以 Cu^{2+} 形式存在，其余都是以与蛋白质结合的形式存在。

人体中有 30 多种蛋白质和酶含有 Cu。现在已经知道 Cu 的最重要生理功能是人血清中的铜蓝蛋白可以协同 Fe 的功能，在 Fe 的生理代谢过程中，Fe^{2+} 氧化为 Fe^{3+} 时需要铜蓝蛋白的催化氧化，以利于 Fe^{3+} 与蛋白质结合成铁蛋白。因此如果体内有足够的 Fe 而缺 Cu，Fe 的生理代谢造血机能也会发生障碍而导致贫血。

微量元素对人体必不可少，但是在人体内必须保持一种特殊的平衡状态，一旦破坏平衡就会影响健康。至于某种元素对

专业术语

过渡元素
ئۆتكۈنچى ئېلېمېنت

生物催化剂
بىئولوگىيىلىك
كاتالىزاتورلار

佝偻病
راخىت

人体有益还是有害是相对的,关键在于适量。某些微量元素对人体的影响可查阅相关文献资料。

随着我国国民温饱问题的基本解决,人们在饮食上注重营养是必然的趋势。要做到膳食平衡,饮食有节。现在的认识是,多样化的膳食既是获得各种适量基本营养素的最好方法,同时也是避免食品中有毒物质达到有害剂量的有效方法之一。平衡膳食的组成是谷类、薯类、杂粮、动物肉类、豆类、蔬菜类、水果类和油脂类。平衡膳食是合理营养的唯一途径,是促进身体健康的物质基础。

8.3　树立平衡营养观念

人类在长期进化过程中,不断地寻找和选择食物以改善膳食,使人体对营养的需要和膳食之间建立了平衡关系。一旦这种关系失调,即膳食不能适应人体的需要,就会对人体健康带来不利的影响,甚至导致某种营养性疾病。由于新陈代谢,人体中每天都有一定数量的无机盐经各种途径排出体外,因此有必要通过膳食给予补充。无机盐在食物中分布很广,一般都能满足机体需要。从实用营养观点看,比较容易缺乏的无机元素有钙、铁和碘。

> 蛋白质存在于所有的生物细胞中,是构成生物体最基本的结构物质和功能物质。
>
> 蛋白质是生命活动的物质基础,它参与了几乎所有的生命活动过程。

营养学是理论较深但又结合实际的应用科学。继 30 年代、50 年代分别发现了维生素的功能和微量元素的功能,防止了很多营养缺乏病之后,70 年代静脉全营养的兴起又挽救了不少危重病人。近年来,随着不同营养物质对细胞内各种亚细胞结构的影响,营养素通过各种酶对代谢影响的深入研究,使人们认识到体质强弱、智力高低、免疫能力优劣,人体衰老的迟早以及癌瘤的形成等都与营养质量、各种营养素之间的配比有一定的关系。合理的营养可以防治多种疾病。营养学家主张用食物来满足机体对营养的需求。营养学家承认有科学实验依据的保健品,但是实验依据不只是含量测定,还必须有生物效应试验和人体应用观察,要有充足的数据说明其服用剂量能达到预期效果,当然还必须有可靠的卫生质量保证。但是营养学家提倡的仍然是合理的膳食,合理膳食是营养之本。

合理膳食就是要树立平衡营养观念。所谓平衡营养,就是指通过食物补充人体所需的热能和营养素,以满足人体的正常生理需要,并且各种营养素之间比例要适当,以利于营养素的吸收和利用。营养素的种类很多,它们可以互相补充,互相制约,共同调理,以求在人体中之和谐。在我们日常食物中,没有一种食物能满足人们所需的一切营养素,必须吃多样化的食物来满足多种营养素的供给。如果某种或某些营养素摄入过多或过少，都会造成营养失调，使营养素互相补充、互相制约的作用被破坏，以致身体内平衡被打乱，造成机体失调，从而诱发多种疾病。很多专家与学者的共识是：营养紊乱和营养过剩已成为诱发危及生命疾病的原因。例如锌过高可影响铁的吸收；维生素 A，D 过多也会中毒；适量的维生素 A，E 或锌会促进免疫功能的提高，而过高则可抑制等。片面强调营养越多越好是错误的，盲目追求全营养也是不恰当的。人体不可能同时大量缺乏所有营养素。机体状态的不同、体内营养水平的不同，决定了人们对营养素的需求各不相同。全营养、高营养也必然引起某种营养素摄入过多，一方面造成浪费，同时又会影响机体对真正缺乏的营养素的吸收和利用。因此，树立科学的营养观念——平衡营养观念，正是指导人们合理膳食，正确补充营养素。

健康文明的生活方式：
合理膳食、适量运动
戒烟限酒、心理平衡

人体对营养的需要是多方面的，营养平衡就是要按各类人体不同需要，科学地搭配蛋白质、脂肪、维生素、矿物质、糖类等各种营养成分。例如人体既需要动物蛋白，也要有植物蛋白。我们摄取的大多数氮正是来源于吃的植物蛋白和动物蛋白。人体内没有氨基酸的贮存形式，这与糖类、脂类不同，糖类和脂类分别以糖原和脂肪的形式贮存在体内。然而体内也有一个不断变化的氨基酸库，组织蛋白不断地分解和重新合成，如图 8.6所示。健康的成人体内保持着氮的平衡，即排出的氮和通过食物吸收的氮一样多。正在成长的少年儿童处于氮的正平衡，即吸收的氮比排出的氮多，因为他们需要氨基酸合成新的组织。氮的负平衡则是排出的氮比吸收的氮多，常由于营养不良、饥饿等状况引起。

健康长寿是人类的共同愿望，大量研究表明，机体的衰老受各种因素的影响，而其中饮食状况是一项很重要的因素。可以说，人类健康长寿最关键的因素之一是维系人体内几十种元素的平衡。若体内元素平衡失调，就会导致患上某种疾病，而治疗疾病就是补充和调节人体元素平衡。人体内元素的平衡

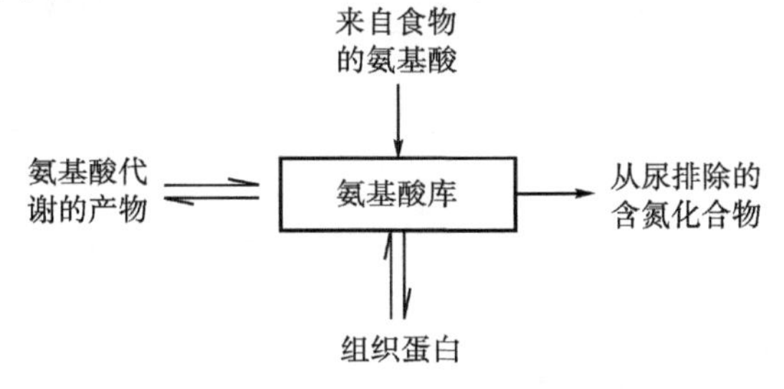

图 8.6　人体内的氨基酸库处于不断变换之中

专业术语

氨基酸库
ئامىنو كىسلاتا ئامبىرى

纤维素
تالا ماددىسى، سېللىيلوزا

有两种含义,一是某个元素在人体内含量要适宜;二是人体内的各种元素之间要有一个合适比例才能协调工作,才会有益于健康。

人们认为,多样化的膳食就是获得各种适量营养素的最好方法。随着对必需营养素及其相互关系知识的丰富和深入,为有效地利用食物资源、科学加工食品、合理调配膳食和充分发挥营养效能等,提供了科学基础。中国生理科学学会和中国医学科学院等提出的我国部分膳食供给量的标准请参阅相关文献资料。目前科学界公认了人体必需的 14 种微量元素功能与平衡失调症。因此人类在生命活动过程中,通过食物和食物链方法以补充和调节体内元素的平衡,对预防疾病,维护健康意义重大。

习题

1. 简述生命必需元素的含义。
2. 人体需要哪些维生素?通过什么途径补充它们?
3. 什么是平衡营养观念?如何做到平衡营养?
4. 化学元素主要通过什么途径进入人体?
5. 营养素包括哪些物质?它们各有什么作用?
6. 碘盐中加的碘是什么化合物?
7. 人体缺铁会对健康有何影响?
8. 纤维素是维持人体健康所需要的营养素吗?

第9章　化学探究性实验

首先思考一下，什么是探究性实验呢？

化学是一门以实验为主的自然科学，利用实验探究解决问题的途径。验证知识的真伪，分析事物的变化和发展，是研究自然科学十分重要的环节。

化学主要研究微观世界中各粒子间的联系和作用，它可能需要根据实验提出科学假说，并由假说提出理论，再根据实验检验其理论；也可能会根据实验，借助数学、物理等学科的知识和思考方法，建立起模型，并由模型提出假说。

探究性实验就是学生运用已具备的知识和实验技能，创造性地构思，设计解决问题的途径和方法；或者对于要解决的问题，根据不同的实验条件，设计不同的方案；或者在相同的条件下，进行不同的设计。

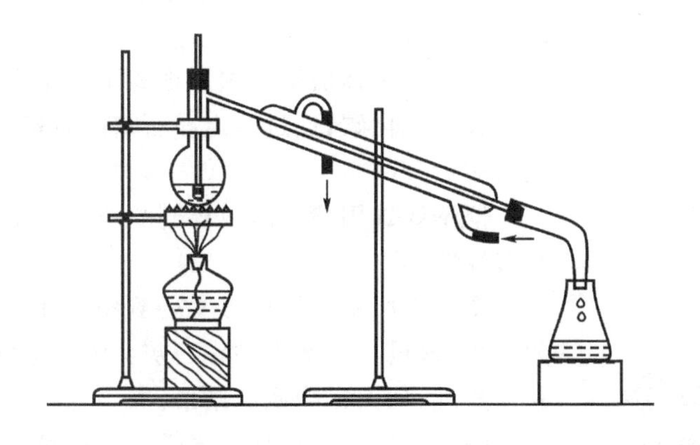

学习内容

本章主要介绍几个化学探究性实验,其中包括对物质纯度测定的探究,提高课堂观察效果的实验改进,有关物质检验的实验探究,有关物质结构的探究,有关物质性质的探究。

学习目的

1. 科学性:实验原理正确,实验流程合理。
2. 可行性:条件允许,效果明显,操作准确。
3. 安全性:保护仪器,保护环境,保护人身安全。
4. 简约性:步骤少,时间短,效果好。

专业术语

托盘天平
پەلللىك تارازا

酒精灯
ئسپىرت لامپىسى

圆底烧瓶
يومۇلاق تەگلىك كولبا

9.1　物质纯度测定的探究

方法与示例

【例题 9-1】 工业纯碱中常含有少量的氯化钠,试设计一个实验方案来测定其碳酸钠的质量分数。

【解析】 方法一　间接测定一定质量的样品中氯离子的质量分数:用硝酸银将样品中所有的氯离子沉淀后,称量氯化银沉淀的质量(在滴入硝酸银溶液前,应先加入过量的稀硝酸。

方法二,测定一定质量的样品中碳酸根离子的质量分数:用可溶性钙盐或钡盐将样品中所有的碳酸根离子沉淀后,称量沉淀的质量。

也可以用稀硫酸将碳酸根离子转化为二氧化碳,再用碱石灰吸收二氧化碳,通过测定碱石灰的质量变化确定样品中碳酸钠的质量分数。

但不要选用稀盐酸或稀硝酸与样品反应,因为碱石灰能吸收酸性气体。

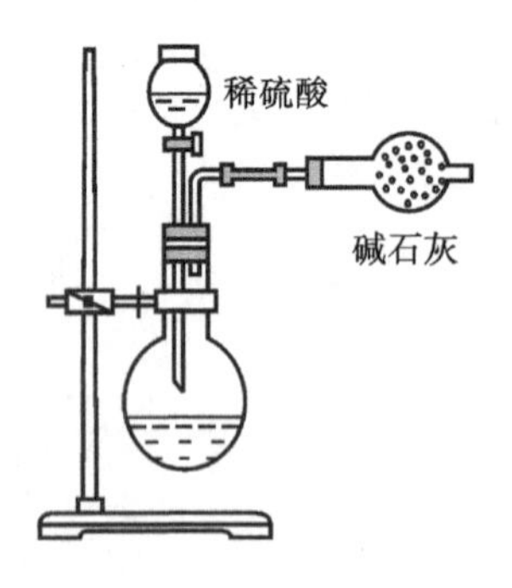

图 9.1　碳酸钠纯度测定(一)

图 9.1 所示的设计方案受到空气中的二氧化碳和水蒸气的干扰,该设计方案中的碱石灰会吸收空气中的二氧化碳气体和水蒸气,从而影响测定结果。

图 9.2 所示的设计方案仍然存在着严重的系统误差:烧瓶中残留有二氧化碳气体;反应产生的二氧化碳气体中有一定量的水蒸气,可用图 9.3 所示的方案改进。

但由于纯净的氮气不容易得到,能否用空气代替氮气来达到排气法的作用? 当然,图 9.4 所示的设计方案仍不是很理想的方案,我们可以使空气先通过装有碱石灰的 U 形管,以除去空气中的二氧化碳气体和水蒸气,再通过灼热的铜网以除去 O_2,从而用纯净的氮气赶尽系统中的二氧化碳气体。

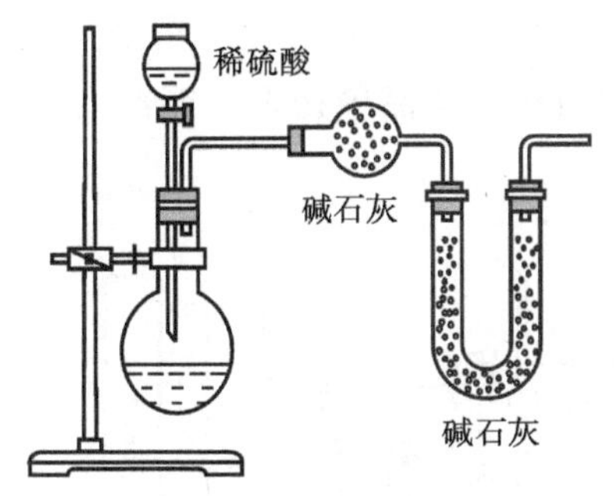

图 9.2　碳酸钠纯度测定(二)

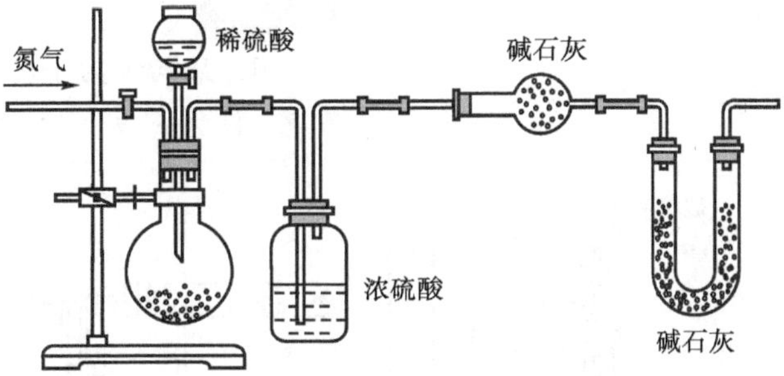

图 9.3　碳酸钠纯度测定(三)

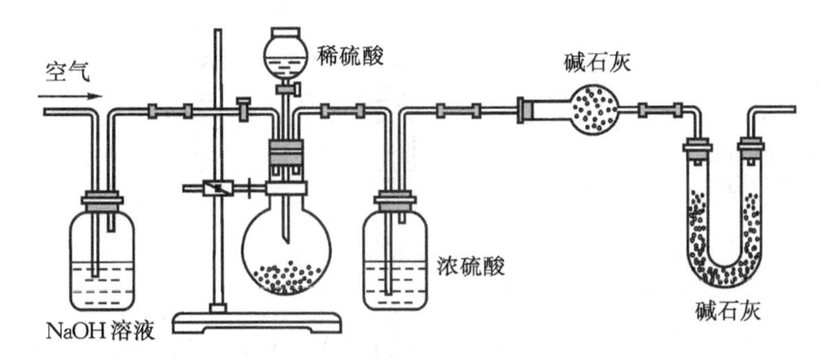

图 9.4　碳酸钠纯度测定(四)

实验设计的方案选择,实际上是个不断完善、创新的过程,如果我们换种思路思考问题,不把思维仅仅停留在质量的称量上,而是用中和滴定法来测定碳酸根离子的物质的量,实验能否简捷明了呢?

返滴定法:准确称取一定量的样品,溶解于已除去二氧化碳的蒸馏水中,然后稀释到一定体积,分取等份部分进行滴定。

先在第一份溶液中加入过量的标准盐酸溶液,消耗盐酸的体积为 V_1,再滴入 1 至 2 滴酚酞指示剂,然后用标准氢氧化钠溶液滴定至红色出现,且半分钟内不褪色,记下消耗的氢氧化钠的体积 V_2。显然,V_2 是滴定与碳酸根离子反应后剩余的盐酸所消耗的氢氧化钠标准溶液的体积。

【思考】

(1) 空气中的二氧化碳气体如何除去?

(2) 空气中的水蒸气需不需要除去?

(3) 若标准盐酸溶液的物质的量浓度为 c_1,标准氢氧化钠溶液的物质的量浓度为 c_2,样品的质量为 m_1,称取的样品质量为 m_2,如何计算样品中碳酸钠的质量分数?

专业术语

分液漏斗
ئېرتمە بۆلگۈچى ۋارونكا

集气瓶
گاز يىغىش بوتۇلكىسى

铁架台
تۆمۈر شتاتىپ

干燥管
قۇرۇتۇش نەيچىسى

专业术语

移液管
سۇيۇقلۇق يۆتكەش نەيچىسى

滴定管
تېمىتقۇچى نەيچە

锥形瓶
كونۇسسىمان كولبا

酒精喷灯
ئىسپىرت گورىلكىسى

洗气瓶
گاز يۇغۇچ بوتۇلكا

习 题

1. 某同学为了测定大理石粉末样品中是否可能混有少量锌粉,设计图 9.5 所示装置。

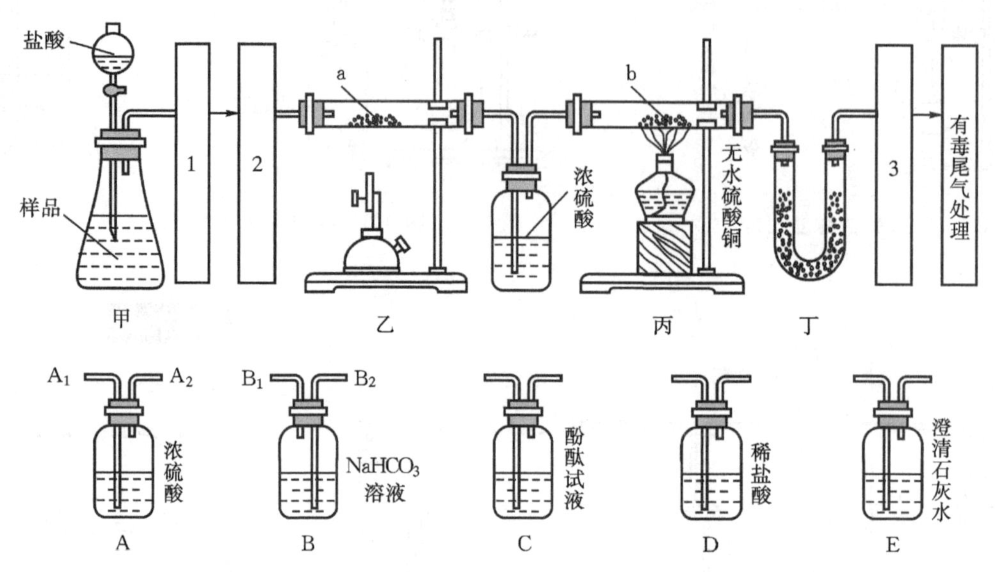

图 9.5　大理石纯度测定

专业术语

量筒
مېنزۇركا

水槽
كۆلچەك، ھاۋۇز

长颈漏斗
ئۇزۇن بويۇن ۋارونكا

(1) 把 A,B 装置上的四个接口(A_1,A_2,B_1,B_2)选入甲、乙中,它们的正确连接顺序是________。

(2) B 装置的作用________。A 装置的作用________。

(3) 写出乙装置内发生反应的化学方程式________。

(4) 写出丙装置中 b 的化学式________。

(5) 为了检验丁装置中出来的一种气体的性质,3 位置上应选用________装置(从“C”,“D”,“E”中选,用代号填入)。

2. 为测定已变质的过氧化钠(含碳酸钠)的纯度,设计如图 9.6 所示实验。

Q 为一具有良好弹性的气球,称取一定量的样品放于其中。按图 9.6 安装好实验装置,打开分液漏斗的活塞,将稀硫酸全部滴入气球中。

(1) Q 内发生反应后生成________种气体。若有氧化还原反应,请写出化学反应方程式________。

(2) 为测出反应时生成气体的总体积,滴加稀硫酸前必须关闭________(填“K_1”,“K_2”,“K_3”,下同),打开________。此时气体膨胀的体积与量筒 I 所接受的水的体积________(填“相等”或“不等”)。

(3) 当上述反应停止后。将 K_1,K_2,K_3 处于关闭状态,然

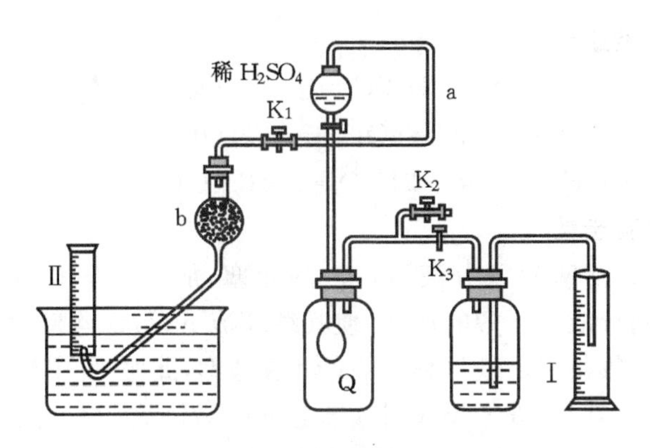

图 9.6　过氧化钠的纯度测定

后先打开 K_2，再缓缓打开 K_1，此时可观察到的现象________________________________。

（4）导管 a 的作用是________________________。

（5）b 中装的固体试剂是________，为何要缓缓打开 K_1________________________________。

（6）实验结束时，量筒Ⅰ中有 x mL 水，量筒Ⅱ中收集到 y mL气体，则过氧化钠的纯度是________________（上述体积均已折算成标准状况）。

9.2　提高课堂观察效果的实验改进

例题

【例题 9－2】　设计一套可用来制取和观察 $Fe(OH)_2$ 在空气中被氧化时的颜色变化的装置。

【分析】　试剂：铁屑、6 mol/L 硫酸、NaOH 溶液

仪器：分液漏斗、圆底烧瓶、带铁夹的铁架台、集气瓶、导管、水槽装置如图 9.7 所示。

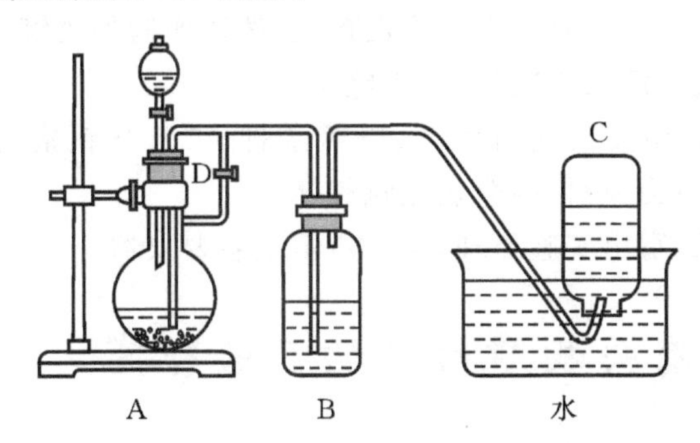

图 9.7　$Fe(OH)_2$ 在空气中的氧化装置

专业术语

蒸馏烧瓶
دىستىللەش كولبىسى

容量瓶
ئابيوملۇق كولبا

实验原理

$$Fe + H_2SO_4 = FeSO_4 + H_2\uparrow$$

$$FeSO_4 + 2NaOH = Fe(OH)_2\downarrow + Na_2SO_4$$

$$4Fe(OH)_2 + O_2 + 2H_2O = 4Fe(OH)_3$$

实验步骤

打开活塞 D 及分液漏斗上的瓶塞;加入适量 6 mol/L 硫酸,控制分液漏斗旁的活塞,使其缓缓流下,与铁屑接触后产生气体,待收集到足量气体后,关闭活塞 D,此时 A 中液面逐渐沿导管上升,并进入 B 瓶中,产生 $Fe(OH)_2$ 沉淀。拔去 B 瓶的橡皮塞,空气进入,$Fe(OH)_2$ 被氧化成 $Fe(OH)_3$。

【思考】

(1) 此时 H_2 的流向

因为蒸馏烧瓶的一导管末端在 A 中形成液封,气体无法导出,所以 H_2 只能从蒸馏烧瓶的支管口再经活塞 D 处导出,经 B 后用排水法收集。

(2) 此时 H_2 的作用

蒸馏烧瓶 A 中充满 H_2,阻碍了反应生成的 $FeSO_4$ 与空气接触;H_2 通过时又可将 NaOH 溶液中的空气赶出。

(3) 为什么关闭 D 后,能生成 $Fe(OH)_2$

因为关闭 D 后,A 中 H_2 无法逸出,因而 A 中压强增大,将 A 中溶液通过导管压入 B 中,这样 $FeSO_4$ 与 NaOH 反应生成了 $Fe(OH)_2$。

习 题

1. 请设计一套制取氢氧化亚铁的装置。

要求:能清晰看到氢氧化亚铁的白色。

提示:由于氢氧化亚铁在空气中容易氧化,一般课堂演示中制成的氢氧化亚铁迅速氧化成氢氧化铁,颜色由白变为浅绿,灰绿……(实际上看不到白色)。改进实验的关键是用还原性气体赶去溶液中空气,并隔绝空气。

2. 请用实验室制氧气(以氯酸钾、二氧化锰混合物为原料)的残渣为原料,制取氯化氢气体。

要求:写出实验原理、实验步骤及主要仪器。

9.3　有关物质检验的实验探究

例 题

【例题 9 - 3】 昆虫能分泌出信息素。下列是一种信息素的结构简式：$CH_3—(CH_2)_5—CH═CH—(CH_2)_9—CHO$，请设计检验该物质中所含何种官能团的实验方法，写出有关的化学方程式、实验现象并指出反应类型。

【分析】 该物质含有两种官能团—CHO 和 $\rangle C═C\langle$。

检验顺序是关键，由于—CHO，$\rangle C═C\langle$ 均能被酸性高锰酸钾氧化，故不能先用酸性高锰酸钾鉴定。

—CHO 的检验方法是加银氨溶液做银镜反应或用新制氢氧化铜悬浊液反应（生成红色氧化亚铜）。

$$CH_3(CH_2)_5CH═CHCH(CH_2)_9CHO + 2Ag(NH_3)_2OH \longrightarrow CH_3(CH_2)_5CH═CH(CH_2)_9COONH_4 + 2Ag\downarrow + 3NH_3 + H_2O$$

，氧化反应。

检验 $\rangle C═C\langle$ 是用酸性高锰酸钾溶液或溴水，使其褪色。

说明：—CHO 典型的反应是和弱氧化剂银氨溶液或新制 $Cu(OH)_2$ 悬浊液反应。

【答案】 取少量试样加入溴水，若溴水褪色，证明有 $\rangle C═C\langle$。

$$CH_3(CH_2)_5CH═CH(CH_2)_9CHO + Br_2(\text{稀}) \longrightarrow CH_3(CH_2)_5\underset{\mid\atop Br}{C}—\underset{\mid\atop Br}{C}H(CH_2)_9CHO$$

反应类型为加成反应。

【例题 9-4】 消除碘缺乏病的有效措施之一，就是在食盐中加入一定量的 KIO_3。已知在溶液中 IO_3^- 可与 I^- 发生反应

$$IO_3^- + 5I^- + 6H^+ ═══ 3I_2 + 3H_2O$$

根据此反应，可用试纸和一些生活中常见的物质进行实验，证明食盐中存在 IO_3^-。可供选用的物质有：①自来水，②蓝色石蕊试纸，③碘化钾淀粉试纸，④淀粉，⑤食糖，⑥食醋，⑦白酒，⑧食用油。

说明：这是一道涉及日常生活的设计性实验题，选用的实验用品多为家庭日常生活用品。

请写出证明食盐中存在 IO_3^- 的实验步骤。

【分析】

实验步骤

(1) 将少量食盐溶解在食醋中，制成溶液。

(2) 用玻璃棒蘸取上述溶液，滴在碘化钾淀粉试纸上，若试纸变蓝色，说明食盐中含有 IO_3^-。

【思考】

能否用自来水溶解食盐？

【答案】 不能，因为自来水中含有微量 Cl_2，HClO 等氧化性物质，易将 I^- 氧化为 I_2，造成判断失误。

习题

1. 请设计一个家庭小实验,除去淀粉中所含的食盐。

要求:自制半透膜(用鸡蛋),并检验去除效果。

2. 一位同学使用①冷开水,②碘酒,③熟石灰,④淀粉,⑤肥皂水,⑥食醋,⑦红墨水,⑧废易拉罐(铝合金),⑨废干电池(锌筒里装填有碳粉、二氧化锰、氯化铵、淀粉等物质的糊状混合物),⑩食盐,⑪纯碱为实验试剂,进行家庭小实验。

用给定的试剂,不能进行的实验是(不考虑电解)____________________(填写序号)。

(1) 制 NaOH 溶液

(2) 制备纯净氯气,并实验它的漂白作用

(3) 制二氧化碳

(4) 制硬脂酸

(5) 进行淀粉水解实验,并检验水解产物

3. 某甲酸溶液中,可能混有甲醛,两位同学分别设计了以下方案。

甲:将甲酸中和后,加入新制 $Cu(OH)_2$ 悬浊液,加热至沸腾,若有红色 Cu_2O 沉淀生成,则一定含有甲醛,否则就不含甲醛。

乙:加入足量的乙醇和浓硫酸,共热,蒸馏,蒸气冷凝后进行银镜反应,若有银镜生成,则一定含有甲醛;否则不含甲醛。

在老师的指导下,两位同学进行了空白实验(即用肯定不含甲醛的甲酸溶液进行实验),发现两种方案均不妥当。试分析

方案甲的问题在于:____________________。

方案乙的不妥之处为:____________________。

请你设计一个科学、严密的方案加以验证:____。

9.4 有关物质结构的探究

例题

> 在已知乙醇的相对分子质量和分子式的基础上,测定其羟基氢原子数,即推知其分子结构。
>
> 测定生成 H_2 的量,通常采用排水量气法。

【例题 9-5】 请设计一个测定乙醇分子结构的实验。若无水乙醇的密度为 ρ g/cm^3,V mL 乙醇完全反应后,量筒内液面读数为 m mL,则乙醇分子内能被取代出的氢原子数的表达式为:______________________________。

【分析】 **实验原理**

乙醇+钠(足量)⟶乙醇钠+氢气

实验用品

V mL 无水乙醇、足量的已在二甲苯中熔化的小钠珠、蒸馏水、分液漏斗、圆底烧瓶、量筒、广口瓶、用橡皮管连接的导管。

实验步骤

1. 检查装置的气密性。

2. 在广口瓶中注入适量的水。

3. 把 V mL 乙醇全部注入分液漏斗中。

4. 将已在二甲苯中熔化的小钠珠冷却后，倒入烧瓶中，塞紧橡皮塞，从分液漏斗中逐滴把无水乙醇滴入烧瓶中，注意控制滴加速度，乙醇加完后关闭活塞。

5. 估计反应接近完成时，用酒精灯对烧瓶略微加热，再撤掉酒精灯。

6. 待烧瓶冷却后读取量筒读数。

计算

$$C_2H_6O \longrightarrow \text{含羟基数 } n \longrightarrow \frac{n}{2}H_2\uparrow$$

$$\frac{M}{V_\rho}=\frac{\frac{n}{2}\times 22.4\times 10^3}{m}$$

解得

$$n=\frac{0.092\ m}{22.4\ V_\rho}$$

【思考】

(1) 将小钠块制成更小的钠珠的目的是什么？

为使反应进行完全，将小钠块制成更小的钠珠，可加大钠与乙醇的接触面积。

(2) 若乙醇中混有少量甲醇，会对测定结果造成什么影响？

若含少量甲醇，因甲醇的式量比乙醇小，则质量一定时使混合物的羟基数增多，产生的气体增多，m 增大，n 值偏高。

习题

1. 实验室用燃烧法测定某氨基酸（$C_xH_yO_zN_p$）的分子组成。取 m g 该氨基酸放在纯氧中充分燃烧，生成 CO_2，H_2O 和 N_2。按图 9.8 所示装置进行实验。

请回答下列有关问题。

(1) 实验开始时，首先要通入一段时间氧气，其理由是________________________。

(2) 以上装置中需要加热的仪器有________（用字母填空，下同）。操作时应先点燃________处酒精灯。

常用的气体干燥剂：浓硫酸、碱石灰、无水 $CaCl_2$。

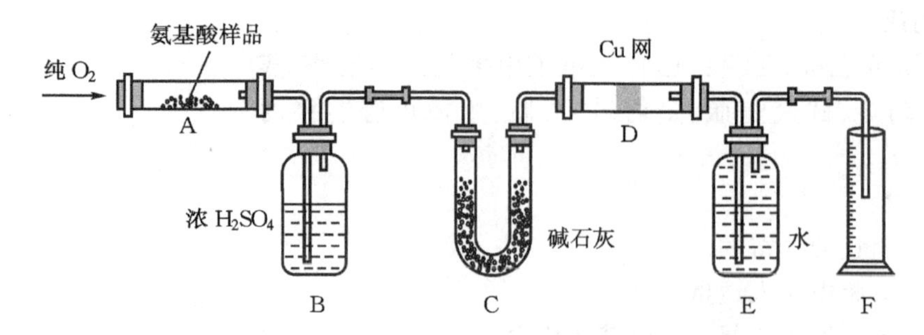

图 9.8 氨基酸的分子组成测定

(3)A 装置中发生反应的化学方程式是______________________________。

(4) 装置 D 的作用______________________。

(5) 读取 N_2 体积时,应注意:①________;②________。

(6)实验中测得 N_2 的体积为 V mL(已折算为标准状况)。为确定此氨基酸的分子式,还需要的有关数据有__________(用字母填空)。

(A)生成二氧化碳气体的质量

(B)氨基酸的相对分子质量

(C)通入氧气的体积

(D)生成水的质量

2. 实验室用纯净氨气还原氧化铜的方法测定铜的近似相对原子质量,反应的化学方程式为

$$2NH_3+3CuO \xlongequal{\triangle} N_2+3Cu+3H_2O$$

现取氧化铜 $W(CuO)$ g,反应后称得生成水的质量为 $W(H_2O)$ g。可选择如图 9.9 所示的实验装置。

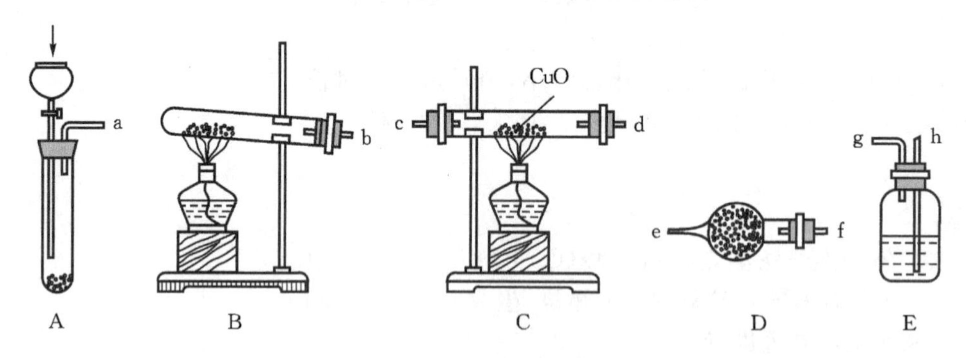

图 9.9 实验装置

可供选择的固体药品有:锌、石灰石、生石灰、碱石灰(NaOH,CaO)。

可供选用的液体药品有:浓盐酸、稀盐酸、浓氨水、稀氨水、

浓硫酸、稀硫酸。

请回答下列各问：

(1) 制取氨气的反应方程式是__________仪器装置最好选择__________；

(2) 整套装置选择图中的哪几种装置______(填写"A","B",…)，各仪器按气流方向应当连接的正确顺序是(填写仪器进出口编号，并可重复使用__________；

(3) 装置 D 中的药品是______，其作用是______，装置 E 中的药品是______，其作用是________；

(4) 计算铜相对分子质量的表达式_______，结果偏高的原因是__________。

9.5 有关物质性质的探究

方法与示例

【例题 9-6】 用实验确定某酸 HA 是弱电解质，两同学的方案如下。

甲：(1)称取一定质量的 HA 配制 0.1 mol/L 的溶液 100 mL；(2)用 pH 试纸测出该溶液的 pH 值，即可证明 HA 是弱电解质。

> 在两个方案的第一步中，都要用到的定量仪器是容量瓶。

乙：(1)用已知物质的量浓度的 HA 溶液和盐酸，分别配制 pH=1 的溶液各 100 mL；(2)各取这两种溶液 10 mL 加水稀释为 100 mL；(3)各取相同体积的两种稀释液装入两个试管，同时加入纯度相同的锌粒，观察现象，即可证明 HA 是弱电解质。

请回答下列问题：

(1) 甲方案中，说明 HA 是弱电解质的理由是______；

(2) 乙方案中，说明 HA 是弱电解质的理由是______；

(3) 乙方案难以实现的原因是________；

(4) 请你再提出一个合理的方案，作出实验步骤的扼要表述________________。

> 乙方案的不妥之处是因为液体与固体的反应中，固体的表面积对反应速率的影响很大，仅仅用反应产生气体的速率来判断溶液中 H^+ 浓度的大小，说服力不强。

【分析】 甲方案的理由是 0.1 mol/L 的 HA 若恰好是弱酸，则部分电离，$c(H^+)<0.1$ mol/L，pH>1。乙方案的理由是盛 HA 溶液的试管放出的氢气速度快。然而 HA 是弱电解质，欲配制 pH=1 的溶液比较困难，合理的方案是取 HA 的钠盐，如 NaA 溶液，若该溶液的 pH 大于 7，说明 HA 是弱酸。

【答案】(略)

习题

1. 有两瓶 pH＝12 的碱溶液,一瓶是强碱,一瓶是弱碱。现有石蕊试液、酚酞试液、pH 试纸和蒸馏水,无其它试剂。简述如何用最简便的试验方法判断哪瓶是强碱。

2. 请设计一个测定稀氨水电离度的实验。

要求:写出实验原理和实验步骤。

综合练习

(一)选择题

1. 纯碱晶体($Na_2CO_3 \cdot 10H_2O$)的相对分子质量是(　)。

A. 106　　B. 286　　C. 19080　　D. 124

2. 某气态烃的最简式为 CH_2,它对氢气的相对密度为14,此烃的分子式是(　)。

A. CH_2　　B. C_3H_6　　C. C_2H_4　　D. C_2H_2

3. 某金属氧化物中,氧的质量分数为20%。已知该金属的氧化数为+2,该金属的相对原子质量是(　)。

A. 32　　B. 56　　C. 24　　D. 64

4. 能正确表示$(NH_4)_2SO_4$中含氢元素质量分数的计算式是(　)。

A. $\frac{4A(H)}{Mr[(NH_4)_2SO_4]} \times 100\%$

B. $\frac{2A(H)}{Mr[(NH_4)_2SO_4]} \times 100\%$

C. $\frac{8A(H)}{Mr[(NH_4)_2SO_4]} \times 100\%$

D. $\frac{6A(H)}{Mr[(NH_4)_2SO_4]} \times 100\%$

5. 下列各组物质中,相对分子质量相同的是(　)。

A. CO_2与NO_2　　B. CO与N_2

C. CH_4与NH_3　　D. H_2O与NO

6. 在硫酸镁中,镁的质量分数是(　)。

A. 10%　　B. 12%　　C. 24%　　D. 20%

7. 6g二氧化硫中,硫的质量是(　)。

A. 2g　　B. 2.5g　　C. 3g　　D. 4g

8. 含有6g碳元素的一氧化碳的质量是(　)。

A. 6g　　B. 8g　　C. 12g　　D. 14g

9. 100 kg硝酸铵的含氮量与(　)kg硫酸铵的含氮量相同。

A. 82.5　　B. 100　　C. 165　　D. 200

10. 在某二价元素的氧化物中，该元素与氧元素的质量比为 3：2，该元素的相对原子质量是(　)。

A. 12　　B. 24　　C. 32　　D. 40

11. 64g O_2的物质的量是(　)。

A. 4 mol　　B. 16 $g \cdot mol^{-1}$

C. 2mol　　D. 32 $g \cdot mol^{-1}$

12. 54g H_2O 含氢原子的物质的量是(　)。

A. 3 mol　　B. 9 mol　　C. 18 mol　　D. 6mol

13. 下列各物质中含分子数最多的是(　)。

A. 4℃时 2.7g H_2O

B. 4.4g CO_2

C. 在标准状况下 4.48 L O_2

D. 6.02×10^{23}个 H_2分子

14. 含有 3.01×10^{23}个分子 O_2，其物质的量是(　)。

A. 5 mol　　B. 0.5 mol　　C. 0.05mol　　D. 50 mol

15. 2 mol　H_2和 2 mol He 具有相同的(　)。

A. 分子数　　B. 原子数

C. 质量　　D. 相对分子质量

16. 在相同条件下，22g 二氧化碳和 22g(　)气体占有相同的体积。

A. 一氧化二氮　　B. 氮气

C. 二氧化硫　　D. 一氧化碳

17. 两种物质的量相同的气体，在相同的条件下，它们必然有(　)。

A. 相同的体积　　B. 相同摩尔质量

C. 相同原子数　　D. 相同质量

18. 下列物质中，体积约为 22.4 L 的是(　)。

A. 1 mol O_2

B. 18g H_2O

C. 17g NH_3

D. 在标准状况下 36.54g HCl

19. 质量相同的氮气和二氧化氮，它们所含分子数之比是(　)。

A. 23：14　　B. 14：23　　C. 23：21　　D. 21：23

20. 在标准状况下，200 cm^3某气体的质量是 0.25g，该气体的化学式可能是(　)。

A. NH_3　　B. CO　　C. H_2S　　D. SO_2

21. 在某氮的氧化物中，氮元素和氧元素的质量比是 7：12，则此氧化物的化学式是(　)。

A. N_2O　B. NO　C. N_2O_3　D. NO_2

22. 下列物质中，分子数一定相同的是(　)。

A. 11.2 L H_2 和 0.5mol N_2

B. 2mol CO 和 88g CO_2

C. 4℃ 时 18 cm^3 H_2O 和 2×10^5 Pa，27℃时 32g O_2

D. 27℃，1×10^5 Pa 时，22.4 dm^3 Cl_2 和含 4mol 氧原子的 H_2SO_4

23. 下列物质中，含原子数为阿伏加德罗常数的是(　)。

A. 1 mol Cl_2　B. 0.5mol CO_2

C. 1mol Ne　D. 0.25mol SO_3

24. 和 6 克 $CO(NH_2)_2$ 含氮量相同的物质是(　)。

A. 34 g NH_3　B. 13.2g $(NH_4)_2SO_4$

C. 6g NH_4NO_3　D. 0.1mol NH_4Cl

25. 下列说法正确的是(　)。

A. 摩尔是物质的量

B. 氯的摩尔质量是 71g

C. 100℃，1.01×10^5 Pa 条件下，1mol H_2O 中约含有 6.02×10^{23} 个水分子

D. 在标准状况下，1mol 任何物质的体积都是 22.4 L

26. 同温度、同体积、等质量的下列气体中，压力最大的是(　)。

A. 二氧化碳　B. 氢气

C. 氧气　D. 氮气

27. 在标准状况下，7g 某气体和 0.5g 氢气所含的分子数相同，

该气体的密度是(　)。

A. 1.25g・L^{-1}　B. 0.63 g・L^{-1}

C. 2.5 g・L^{-1}　D. 0.146 g・L^{-1}

28. 加热 5g 某化合物，使之完全分解得到 1.12 L 气体(标准状况下)和 2.8g 残渣，则气体的相对分子质量是(　)。

A. 44mol　B. 32

C. 28mol　D. 44

29. 在同温同压下，10 cm^3 气体 A_2 和 30cm^3 气体 B_2 化合生成 20 cm^3 气体 X，X 的分子式为(　)。

A. A_3B　B. AB_3

C. A_2B　D. AB_2

30. 在标准状况下，有一氧化碳和二氧化碳的混合气体 5.6 L，如果一氧化碳的质量是 5.6g，则二氧化碳的质量是(　)。

A. 5.6g　B. 4.4g　C. 2.2g　D. 1g

31. 某物质在 40℃时溶解度是 40g，在 40℃时，该物质的 100g 饱和溶液中含有溶质(　)。

A. 40g　B. 70g

C. 28.6g　D. 20g

32. 30 cm^3 0.5 $mol \cdot L^{-1}$ 的氢氧化钠溶液与 20 cm^3 0.7 $mol \cdot L^{-1}$ 的氢氧化钠溶液混合，设混合后溶液的体积等于混合前两种溶液的体积之和，混合后溶液的物质的量浓度是(　)。

A. 0.55 $mol \cdot L^{-1}$　B. 0.58 $mol \cdot L^{-1}$

C. 0.6 $mol \cdot L^{-1}$　D. 0.65 $mol \cdot L^{-1}$

33. 溶质质量分数为 10%的硫酸溶液 50g，加水 150g 后该溶液的溶质质量分数变为(　)。

A. 2%　B. 2.5%

C. 35%　D. 2.75%

34. t℃时，硝酸钾溶液 200g，蒸发掉 20g 水后，析出晶体 5g；又蒸发掉 20g 水后，析出晶体 12g。则第一次析出晶体后溶液的溶质质量分数是(　)。

A. 37.5%　B. 60%

C. 10%　D. 40%

35. 在 V cm^3 氯化钙溶液中，含有 a g Ca^{2+}，则该溶液的物质的量浓度是(　)。

A. $\frac{a}{40} mol \cdot L^{-1}$　B. $\frac{40}{aV} mol \cdot L^{-1}$

C. $\frac{25a}{V} mol \cdot L^{-1}$　D. $\frac{40 \times 1000}{aV} mol \cdot L^{-1}$

36. 在标准状况下，102 cm^3 水吸收 44.8 L 氨气，所得溶液的溶质质量分数是(　)。

A. 33.3%　B. 34.7%

C. 46.2%　D. 25%

37. 将溶质质量分数为 14%的氢氧化钾溶液蒸发掉 100 g 水后，得到溶质质量分数为 28%的溶液 80 cm^3，则此 80 cm^3 溶液的物质的量浓度是(　)。

A. 6 $mol \cdot L^{-1}$　B. 6.25 $mol \cdot L^{-1}$

C. 6.75 $mol \cdot L^{-1}$　D. 8 $mol \cdot L^{-1}$

38. 用 10 cm^3 0.1 $mol \cdot L^{-1}$ 的 $BaCl_2$ 溶液，恰好可使相同体积的硫酸铁溶液、硫酸锌溶液、硫酸钾溶液中的硫酸根离子完全转化为硫酸钡沉淀，则 3 种硫酸盐溶液的物质的量浓度之比为(　)。

A. 1∶2∶2　　B. 1∶3∶3

C. 3∶2∶2　　D. 3∶1∶1

39. 在标准状况下，将 2.8 dm^3 的氯化氢溶于水配成 100 cm^3 溶液，此溶液的物质的量浓度是(　)。

A. 12.5 $mol \cdot L^{-1}$　　B. 1.25 $mol \cdot L^{-1}$

C. 0.125 $mol \cdot L^{-1}$　　D. 2.8 $mol \cdot L^{-1}$

40. 与 100 cm^3 2 $mol \cdot L^{-1}$ 的氯化铝溶液中 Cl^- 的物质的量浓度相等的是(　)。

A. 300 cm^3 2 $mol \cdot L^{-1}$ 的 NaCl 溶液

B. 50 cm^3 4 $mol \cdot L^{-1}$ 的 $FeCl_3$ 溶液

C. 200 cm^3 1 $mol \cdot L^{-1}$ 的 HCl 溶液

D. 500 cm^3 3$mol \cdot L^{-1}$ 的 $BaCl_2$ 溶液

41. 将 6.2 g Na_2O 放入 93.8 g 水中，所得溶液中溶质的质量分数是(　)。

A. 6.2%　　B. 6.6%

C. 8%　　D. 4%

42. 一定量的甲烷和乙烷的混合气体，在足量的氧气中完全燃烧后，生成 1.76gCO_2 和 1.26gH_2O，则原混合气体中甲烷和乙烷的物质的量之比为(　)。

A. 1:2　　B. 2:1

C. 1:1　　D. 4:1

43. 10g 溶质质量为 10% 的 NaOH 溶液与 10g 溶质质量分数为 10% 的盐酸混合后，混合液的 pH 是(　)。

A. 等于 7　　B. 等于 0

C. 大于 7　　D. 小于 7

44. 两份质量相同的铝粉在相同的条件下，分别跟盐酸和氢氧化钠溶液反应，若放出的氢气体积相同，盐酸与氢氧化钠的物质的量之比是(　)。

A. 3∶1　　B. 2∶1

C. 1∶3　　D. 3∶2

45. 有两份铝粉，在相同的条件下分别跟盐酸和氢氧化钠溶液反应，若放出的氢气体积相同，则这两份铝粉的质量比是(　)。

A. 2∶1　　B. 1∶1

C. 1∶2　　D. 3∶1

46. 由碳、氢、氧 3 种元素组成的化合物 8.8g，完全燃烧后得到标准状况下的二氧化碳 11.2L，水 10.8g，该有机物可能是(　)。

A. 戊醇　　　　B. 戊烯

C. 丁酸　　　　D. 戊烷

47. 用 0.1mol 的 Cu 跟足量的浓硫酸反应制取 SO_2，被还原的浓硫酸的质量是(　)。

A. 4.9g　　　　B. 98g

C. 19.6g　　　　D. 9.8g

48. CO 和 H_2 的混合气体 100 cm^3，完全燃烧时共耗用了 50cm^3 的氧气(相同的条件下)，则混合气体中 CO 和 H_2 的体积比是(　)。

A. 1∶1　　　　B. 2∶1

C. 1∶2　　　　D. 任意比例

49. 甲烷和乙烯的混合气体 100 cm^3，在催化剂的作用下跟氢气充分反应，消耗氢气 30cm^3(气体体积均在相同条件下测定的)，则原混合气体中甲烷的体积百分含量是(　)。

A. 70%　　　　B. 30%

C. 50%　　　　D. 25%

(二) 填空题

50. 硫酸铵($(NH_4)_2SO_4$)中，各元素的质量比为__________。

51. 尿素($CO(NH_2)_2$)中，氮元素的质量分数为__________。

52. 某元素的相对原子质量是 27，氧化数为 +3 价，则它的氧化物中，氧元素的质量分数是__________.

53. 含氮元素 17.5kg 的硝酸铵(NH_4NO_3)的质量是__________kg。

54. 某容器真空时质量为 480.8g，充满氢气后质量为 480.9g，充满某气态烃后质量为 482.3g，则该气态烃的相对分子质量是__________。

55. 等质量的 SO_2 和 SO_3 所含分子数之比为__________，原子数之比为__________。

56. 在同温同压下，相同体积的 CO 和 CO_2，它们的质量比为__________，分子数之比__________，氧原子数之比为__________。

57. 在同温同压下，质量相同的 O_2，CH_4，CO 和 Cl_2，所占体积从大到小的顺序是__________。

58. 12.4g 的 Na_2X 中，含 0.4mol Na^+，则 Na_2X 的摩尔质量是__________，X 的相对原子质量__________。

59. 在标准状况下，________ dm^3的 NH_3与 4g H_2含原子数相等。

60. 2mol O_3和 3mol O_2，它们的质量________等，分子数________等，含氧原子数________在相同条件下体积比为________。

61. ________ mol N_2和 4g O_2含分子数相等。

62. ________mol CH_4中含 3g 碳，________mol CH_4中含 0.25mol 的氢原子。

63. 已知在混合气体中 H_2和 CO 的质量比为 1∶7，他们的体积比是________。

64. 中和 0.1mol OH^-，需 HCl ________。

65. 含有相同数目的氧原子的 CO 和 CO_2，它们的体积比为 ________。

66. 在同温同压下，质量相同的氧气、甲烷和二氧化硫，它们的体积比依次为________。

67. 20℃，向 1 dm^3容器中分别充入等质量的 NH_3和 H_2S，则二者压力之比是________。

68. 在标准状况下，如果 5.6 dm^3氧气含有 n 个氧分子，则阿伏加德罗常数为________。

69. 有 15gA 物质和 10.5gB 物质完全发生反应，生成 7.2g C 物质和 1.8g D 物质、0.3mol E 物质，则 E 物质的摩尔质量是________。

70. 在 20℃时，硝酸钾的溶解度是 31.6g。在 20℃时，硝酸钾饱和溶液中，溶质/ 溶剂和饱和溶液的质量比是__________。

71. 某化合物的式量是 M，将 A g 该物质溶于水配成 20℃时的饱和溶液 V cm^3，其密度为 d g/cm^3，则该溶液中溶质的质量分数是________，物质的量浓度是________。

72. 200 cm^3硫酸钠溶液中含有 0.1molNa^+，此硫酸钠溶液的物质的量浓度是________。

73. Vcm^3 $Al_2(SO_4)_3$溶液中含 Al^{3+} a g，取出 V/4 cm^3溶液稀释到 4V cm^3，则稀释后溶液中 SO_4^{2-} 的物质的量浓度是________。

74. 3%的碳酸钠溶液的密度为 1.03g/cm^3，配制此溶液 300 cm^3，需要 $Na_2CO_3 \cdot 10H_2O$ 的质量是________。

75. 某温度下，10 cm^3氯化钠饱和溶液的质量是 12g，将其蒸干后得食盐 3.17g，此时的饱和溶液的溶质质量分数是__________，物质的量浓度是________。

76. 把溶质质量分数是 18.3%的盐酸 10 cm^3（密度是 1.09

g/cm^3)稀释到 100 cm^3,稀释后溶液的物质的量浓度是__________。

77. $Al_2(SO_4)_3$溶液的物质的量浓度是 A $mol \cdot L^{-1}$,若此溶液中含 $SO_4{}^{2-}$ 的物质的量为 B mol 时此 $Al_2(SO_4)_3$溶液为__________ cm^3。

78. 用 1 $mol \cdot L^{-1}$ 的 $AgNO_3$ 溶液分别完全沉淀 NaCl, $CaCl_2$, $FeCl_3$ 3 种溶液中的 Cl^-,若 NaCl, $CaCl_2$, $FeCl_3$ 3 种溶液的物质的量浓度相同,体积也相同时,则所用 $AgNO_3$ 溶液的体积比依次为__________。

79. 分解______g 氯酸钾放出的氧气恰好跟 16.4g 锌与足量的盐酸反应放出的氢气完全化合。

80. 10.7g 氯化铵与过量的消石灰反应,放出的氨气通入 20 g 溶质质量分数为 49% 的磷酸溶液中,生成的物质是______。

81. 在 25 cm^3 0.1$mol \cdot L^{-1}$ 的 $BaCl_2$ 溶液中加入 10 cm^3 0.1$mol \cdot L^{-1}$ 的 $AgNO_3$ 溶液,反应后溶液中 Cl^- 的浓度是______, $NO_3{}^-$ 的浓度是______, Ba^{2+} 的浓度是______。

82. 分别将一定量的乙烷,乙烯和乙炔完全燃烧,生成水的质量相等,则生成二氧化碳的物质的量之比依次为____________________。

83. 在标准状况下,2.24 L 某烃完全燃烧后,将生成的气体通过浓硫酸,浓硫酸增重 5.4 g,剩余气体被碱石灰吸收,碱石灰增重 13.2 g,该烃分子式为____________________。

84. 二氧化锰与浓盐酸共热,当有 73 g 的 HCl 被氧化时所产生的氯气质量是______________。

85. 0.1$mol \cdot L^{-1}$ 的 RCl_x 溶液 10 cm^3,当加入 0.05 $mol \cdot L^{-1}$ 的 $AgNO_3$ 溶液 60 cm^3 时,恰好完全反应,x 值等于__________。

86. 要制备 50t 98%的浓硫酸,生产过程中产率为 98%,需含 FeS_2 90%的硫铁矿______t。

87. 9.45g 的 Na_2SO_3 正好与 75cm^3 的盐酸完全反应,这种盐酸的物质的量浓度是________。

88. 将 54.4g 铁和氧化铁的混合粉末投入到足量的稀硫酸中,充分反应后收集到 4.48 L(标准状况下)氢气,并测得溶液中既没有 Fe^{3+} 也没有固体物质残留,则原混合粉末中铁和氧化铁的质量分别是________和________,反应中硫酸消耗掉________mol,反应后得到硫酸亚铁的物质的量是________mol。

89. 等量的盐酸两份,一份能中和 40cm^3 碳酸钠溶液;另一份能跟 4.35g 二氧化锰反应,则碳酸钠溶液的物质的量浓度是________。

(三)计算题

90.有一种硫化亚铁(FeS)样品,经分析知道硫的质量分数为35.01%。计算这种样品中硫化亚铁的质量分数是多少?

91.某炼铁厂原计划用Fe_2O_3的质量分数为70%的赤铁矿40000t炼铁,现改用Fe_3O_4的质量分数为76%的磁铁矿炼铁。问需要多少吨这种磁铁矿石才能跟40000t、质量分数为70%的赤铁矿石炼出的铁的质量相同?

92. 某烃含碳元素82.7%,在标准状况下它的密度是2.59 $g \cdot L^{-1}$,求该烃的分子式。

93.某有机物1.5 g,充分燃烧后生成0.1mol水和1.68 L二氧化碳(体积是在标准状况下的)。这种有机物的蒸气对空气的相对密度是2.07,求此有机物的分子式。

94.由一氧化碳和二氧化碳组成的混合物18g,把它完全燃烧后,测得二氧化碳的体积为11.2 L(标准状况下),求原混合物中一氧化碳和二氧化碳各多少克?体积各多少升?

95.某混合气体由甲烷和一氧化碳组成,在标准状况下测得密度为1 $g \cdot L^{-1}$,则该混合气体中甲烷和一氧化碳的质量比是多少?常温下,在氮气和氨气两种气体组成的混合物中,氮元素和氢元素的质量比为7∶1。求混合物中氮气和氨气的物质的量之比是多少?氮气的体积分数是多少?

96.在10℃时,把10 g氯化铵溶于40 g水中(10℃氯化铵的溶解度为33.3g),求:

(1)制成的溶液是否为饱和溶液?

(2)如果不饱和,还需加多少克氯化铵才能达到饱和?

(3)如果不饱和,还需蒸发掉多少克水才能达到饱和?

97.要配制500 g,溶质质量分数为16%的食盐水,需要食盐和水各多少克?

98.某温度下将15.2 g Na固体放入水中,得到26.6 cm^3,密度1.43$g \cdot cm^{-3}$的NaOH溶液 ,求所得溶液中溶质的质量分数和物质的量浓度?

99.(1)50g溶质质量分数为20%的NaOH溶液需用多少克5.0 $mol \cdot L^{-1}$的盐酸溶液(密度为1.1 $g \cdot cm^{-3}$)才能恰好中和?

(2)上面得到的溶液中,含有多少克氯化钠和水?

(3)需蒸发掉多少克水,才能使上面的溶液成为20℃时的饱和溶液(20℃时NaCl的溶解度为36g)?

100.200 cm^3 6 $mol \cdot L^{-1}$的HCl溶液跟26.5g的Na_2CO_3

充分反应,求反应后盐酸的物质的量浓度(设反应前后溶液的体积不变)。

101. 将 0.6g 由铁和硫组成的某物质在氧气中加热燃烧,使硫全部转化为 SO_2,将 SO_2 氧化并用水吸收,将吸收液用 0.1 $mol \cdot L^{-1}$的氢氧化钠溶液中和,恰好用去 200 cm^3氢氧化钠溶液,求该物质中硫的质量分数?

102. 在 HCl 和 NaCl 的混合溶液中 Cl^- 浓度为 0.30 $mol \cdot L^{-1}$,取此混合溶液 50 cm^3跟过量的 $NaHCO_3$反应,得到 CO_2气体 112 cm^3(标准状况下),求混合液中 HCl 和 NaCl 的物质的量浓度各是多少?

103. 将碳酸钠晶体($Na_2CO_3 \cdot 10H_2O$)和硫酸钠的混合物 8.2 g 溶于水中,加入 50cm^3 1 $mol \cdot L^{-1}$的 HCl 溶液,加热使其充分反应后,冷却,再加入 40 cm^3 0.5 $mol \cdot L^{-1}$的 NaOH 溶液,恰好使溶液中和,求原混合物中碳酸钠晶体的质量分数。

104. 把 50 cm^3 0.2 $mol \cdot L^{-1}$ 的 $BaCl_2$ 溶液和 50 cm^3 0.5 $mol \cdot L^{-1}$的硫酸溶液(硫酸过量)混合,计算:

(1)能生成多少克沉淀?

(2)若溶液的体积可近似相加,反应结束时溶液中剩余物质其物质的量浓度是多少?

105. 一块表面氧化了的金属钠,质量 29.2 g,投入到 71.8 g 水中,产生氢气 11.2 dm^3(标准状况下)求:

(1)金属钠的纯度是多少?

(2)生成的氢氧化钠的物质的量是多少?

(3)所得溶液的溶质质量分数是多少?如果所得溶液的体积为 80 cm^3,所得溶液的物质的量浓度是多少?

106. 某液态有机物 12 g 完全燃烧,生成物通过浓硫酸增重 10.8 g,再通过碱石灰,碱石灰增重 39.6 g。该有机物的蒸汽对氢气的相对密度是 60,求该有机物的分子式。

附录 A　基本化学实验仪器图表

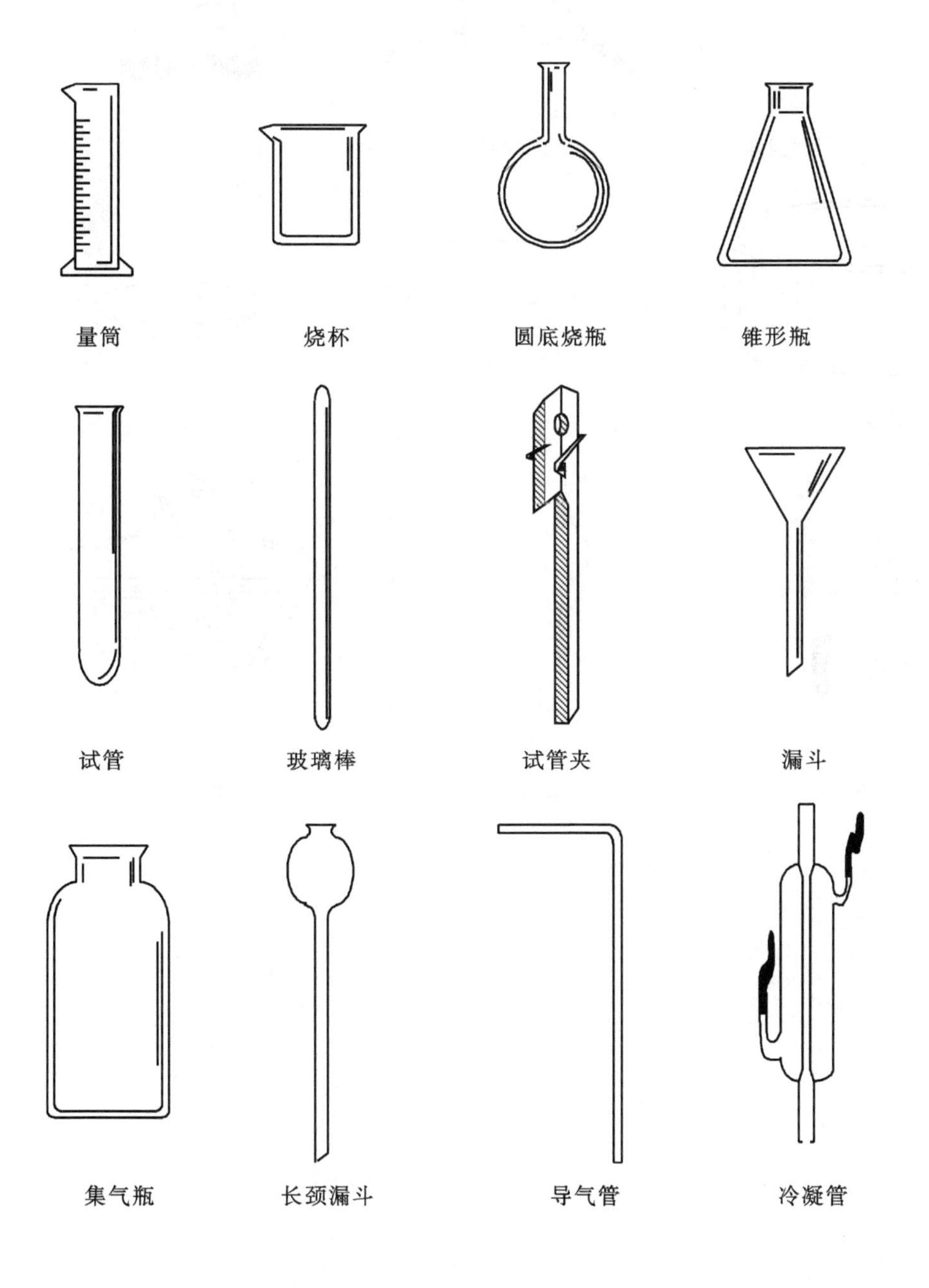

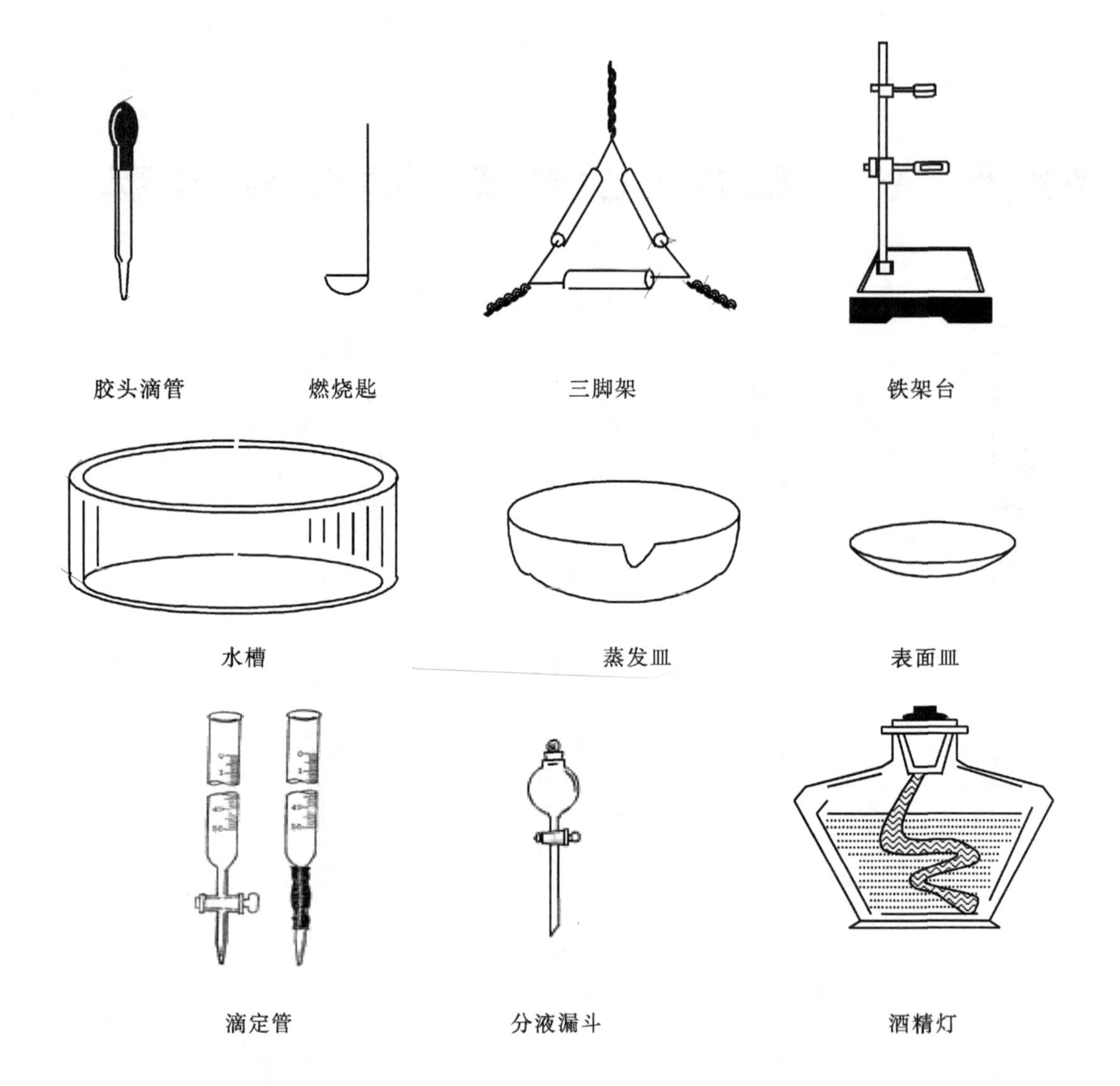
胶头滴管
燃烧匙
三脚架
铁架台
水槽
蒸发皿
表面皿
滴定管
分液漏斗
酒精灯

附录 B 汉维常用化学词汇对照表

（按汉语拼音顺序排列）

A

汉语	拼音	维吾尔语
ATP（三磷酸腺甙）	atp（san lin suan xian dai）	ئادېنوسىن ترى فوسفات
阿伏加德罗常数	a fu jia de luo chang shu	ئاۋوگادرو تۇراقلىقى
氨	an	ئاممونىئاك
氨基	an ji	ئامىنو رادىكالى
氨基酸	an ji suan	ئامىنو كىسلاتالار
氨基酸库	an ji suan ku	ئامىنو كىسلاتا ئامبىرى
氨水	an shui	ئاممونىئاك سۈيى
氨离子	an li zi	ئاممونىئاك ئىئونى
铵盐	an yan	ئاممونىي تۇز لىرى
安全限度	an quan xian du	بىخەتەرلىك چېكى

B

汉语	拼音	维吾尔语
半导体	ban dao ti	يېرىم ئۆتكۈزگۈچ
保护气	bao hu qi	قوغداش گازى
饱和烃	bao he ting	تويۇنغان ھىدروكاربون
饱和溶液	bao he rong ye	تويۇنغان ئېرىتمە
饱和烃基	bao he ting ji	تويۇنغان ھىدروكاربون رادىكالى
爆炸极限	bao zha ji xian	پارتلاش چېكى
苯	ben	بېنزول
苯胺	ben an	ئانىلىن
苯酚	ben fen	فېنول
苯环	ben huan	بېنزول ھالقىسى
苯磺酸	ben huang suan	بېنزول سۇلفون كىسلاتاسى
苯甲酸	ben jia suan	بېنزوئىك كىسلاتا
苯卤化反应	ben lu hua fan ying	بېنزول گالوگېنلاشتۇرۇش رېئاكسىيىسى
必需氨基酸	bi xu an ji suan	زۆرۈر ئامىنو كىسلاتا
必需元素	bi xu yuan su	زۆرۈر ئېلېمېنت
丙醇	bing chun	پروپىل ئالكول
丙炔	bing que	پروپىن
丙三醇	bing san chun	گلىتسېرىن
丙酮	bing tong	ئاتسېتون
丙烷	bing wan	پروپان
丙烯	bing xi	پروپىلېن
丙烯酸	bing xi suan	ئاكرىل كىسلاتاسى
标准大气压	biao zhun da qi ya	نورمال ئاتموسفېرا بېسىمى
标准状况	biaozhun zhuang kuang	نورمال ھالەت
不饱和烃	bu bao he ting	تويۇنمىغان كاربون ھىدرىدلار
不可逆反应	bu ke ni fan ying	قايتماس رېئاكسىيە
不溶性碱	bu rong xing jian	ئېرىمەس ئىشقار

C

汉语	拼音	维吾尔语
草酸	cao suan	چۆپ كىسلاتا
触媒	chu mei	كاتالىزاتور
纯碱	chun jian	ساپ ئىشقار
醇	chun	ئالكول، ئىسپىرت
纯度	chun du	ساپلىق دەرىجىسى
纯净物	chun jing wu	ساپ ماددىلار
磁铁矿石	ci tie kuang shi	ماگنىت رۇدىسى
次氯酸	ci lv suan	گىپوخلورلۇق كىسلاتا
粗盐	cu yan	تازىلانمىغان تۇز
醋酸	cu suan	سىركە كىسلاتاسى
醋酸钠	cu suan na	ناترىي ئاتسېتات
醋酸铅	cu suan qian	قوغۇشۇن ئاتسېتات
醋酸纤维	cu suan xian wei	ئاتسېتات تالاسى
催化剂	cui hua ji	كاتالىزاتور
催化作用	cui hua zuo yong	كاتالىزلاش رولى
催化加氢	cui hua jia qing	كاتالىزلىق

هىدروگېنلاش

残渣 can zha قالدۇق، داشقال

产率 chan lv هاسىلات ئۈنۈمى

长颈漏斗 chang jing lou dou ئۇزۇن بويۇن ۋارونكا

超临界 chao lin jie سۇپېر كرىتىك

赤铁矿 chi tie kuang قىزىل تۆمۈر رۇدىسى

氚 chuan ترىتىي

D

带支链烷烃 dai zhi lian wan ting تارماق زەنجىرلىك ئالكانلار

单糖 dan tang مونوساخارىدلار

单位 dan wei بىرلىك

单位体积 dan wei ti ji بىرلىك ھەجىم

单键 dan jian ئاددى باغ

单质 dan zhi يەككە ماددا، ئاددىي ماددا

单质分子 dan zhi fen zi ئاددى ماددا مالېكۇللاسى

胆矾 dan fan كۆكتاش، مىس سۇلفات

蛋白酶 dan bai mei پروتېئىنازا، ئاقسىل ئېنزىمى

蛋白质 dan bai zhi ئاقسىل، پروتېئىن

氮肥 dan fei ئازوتلۇق ئوغۇت

氮化硅 dan hua gui سىلىتسىي نىترىد

氮氧化物 dan yang hua wu ئازوت ئوكسىد بىرىكمىلىرى

氘 dao دېيتېرىي

得到电子能 de dao dian zi neng ئېلېكترون ئېنېرگىيەسىگە ئېرىشىش

递变性 di bian xing تەدرىجىي ئۆزگۆرۈچانلىق

低聚糖 di jv tang ئولىگو ساخارىد

滴定管 di ding guan تېمىتقۇچى نەيچە

碘化钾 dian hua jia كالىي يودىد

碘化氢 dian hua qing ھىدرو يودىد

电镀 dian du ئېلېكترلىك ھەل بېرىش

电化学腐蚀 dian hua xue fu shi ئېلېكتر خىمىيىلىك چىرىش

电极 dian ji ئېلېكتر قۇتۇبى

电极反应 dian ji fan ying ئېلېكتر قۇتۇپ رېئاكسىيىسى

电解 dian jie ئېلېكترولىزلاش

电解池 dian jie chi ئېلېكترولىز ۋاننىسى

电解熔融 dian jie rong rong ئېلېكترولىزلاپ ئېرىتىش

电解质平衡 dian jie zhi ping heng ئېلېكترولىت مۇۋازىنىتى

电解原理 dian jie yuan li ئېلېكترولىزلاش پرىنسىپى

电解质 dian jie zhi ئېلېكترولىت

电离 dian li ئىئونلىنىش

电离常数 dian li chang shu ئىئونلىنىش تۇراقلىق سانى

电离平衡 dian li ping heng ئونلىنىش مۇۋازىنىتى

电石气 dian shi qi ئاتسىلىن گازى

电中性 dian zhong xing ئېلېكتر نېيتراللىقى

电子 dian zi ئېلېكترون

电子层 dian zi ceng ئېلېكترون قەۋىتى

电子式 dian zi shi ئېلېكترون فورمۇلاسى

电池反应 dian chi fan ying باتارىيە رېئاكسىيىسى

电荷守恒 dian he shou heng زەرەتنىڭ ساقلىنىشى

电化学腐蚀 dian hua xue fu shi ئېلېكتر خىمىيىلىك چىرىش

电离式 dian li shi ئىئونلىشىش فورمۇلاسى

电子转移式 dian zi zhuan yi shi ئېلېكترون يۆتكىلىش فورمۇلاسى

淀粉 dian fen كراخمال

淀粉试纸 dian fen shi zhi كراخمال سىناش قەغىزى

丁炔 ding que بوتىن

丁烷 ding wan بۇتان

丁烯 ding xi بۇتېلېن

动态平衡 dong tai ping heng ھەرىكەتچان مۇۋازىنەت

镀 du ھەل بېرىش

煅烧 duan shao كۆيدۈرۈش، تاۋلاش

钝化 dun hua گاللاشتۇرماق، پاسسىپلاشماق

对二甲苯 dui er jia ben پارا مېتىل بېنزول

钝化现象　dun hua xian xiang　پاسسىپلىشىش ھادىسىسى
多晶硅薄膜　duo jing gui bao mo　كۆپ كرىستاللىق كرېمنىي پەردىسى
多元弱碱　duo yuan ruo jian　كۆپ نىگىزلىك ئاجىز ئىشقار
多元弱酸　duo yuan ruo suan　كۆپ نىگىزلىك ئاجىزكىسلاتا
多元酸　duo yuan suan　كۆپ نېگىزلىق كىسلاتا

E

二氟二氯甲烷　er fu er lv jia wan　دى فتورودى خلورو مېتان
二价金属　er jia jin shu　ئىككى ۋالېنتلىق مېتال
二硫化碳　er liu hua tan　كاربون (4) سۇلفىد
二氯甲烷　er lv jia wan　دىخلورى مىتان
二溴乙烷　er xiu yi wan　دى بروموئېتان
二氧化氮　er yang hua dan　ئازوت دىئوكسىد
二氧化钴　er yang hua gu　كوبالت دىئوكسىد
二氧化硅　er yang hua gui　سىلتسىي (4) ئوكسىد
二氧化锰　er yang hua meng　مانگان دىئوكسىد
二氧化碳　er yang hua tan　كاربون تۆت ئوكسىد

F

反应方向　fan ying fang xiang　رېئاكسىيە يۆنىلىشى
反应速率　fan ying su lv　رېئاكسىيە سۈرئىتى
反应热　fan ying re　رېئاكسىيە ئىسسىقلىقى
反应物　fan ying wu　رېئاكسىيىلەشكۈچىلەر
反应物浓度　fan ying wu nong du　رېئاكسىيىلەشكۈچىلەر قويۇقلۇقى
芳香烃　fang xiang ting　ئاروماتىك كاربونھىدرىدلار
放热反应　fang re fan ying　ئىسسىقلىق چىقىرىش رېئاكسىيىسى
非必需氨基酸　fei bi xu an ji suan　زۆرۈرىيەتسىز ئامىنو كىسلاتالار
非必需元素　fei bi xu yuan su　زۆرۈرىيەتسىز ئېلېمېنت
非电解质　fei dian jie zhi　غەيرىي ئېلېكترولىت
非极性键　fei ji xing jian　قۇتۇپسىز باغ
非极性共价键　fei ji xing gong jia jian　كوۋالېنتلىق قۇتۇپسىز باغ
非金属　fei jin shu　مېتاللوئىد
非金属性　fei jin shu xing　مېتاللوئىدلىق خۇسۇسىيىتى
非平衡状态　fei ping heng zhuang tai　مۇۋازىنەتسىز ھالەت
沸点　fei dian　قايناش نۇقتىسى
分子　fen zi　مولېكۇلا
分子式　fen zi shi　مولىكولا فورمۇلىسى
分解反应　fen jie fan ying　پارچىلىنىش رېئاكسىيىسى
分液漏斗　fen ye lou dou　ئېرىتمە بۆلگۈچى ۋارونكا
酚　fen　فېنول
酚酞　fen tai　فېنولفتالېين
酚酞试液　fen tai shi ye　فېنولفتالېين تەجرىبە سۇيۇقلۇقى
丰度　feng du　موللۇق （مىقدارىنىڭ كۆپلىگىنى كۆرسىتىدۇ）
负化合价　fu hua he jia　مەنپىي ۋالېنت
负极　fu ji　مەنپىي قۇتۇپ، كاتود
负平衡　fu ping heng　تەتۈر مۇۋازىنەت
复分解反应　fu fen jie fan ying　قايتا پارچىلىنىش رېئاكسىيىسى
复杂离子　fu za li zi　مۇرەككەپ ئىئون
副反应　fu fan ying　قوشۇمچە رېئاكسىيە
氟磷灰石　fu lin hui shi　فتوراپاتىت
副族　fu zu　قوشۇمچە گۇرۇپپا
辅酶　fu mei　ياردەمچى ئېنزىم

G

干燥管　gan zao guan　قۇرۇتۇش نەيچىسى
干燥剂　gan zao ji　قۇرۇتقۇچى رېئاكتىۋلار
甘蔗　gan zhe　شېكەر قومۇشى
甘氨酸　gan an suan　گلىتسىن
甘油三酯　gan you san zhi　گلىتسېرىن تىترىئېستېر

刚玉 gang yu ئاليۇمىن ئوكسىدى

钢铁的生锈 gang tie de sheng xiu پولاتنىڭ داتلىششى

高锰酸钾 gao meng suan jia كالىي پېرمانگانات

隔离法 ge li fa ئايرىش ئۇسۇلى

隔绝空气 ge jue kong qi ھاۋادىن ئايرىش

庚烷 geng wan گېپتان كىسلاتاسى

共价化合物 gong jia hua he wu كوۋالېنتلىق بىرىكمە

共价键 gong jia jian كوۋالېنتلىق باغ

共用电子对 gong yong dian zi dui ئورتاق پايدىلىنىدىغان ئېلېكترون جۈپى

官能团 guan neng tuan فۇنكسىيال گۇرۇپپا

硅酸 gui suan سىلىتسىك كىسلاتا

硅酸钠 gui suan na ناترىي سىلىكات

硅酸盐 gui suan yan سىلىكات تۇزلىرى

硅铁合金 gui tie he jin سىلىتسىيلىق تۆمۈر قېتىشمىسى

硅单晶材料 gui dan jing cai liao سىلىتسىيلىق تاق كىرىستال ماتېرىياللىرى

光合作用 guang he zuo yong فوتوسىنتېز رولى

果糖 guo tang مېۋە شېكىرى، فرۇكتوزا

过渡元素 guo du yuan su ئۆتكۈنچى ئېلېمېنت

过氧化钠 guo yang hua na ناترىي پېروكسىد

佝偻病 gou lou bing راخىت

H

含氧酸 han yang suan ئوكسىگېنلىق كىسلاتا

焓变 han bian ئېنتالپىيىلىك ئۆزگىرىش

合成高分子化合物 he cheng gao fen zi hua he wu سىنتېزلەنگەن يۇقىرى مولېكۇلىلىق بىرىكمىلەر(پولېمىرلار)

合成纤维 he cheng xian wei سىنتېتىك تالا

合理膳食 he li shan shi مۇۋاپىق غىزا، مۇۋاپىق تائام

合金 he jin قېتىشما

核电荷 he dian he يادرو زەرىتى

核内质子数 he nei zhi zi shu ئىچكى پروتون يادرو سانى

核外电子 he wai dian zi يادرو سىرتىدىكى ئېلېكترون

核外电子排布 he wai dian zi pai bu يادرو سىرتىدىكى ئېلېكترونلارنىڭ تىزىلىشى

核外电子数 he wai dian zi shu يادرو سىرتىدىكى ئېلېكترون سانى

化合反应 hua he fan ying بىرىكىش رېئاكسىيىسى

黑色金属 hei se jin shu قارا رەڭلىك مېتال

化合价 hua he jia ۋالېنت

化合物 hua he wu خېمىيىلىك بىرىكمە

化学变化 hua xue bian hua خېمىيىلىك ئۆزگىرىش

化学腐蚀 hua xue fu shi خېمىيىلىك چىرىتىش

化学键 hua xue jian خېمىيىلىك باغ

化学平衡 hua xue ping heng خېمىيىلىك مۇۋازىنەت

化学平衡的移动 hua xue ping heng de yi dong خېمىيىلىك مۇۋازىنەتنىڭ يۆتكىلىشى

化学式 hua xue shi خېمىيىلىك فورمۇلا

化学计量数 hua xue ji liang shu خېمىيىلىك ئۆلچەم سانلىرى

化学平衡状态 hua xue ping heng zhuang tai خېمىيىلىك مۇۋازىنەت ھالىتى

化学式量 hua xue shi liang خېمىيىلىك فورمۇلا سانى

还原反应 huan yuan fan ying ئوكسىدسىزلىنىش رېئاكسىيىسى

还原剂 huan yuan ji ئوكسىدسىزلاندۇرغۇچى رېئاكتىۋ

还原性 huan yuan xing ئوكسىدسىزلىنىش خۇسۇسىيىتى

还原糖 hua yuan tang ئوكسىدسىزلانغان شېكەر

环烃 huan ting ھالقىلىق ھىدروكاربونلار

环乙烷 huan yi wan ھالقىلىق ئېتان

黄蛋白反应 huang dan bai fan ying سېرىق ئاقسىل رېئاكسىيىسى

磺化反应 huang hua fang ying سۇلفونلىشىش رېئاكسىيىسى

混合 hun he ئارىلاشتۇرۇش

混合共热	hun he gong re	ئارىلاشتۇرۇپ بىرگە ئىسسىتىش
混和物	hun he wu	ئارىلاش ماددىلار
活泼	huo bo	ئاكتىپ
红细胞	hong xi bao	قىزىل قان دانچىلىرى

J

激活剂	ji huo ji	ئاكتىۋاتور، ئاكتىپلاشتۇرغۇچ، ئاكتىپلاشتۇرغۇچى رېئاكتىۋ
极性键	ji xing jian	قۇتۇپلۇق باغ
极性共价键	ji xing gong jia jian	قۇتۇپلۇق كوۋالېنتلىق باغ
集气瓶	ji qi ping	گاز يىغىش بوتۇلكىسى
己烷	ji wan	ھېكسان
加成反应	jia cheng fan ying	قوشۇۋېلىش رېئاكسىيىسى
加热分解	jia re fen jie	قىزدۇرۇپ پارچىلاش
加聚反应	jia ju fan ying	قوشۇلۇپ پولىمېرلىنىش رېئاكسىيىسى
加快反应速率	jia kuai fan ying su lv	رېئاكسىيە سۈرئىتىنى تېزلىتىش
甲苯	jia ben	مېتىل بېنزول
甲醇	jia chun	مېتىل ئىسپىرت
甲基橙	jia ji cheng	مېتىل قىزغۇچ سېرىقى، مېتىل ئورانجى
甲醛	jia quan	فورمالدېگىد
甲酸	jia suan	فورمىلىك كىسلاتا
甲烷	jia wan	مېتان
甲状腺素	jia zhuang xian su	قالقانسىمان بەز ھورمونى
价电子	jia dian zi	ۋالېنت ئېلېكترونلىرى
间二甲苯	jian er jia ben	مېتا - دىمېتىل بېنزول
碱	jian	ئاساس، ئىشقار
碱金属	jian jin shu	ئىشقارىي مېتاللار
碱土金属族	jian tu jin shu zu	ئىشقارىي يەر مېتال گۇرۇپپىسى
碱石灰	jian shi hui	ئىشقارلىق ھاك
碱式盐	jian shi yan	ئىشقارلىق تۇز
碱性氧化物	jian xing yang hua wu	ئىشقارلىق ئوكسىد
鉴别	jian bie	پەرقلەندۈرۈش
结构式	jie gou shi	تۈزۈلۈش فورمۇلىسى
结构简式	jie gou jian shi	ئاددىي تۈزۈلۈش فورمۇلىسى
结构相似	jie gou xiang si	تۈزۈلۈشى ئوخشاش
结晶	jie jing	كرىستال، جەۋھەر
结晶水合物	jie jing shui he wu	كرىستال گىدراتلار
结晶水	jie jing shui	كرىستاللىنىش سۈيى
拮抗作用	jie kang zuo yong	ئانتاگونىزم
金刚石	jin gang shi	ئالماس، برىللىيانت
金属腐蚀	jin shu fu shi	مېتاللارنىڭ چىرىشى
金属键	jin shu jian	مېتال بېغى
金属硫化物	jin shu liu hua wu	مېتال سۇلفىدلار
金属氧化物	jin shu yang hua wu	مېتال ئوكسىدلىرى
金属激活酶	jin shu ji huo mei	مېتاللىق ئاكتىپلاشتۇرغۇچى ئېنزىملار
晶体	jing ti	كرىستال
晶体结构	jing ti jie gou	كرىستاللىق تۈزۈلۈش
痉挛性抽搐	jing luan xing chou chu	سپازملىق تارتىشىش (پۇت، قول، يۈزلەرنىڭ تارتىشىشى)
静电作用	jing dian zuo yong	ئېلېكترستاتىك رولى
净水剂	jing shui ji	سۇ تازىلىغۇچ
酒精	jiu jing	ئىسپىرت، ئالكول
酒精灯	jiu jing deng	ئىسپىرت لامپىسى
酒石酸	jiu shi suan	تارتارىك كىسلاتاسى
酒精喷灯	jiu jing pen deng	ئىسپىرت گورېلكىسى
剧毒光气	ju du guang qi	ئۆتكۈر زەھەرلىك فوسگېن
聚集	ju ji	توپلىنىش، يىغىلىش
聚苯乙烯	ju ben yi xi	پولى ستىرېن
聚苯乙烯塑料	ju ben yi xi su liao	پولى ستىرېن پلاستىك ماتېرىياللىرى
聚合度	ju he du	پولىمېرلىنىش دەرىجىسى
聚合反应	ju he fan ying	پولىمېرلىنىش رېئاكسىيىسى
聚氯乙烯	ju lv yi xi	(PVC) پولى ۋىنىل خلورىد

聚乙烯 ju yi xi پولى ئېتىلېن

聚丙烯 ju bing xi پولى پروپىلېن

绝对质量 jue dui zhi liang موتلەق ماسسا

K

开键烃 kai jian ting ئوچۇق باغلىق كاربون هىدرىد بىرىكمىلىرى

抗腐蚀 kang fu shi چىرىشتىن ساقلىنىش

可逆反应 ke ni fan ying قايتما رېئاكسىيە

可溶性碱 ke rong xing jian ئېرىشچان ئىشقار

L

赖氨酸 lai an suan لىسىن كىسلاتاسى

离子 li zi ئىئون

离子反应 li zi fan ying ئىئونلۇق رېئاكسىيە

离子反应方程式 li zi fan ying fang cheng shi ئىئونلۇق رېئاكسىيە تەڭلىمىسى

离子方程式 li zi fang cheng shi ئىئونلۇق تەڭلىمە

离子化合物 li zi hua he wu ئىئونلۇق بىرىكمە

离子积 li zi ji ئىئونلار كۆپەيتمىسى

离子键 li zi jian ئىئونلۇق باغ

粒子 li zi زەررىچە، دانىچە

粒子数 li zi shu زەررىچە سانى

利用率 li yong lv پايدىلىنىش ئۈنۈمى

链烃 lian ting زەنجىرسىمان هىدرو كاربونلار

链状烷烃 lian zhuang wan ting زەنجىرسىمان ئالكان

邻二甲苯 lin er jia ben ئورتو - دى مېتىل بېنزول

磷肥 lin fei فوسفورلۇق ئوغۇت

磷化氢 lin hua qing هىدرو فوسفىد

磷酸钠 lin suan na ناترىي ئورتو فوسفات

磷酸脂 lin suan zhi فوسفات ئېستېرى

磷酸氢二钠 lin suan qing er na ناترىي بىفوسفات

硫代硫酸钠 liu dai liu suan na ناترىي تىئوسۇلفات

硫化铅 liu hua qian قوغۇشۇن سۇلفىد

硫化氢 liu hua qing هىدرو سۇلفىد

硫化亚铁 liu hua ya ti تۆمۈر (2) سۇلفىد

硫氢化铁 liu qing hua tie تۆمۈر هىدرو سولفىد

硫氰化钾 liu qing hua jia كالىي تىئو سىيانىت

硫酸 liu suan سۇلفات كىسلاتاسى

硫酸铵 liu suan an ئاممونىي سۇلفات

硫酸钡 liu suan bei بارىي سۇلفات

硫酸根离子 liu suan gen li zi سۇلفۇرىك كىسلاتا ئىئونى

硫酸钾 liu suan jia كالىي سۇلفات

硫酸铝钾 liu suan lv jia كالىي ئالىيۇمىن سۇلفات

硫酸钙 liu suan gai كالتسىي سۇلفات

硫酸钠 liu suan na ناترىي سۇلفات

硫酸铁 liu suan tie تۆمۈر سۇلفات

硫酸铜 liu suan tong مىس سۇلفات (كۆك تاش)

硫酸锌 liu suan xin سىنك سۇلفات

硫酸盐 liu suan yan سۇلفاتلار

硫铁矿 liu tie kuang تروئىلىت

六硫氰合铁(III) liu liu qing he tie تۆمۈر(3) تىئوسىئانوگېن بىرىكمىلىرى

卤代烃 lu dai ting گالوگېنلاشقان هىدروكاربون

卤化银 lu hua yin كۈمۈش گالىد

卤代反应 lu dai fan ying گالوگېنلىنىش رېئاكسىيىسى

卤化氢 lu hua qing هىدرو گالوگېنلار

卤素 lu su گالوگېنلار

铝箔 lv bo ئالىيۇمىن قەغەز

铝粉 lv fen ئالىيۇمىن پاراشوكى

铝酸盐 lv suan yan ئالىيۇميناتلار

铝土矿 lv tu kuang ئلىيۇمىن رۇدىسى

绿矾 lv fan تۆمۈر سۇلفات مەدىنى

氯仿 lv fang خلوروفورم

氯化钡 lv hua be بارىي خلورىد

氯化钙 lv hua gai كالتسىي خلورىد

氯化钠 lv hua na ناترىي خلورىد، ئاش تۇزى

氯化铜 lv hua tong مىس خلورىد

氯化亚铁 lv hua ya tie تۆمۈر (2) خلورى

氯化银 lv hua yin كۈمۈش خلورىد

氯酸 lv suan خلورات كىسلاتاسى

氯酸钙 lv suan gai كالتسىي خلورات

氯酸钾	lv suan jia	كالىي خلورات
氯酸盐	lv suan yan	خلوراتلار
氯磷灰石	lv suan hui shi	خلوراپاتىت
氯乙烷	lv yi wan	خلوروئېتىل
氯乙烯	lv yi xi	ۋىنىل خلورىد
量筒	liang tong	مىنزۇركا
两性元素	liang xing yuan su	ئامفوتېر ئېلېمېنت (ئىككى ياقلىملىق ئېلېمېنت)
两性氧化物	liang xing yang hua wu	ئامفوتېر ئوكسىد (ئىككى ياقلىملىق ئوكسىد)

M

麦芽糖	mai ya tang	مالتوزا
芒硝	mang xiao	شور (ناترىي سۇلفات)
镁带	mei dai	ماگنىي ياپراقچىسى
镁酸式碳酸	mei suan shi tan suan	ماگنىيلىق كاربونات كىسلاتاسى
锰酸钾	meng suan jia	كالىي مانگانات
醚	mi	ئېفىر
密度	mi du	زىچلىق
免疫功能	mian yi gong neng	ئىممۇنىتېت كۈچى
明矾	ming fan	زەمچە، سۈمۈق
明胶凝胶	ming jiao ning jiao	ژېلاتىنا يېلىم
摩尔	mo er	مول (ماددا مىقدارى)
摩尔质量	mo er zhi liang	مول ماسسا

N

纳米材料	na mi cai liao	نانو ماتېرىياللىرى
能源	neng yuan	ئېنېرگىيە مەنبەسى
逆反应	ni fan ying	ئەكسى رېئاكسىيە
逆反应方向	ni fan ying fang xiang	ئەكسى رېئاكسىيە يۆنىلىشى
黏合剂	nian he ji	يېپىشتۇرغۇچ
难电离的物质	nan dian li de wu zhi	تەستە ئىئونلىنىدىغان ماددا
难溶盐	nan rong yan	تەستە ئېرىيدىغان تۇز
难溶的物质	nan rong de wu zhi	تەستە ئېرىيدىغان ماددا
浓度	nong du	قويۇقلۇق

P

配平	pei ping	تەڭشەش
硼酸水	peng suan shui	بورات كىسلاتاسى سۈيى
硼烷	peng wan	بورات
碰撞	peng zhuang	سوقۇلۇش
偏铝酸钠	pian lv suan na	مېتا ناترىي ئالیۇمىنات
漂白	piao bai	ئاقارتىش
漂白粉	piao bai fen	ئاقارتقۇچى پاراشوك
氕	pie	پروتىي
平衡	ping heng	مۇۋازىنەت
平衡常数	ping heng chang shu	مۇۋازىنەت كونستانتى
平衡失调	ping heng shi tiao	مۇۋازىنەتنىڭ بۇزۇلۇشى
平衡营养	ping heng ying yang	ئوزۇقلۇق تەڭپۇڭلۇغى
平衡状态	ping heng zhuang tai	مۇۋازىنەت ھالەت
平均速率	ping jun su lv	ئوتتۇرىچە سۈرئەت
脯氨酸	pu an suan	پرولىن
葡萄糖	pu tao tang	گلۇكوزا (ئۈزۈم قەنت)

Q

气态氢化物	qi tai qing hua wu	گاز ھالەتتىكى ھىدرىدلار
气体摩尔体积	qi ti mo er ti ji	مول ھەجمى گازنىڭ
气态氢化物	qi tai qing hua wu	گاز ھالەتتىكى ھىدرىدلار
气态烃	qi tai ting	گاز ھالەتتىكى كاربون ھىدرىد
铅蓄电池	qian xu dian chi	قوغۇشۇن ئاككۇمۇلياتور
强电解质	qiang dian jie zhi	كۈچلۈك ئېلېكترولىت

强碱 qiang jian كۈچلۈك ئاساس
强酸 qiang suan كۈچلۈك كىسلاتا
强酸弱碱盐 qiang suan ruo jian yan كۈچلۈك كىسلاتا ئاجىز ئاساس تۇزلىرى
羟基 qiang ji گىدروكسىل، گىدروكسى رادىكالى
羟基磷灰石 qiang ji lin hui shi گىدروكسىللىق ئاپاتىتلار
氢氟酸 qing fu suan ھىدروفتور كىسلاتاسى
氢化合物 qing hua he wu ھىدروگېن بىرىكمىللىرى
氢化物 qing hua wu ھىدرىدلار
氢硫酸 qing liu suan ھىدروسۇلفت
氢氰酸 qing qing suan ھىدرو سىيانىد كىسلاتاسى
氢氧根离子 qing yang gen li zi ھىدروكسىد ئىئونى
氢氧化铋 qing yang hua bi بىسمۇت ھىدروكسىد
氢氧化钾 qing yang hua jia كالىي ھىدروكسىد
氢氧化氯 qing yang hua lv خلور ھىدروكسىد
氢氧化钠 qing yang hua na ناترىي ھىدروكسىد
氢氧化物 qing yang hua wu ھىدروكسىدلار
氢氧化亚铁 qing yang hua ye tie تۆمۈر (2) ھىدروكسىد
氰化钠 qing hua na ناترىي سىيانىد
球墨生铁 qiu mo sheng tie شارسىمان گرافىتلىق چويۈن
取代基 qu dai ji ئورۇن ئالغۇچى رادىكال
取代反应 qu dai fan ying ئورۇن ئېلىش رېئاكسىيىسى
醛 quan ئالدېگىد
醛基 quan ji ئالدېگىد رادىكالى
醛糖 quan tang ئالدوزا
炔烃 que ting ئالكىنلار

R

染料 ran liao بوياق ماتېرىياللىرى
燃料电池 ran liao dian chi يېقىلغۇ باتارېيىسى
热稳定性 re wen ding xing ئىسسىقلىققا بولغان تۇراقلىقى
人造放射性元素 ren zao fan gshe xing yuan su سۈنئىي رادىئوئاكتىپ ئېلېمېنت
壬烷 ren wan نونان
溶剂 rong ji ئېرىتكۈچى
溶解 rong jie ئېرىش
溶解度 rong jie du ئېرىش دەرىجىسى
溶液 rong ye ئېرىتمە
溶液质量 rong ye zhi liang ئېرىتمە ماسسىسى
溶质 rong zhi ئېرىگۈچى
溶质的质量 rong zhi de zhi liang ئېرىگۈچى ماددا ماسسىسى
熔点 rong dian ئېرىش نۇقتىسى
熔化 rong hua ئېرىمەك، ئېرىتمەك
容量瓶 rong liang ping ئابيوملۇق كولبا
弱电解质 ruo dian jie zhi ئاجىز ئېلېكترولىت
弱酸 ruo suan ئاجىز كىسلاتا
弱碱 ruo suan ئاجىز ئاساس
弱酸强碱盐 ruo suan qiang jian yan ئاجىز كىسلاتا كۈچلۈك ئاساس تۇزلىرى
弱酸弱碱盐 ruo suan ruo jian yan ئاجىز كىسلاتا ئاجىز ئاساس تۇزلىرى

S

三氯化铁 san lv hua tie تۆمۈر(3) خلورىد
三氯甲烷 san lv jia wan ئۈچ خلورلۇق مېتان
三硝基苯酚 san xiao ji ben fen ترى نىترو فېنول
三硝基甲苯 san xiao ji jia ben ترى نىترو تولۇئېن
三溴苯酚 san xiu ben fen ترى برومو فېنول
三氧化硫 san yang hua liu گۈڭگۈرت ترىئوكسىد
砂纸 sha zhi قۇم قەغىزى
膳食纤维 shan shi xian wei تائام تالالىرى
烧碱 shao jian كۆيدۈرگۈچى ئىشقار؛ ئويغۇچى ناترىي
摄入量 she ru liang قوبۇل قىلىش مىقدارى
渗透压 shen tou ya سىڭىش بېسىمى، ئوسموس بېسىمى
生成物 sheng cheng wu ھاسىلات، مەھسۇلات

生成物浓度 sheng cheng wu nong du هاسىلات قويۇقلۇقى
生物催化剂 sheng wu cui hua ji بىئولوگىيىلىك كاتالىزاتورلار
生物效应 sheng wu xiao ying بىئو ـ ئېففېكتى
失电子能力 shi dian zi neng li ئېلېكترون يوقۇتۇش ئىختىدارى
石灰 shi hui هاك
石灰石 shi hui shi هاك تېشى
石蕊 shi rui لېتمۇس (لاكمۇس) كلادونىيە ئوتى
石蕊溶液 shi rui rong ye لاكمۇس ئېرىتمىسى
石蕊试液 shi rui shi ye لاكمۇس تەجرىبە ئېرىتمىسى
石蕊试纸 shi rui shi zhi لاكمۇس قەغىزى
石油精炼 shi you jing lian نېفىت چەككىلەش
食品添加剂 shi pin tian jia ji يېمەكلىك خۇرۇچلىرى
受热熔化 shou re rong hua ئىسسىقلىقتىن ئېرىمەك
水槽 shui cao كۆلچەك، هاۋۇز
水的离子积 shui de li zi ji سۇنىڭ ئىئون كۆپەيتمىسى
水的离子积常数 shui de li zi ji chang shu سۇنىڭ ئىئون كۆپەيتمىسى تۇراقلىقى
水化物 shui hua wu هىدرولىزلار
水化物的酸碱性 shui hua wu de suan jian xing هىدرولىزلارنىڭ كىسلاتا ـ ئىشقارلىقى
水的电离 shui de dian li سۇنىڭ ئىئونلىنىشى
水晶 shui jing خرۇستال
水解 shui jie هىدرولىزلىنىش
水解反应 shui jie fan ying هىدرولىزلىنىش رېئاكسىيىسى
水煤气 shui mei qi كۆمۈر گازى
水蒸气 shui zheng qi سۇ هورى، هور، پار
瞬时速率 shun shi su lv پەيتلىك سۈرئىتى
四氯化碳 si lv hua tan كاربون تېتراخلورىد
四氯甲烷 si lv jia wan تېترا خلورومىتان
四氧化二氮 si yang hua er dan ئازوت (4) ئوكسىد ، ئازوت تېتروكسىد
四氧化三铁 si yanghua san tie تۆمۈر تېتروكسىد
酸酐 suan gan كىسلاتا ئانگىدرىدى
酸根离子 suan gen li zi كىسلاتا قالدۇقى ئىئونى
酸碱平衡 suan jian ping heng كىسلاتا ـ ئىشقار مۇۋازىنىتى
酸碱指示剂 suan jian zhi shi ji كىسلاتا ـ ئىشقار ئىندىكاتورى
酸式碳酸盐 suan shi tan suan yan كىسلاتالىق كاربوناتلار
酸式盐 suan shi yan كىسلاتالىق تۇز
酸性氧化物 suan xing yang hua wu كىسلاتالىق ئوكسىد
酸雨 suan yu كىسلاتالىق يامغۇر
碎瓷 sui ci چاقچۇق ئۇۋاقلىرى
羧基 suo ji كاربوكسىل رادىكالى
羧酸 suo suan كاربوكسىل كىسلاتاسى
羧酸盐 suo suan yan كاربوكسىل كىسلاتا تۇزلىرى

T

炭化 tan hua كوكسلاشتۇرۇش، كوكسلىنىش
碳源 tan yuan كۆمۈر مەنبەسى
碳化硅 tan hua gui كرېمنىي كاربىد
碳化铁 tan hua tie تۆمۈر كاربىد
碳酸 tan suan كاروبونات كىسلاتاسى
碳酸钙 tan suan gai كالتسىي كاربونات
碳酸钠 tan suan na ناترىي كاربونات
碳酸氢铵 tan suan qing an ئاممونىي هىدرو كاربونات
碳酸氢钠 tan suan qing na ناترىي هىدرو كاربونات
碳酸银 tan suan yin كۈمۈش كاربونات
碳氧双键 tan yang shuang jian كاربون ـ ئوكسىد قوش بېغى
碳碳三键 tan tan san jian كاربون كاربون، ئۈچ بېغى
羰基 tang ji كاربونىل رادىكالى
糖类 tang lei (1) شېكەرلەر، قەنتلەر

(2) ساخارىد، ساخارىدلار

糖尿病　tang niao bing　دىئابېت
铁架台　tie jia tai　تۆمۈر شتاتىپ
铁碳合金　tie tan he jin　تۆمۈر - كاربون قېتىشمىسى
铁盐　tie yan　تۆمۈر تۇزى؛ مولىزىت
烃　ting　ھىدروكاربون (كاربون ھىدرىد بىرىكمىلىرى)
烃基　ting ji　ھىدروكاربون رادىكالى، ئالكىل رادىكالى
烃的衍生物　ting de yan sheng wu　كاربون ھىدرىد توغۇندىلىرى
通式　tong shi　ئومۇمى فورمۇلا
同分异构体　tong fen yi gou ti　ئىزومېر
同素异形体　tong su yi xing ti　ئاللوتروپ
同位素　tong wei su　ئىزوتوپ
同系物　tong xi wu　ھومولوگلار
铜锡合金　tong xi he jin　مىس - قەلەي قېتىشمىلىرى
褪色　tui se　تۈگۈش، رەڭسىزلىنىش
托盘天平　tuo pan tian ping　پەللىلىك تارازا
脱水反应　tuo shui fan ying　سۇسىزلىنىش رېئاكسىيىسى
脱水剂　tuo shui ji　سۇسىزلاندۇرغۇچى رېئاكتىۋ
脱水性　tuo shui xing　سۇسىزلاندۇرۇش خۇسۇسىيىتى

W

烷烃　wan ting　ئالكان، ئالكانلار
完全蛋白质　wan quan dan bai zhi　مۇكەممەل ئاقسىل
烷烃结构　wan ting jie gou　ئالكان تۈزۈلۈشى
王水　wang shui　پادىشاھ ھارىقى
微量元素　wei liang yuan su　مىكرو ئېلېمېنت
维生素 B_1　wei sheng su　ۋىتامىن B_1
维生素 D　wei sheng su　ۋىتامىن D
稳定结构　wen ding jie gou　تۇراقلىق تۈزۈلۈش
无机元素　wu ji yuan su　ئانئورگانىك ئېلېمېنت
无机物　wu ji wu　ئانئورگانىك ماددا
无氧酸　wu yang suan　ئوكسىگېنسىز كىسلاتالار
五羰基合铁　wu tang ji he tie　تۆمۈر پېنتاكاربونىل
戊烷　wu wan　پېنتان
物理变化　wu li bian hua　فىزىكىلىق ئۆزگىرىش
物质的基本单元数目　wu zhi de ji ben dan yuan shu mu　ماددىلارنىڭ ئاساسى بۆلەك سانى
物质的量　wu zhi de liang　ماددىنىڭ مىقدارى
物质的量浓度　wu zhi de liang nong du　ماددىنىڭ مىقدار قويۇقلۇغى
物质浓度　wu zhi nong du　ماددىنىڭ قويۇقلۇقى

X

吸热反应　xi re fan ying　ئىسسىقلىق سۈمۈرۈش رېئاكسىيىسى
吸水性　xi shui xing　سۇ سۈمۈرۈش خۇسۇسىيىتى
吸氧腐蚀　xi yang fu shi　ئوكسىگېن سۈمۈرۈشتىن چىرىش
析氢腐蚀　xi qing fu shi　ھىدروگېن ئاجرالمىسىدىن چىرىش
稀有气体　xi you qi ti　ئاز ئۇچرايدىغان گازلار
洗气瓶　xi qi ping　گاز يۇغۇچ بوتۇلكا
系统命名　xi tong ming ming　سىستېمىلىق ئاتاش
烯烃　xi ting　ئولېفىن
稀硫酸　xi liu suan　سۇيۇق سۇلفات كىسلاتاسى
稀土元素　xi tu yuan su　ئاز ئۇچرايدىغان ئېلېمېنتلار، سىرەك يەر ئېلېمېنتلار
稀有元素　xi you yuan su　ئاز ئۇچرايدىغان ئېلېمېنتلار
下角标　xia jiao biao　تۆۋەن ئىندېكس
纤维　xian wei　تالا
纤维素　xian wei su　سېللۇلوزا
纤维素硝酸酯　xian wei su xiao suan zhi　سېللۇلوزا نىترات كىسلاتا ئېستېرى
纤维素乙酸酯　xian wei su yi suan zhi　سېللۇلوزا ئاتسېتات
显色反应　xian se fan ying　رەڭ كۆرسىتىش رېئاكسىيىسى

限制性基团 xian zhi xing jituan چەكلىمىلىق رادىكاللار

相对分子质量 xiang dui fen zi zhi liang نىسبىي مولېكۇلا ماسسىسى

相对密度 xiang dui mi du نىسپىي زىچلىق

相对质量 xiang dui zhi liang نىسبىي ماسسا

香料 xiang liao خۇش - پۇراق ماتېرىياللار

相似性 xiang si xing ئوخشاشلىق

橡胶 xiang jiao كاۋچۇك (رېزىنكە)

消毒 xiao du دېزىنفېكسىيىلەش

消去反应 xiao qu fan ying چىقىرىپ تاشلاش رېئاكسىيىسى

消石灰 xiao shi hui ئۆچۈرۈلگەن هاك

消耗性资源 xiao hao xing zi yuan خوراشچان بايلىق

硝化反应 xiao hua fan ying نىترالىشىش رېئاكسىيىسى

硝基 xiao ji نىترو - ، نىترو رادىكالى

硝基苯 xiao ji ben نىترو بېنزول

硝酸 xiao suan نىترات كىسلاتاسى

硝酸钠 xiao suan na ناترىي نىترات

硝酸铅 xiao suan qian قوغۇشۇن نىترات

硝酸银 xiao suan yin كۈمۈش نىترات

协同作用 xie tong zuo yong سىنېرگىزم

缬氨酸 xie an suan ۋالىن، ئامىنو ئىزو ۋالېرىئانىك كىسلاتاسى

信使 xin shi سىگنال توشۇغۇچى؛ ئالاقىچى، خەۋەرچى

新陈代谢 xin chen dai xie مېتابولىزم، ماددا ئالماشتۇرۇش

辛烷 xin wan ئوكتان

新戊烷 xin wu wan نېئو پېنتان

悬浊液反应 xuan zhuo ye fan ying دۇغ سۈيۇقلۇقى رېئاكسىيىسى

锈蚀 xiu shi داتلىشىش

溴苯 xiu ben برومو بېنزول

溴化钾 xiu hua jia كالىي برومىد

溴化铁 xiu hua tie تۆمۈر برومىد

溴化银 xiu hua yin كۈمۈش برومىد

溴水 xiu shui بروم سۈيى

血酸 xue suan قان كىسلاتاسى

血红蛋白 xue hong dan bai گېموگلوبىن، قىزىل قان ئاقسىلى

Y

压强 ya qiang بېسىم كۈچىنىشى

压强之比 ya qiang zhi bi بېسىم كۈچىنىشى سېلىشتۇرمىسى

亚硫酸 ya liu suan سۇلفىت كىسلاتاسى

亚铁盐 ya tie yan تۆمۈر (2) تۇزلىرى

岩石层 yan shi ceng تاغ جىنسلىرى قاتلىمى

盐的水解 yan de shui jie تۇزنىڭ ھىدرولىزلىنىشى

盐酸 yan suan تۇز كىسلاتاسى، ھىدروخلورىد

颜色反应 yan se fan ying رەڭ رېئاكسىيىسى

焰色反应 yan se fan ying يالقۇن رەڭ رېئاكسىيىسى

烟酰胺 yan xian an نىكوتىنامىد

阳极 yang ji ئانود؛ مۇسبەت قۇتۇپ

阳离子 yang li zi كاتىئون؛ مۇسبەت ئىئون

氧化反应 yang hua fan ying ئوكسىدلىنىش رېئاكسىيىسى

氧化还原反应 yang hua hai yuan fan ying ئوكسىدلىنىش - ئوكسىدلىنىش رېئاكسىيىسى

氧化剂 yang hua ji ئوكسىدلىغۇچى رېئاكتىپ

氧化铝 yang hua lv ئاليۇمىن ئوكسىد

氧化锰 yang hua meng مانگان ئوكسىد

氧化膜 yang hua mo ئوكسىدلىنىش پەردىسى

氧化钠 yang hua na ناترىي ئوكسىد

氧化铁 yang hua tie تۆمۈر ئوكسىد

氧化铜 yang hua tong مىس ئوكسىد

氧化数 yang hua shu ئوكسىدلىنىش سانى

氧化物 yang hua wu ئوكسىدلار

氧化性 yang hua xing ئوكسىدلىنىش خۇسۇسىيىتى

氧化亚铁 yang hua ya tie تۆمۈر (2) ئوكسىدى

氧化亚铜 yang hua ya tong مىس (1) ئوكسىدى

氧炔焰 yang que yan ئوكسى ئاتسېتىلېن يالقۇنى

液氨 ye an سۇيۇق ئاممىياك

冶金 ye jin مېتاللۇرگىيە

冶炼	ye lian	مېتال تاۋلاش
叶绿素	ye lv su	خلوروفىل
液态氢	ye tai qing	سۇيۇق ھىدروگېن
液态氮	ye tai dan	سۇيۇق ئازوت
液态氧	ye tai yang	سۇيۇق ئوكسىگېن
胰岛素	yi dao su	ئىنسۇلىن
一氯甲烷	yi lv jia wan	مېتان خلورىد
一元醇	yi yuan chun	بىر ئاسلىق ئىسپىرت
一元羧酸	yi yuan suo suan	بىر ئاسلىق كاربوكسىل كىسلاتاسى
一氧化氮	yi yang hua dan	ئازوت (2) ئوكسىدى
一氧化碳	yi yang hua tan	كاربون (2) ئوكسىدى
一氧化二氮	yi yang hua er dan	ئازوت (2) مونوكسىد
乙醇	yi chun	ئېتىل ئالكول
乙醇钠	yi chun na	ناترىي ئېتىلات
乙二酸	yi er suan	گىلىكول، ئېتىلېن گىلىكول
乙基	yi ji	ئېتىل؛ ئېتىدىن رادىكالى
乙醚	yi mi	ئېتىل ئېفىر
乙醛	yi quan	ئېتىل ئالدېگىد، ئېتانال
乙炔	yi que	ئاتسېتىلېن
乙酸	yi suan	ئاتسېتىك كىسلاتا؛ سىركە كىسلاتاسى
乙酸乙酯	yi suan yi zhi	ئېتىل ئاتسېتات
乙烷	yi wan	ئېتان
乙烯	yi xi	ئېتىلېن
乙一醇	yi yi chun	ئېتىل بىر ئالكوگول
移液管	yi ye guan	سۇيۇقلۇق يۆتكەش نەيچىسى
异丁烷	yi ding wan	ئىزو بۇتان
易挥发的物质	yi hui fa de wu zhi	ئۇچقۇچان ماددىلار
阴极	yin ji	كاتود، مەنپىي قۇتۇپ
阴离子	yin li zi	ئانىئون، مەنپىي ئىئون
银镜反应	yin jing fan ying	كۈمۈش ئەينەك رېئاكسىيىسى
应激水平	ying ji shui ping	سېزىش سەۋىيىسى
营养学	ying yang xue	ئوزۇقشۇناسلىق
油漆	you qi	ماي بوياق، لاك، سىر
油脂	you zhi	مايلار
游离硅	you li gui	ئەركىن كرېمنىي
有害元素	you hai yuan su	زىيانلىق ئېلېمېنتلار
有机化合物	you ji hua he wu	ئورگانىك بىرىكمە
有机高分子化合物	you ji gao fen zi hua he wu	ئورگانىك يۇقىرى مولېكۇللۇق بىرىكمىلەر
有机物	you ji wu	ئورگانىك ماددا
有机碱	you ji jian	ئورگانىك ئىشقار
有机原料	you ji yuan liao	ئورگانىك خام ئەشيا
有色金属	you se jin shu	رەڭلىك مېتال
有效碰撞	you xiao peng zhuang	ئۈنۈملۈك سوقۇلۇش
运载	yun zai	قاچىلاش ـ توشۇش، توشۇش
元素	yuan su	ئېلېمېنت
元素周期表	yuan su zhou qi biao	ئېلېمېنتلارنىڭ دەۋرىيلىك جەدۋىلى
元素周期律	yuan su zhou qi lv	ئېلېمېنتلار دەۋرىيلىك قانۇنىيىتى
原电池	yuan dian chi	گالۋانو ئېلېمېنت، ئېلېمېنتار باتارىيە
原子	yuan zi	ئاتوم
原子结构	you ji jie gou	ئاتوم قۇرۇلمىسى
原子核	yuan zi he	ئاتوم يادروسى
原子量	yuan zi liang	ئاتوم ئېغىرلىقى، ئاتوم ماسسىسى
原子团	yuan zi tuan	ئاتوم گۇرۇپپىسى
原子序数	yuan zi xu shu	ئاتوم رەت نومۇرى
圆底烧瓶	yuan di shao ping	يۇمىلاق تەگلىك كولبا

Z

再生资源	zai sheng zi yuan	ئەسلىگە كېلىشچان بايلىق
皂化反应	zao hua fan ying	سوپۇنلىشىش رېئاكسىيىسى
沼气	zhao qi	پاتقاق گازى

蔗糖 zhe tang ساخاروزا ، قومۇش شېكىرى

真空 zhen kong ۋاكۇئۇم

蒸馏烧瓶 zheng liu shao ping دىستىللەش كولبىسى

正丁烷 zheng ding wan نورمال بوتان

正反应 zheng fan ying ئوڭ رېئاكسىيە

正反应方向 zheng fan ying fang xiang ئوڭ رېئاكسىيە يۆنىلىشى

正极 zheng ji مۇسبەت قۇتۇپ، ئانود

正平衡 zheng ping heng ئوڭ مۇۋازىنەت

正盐 zheng yan نورمال تۇز

支链 zhi lian تارماق زەنجىر

脂 zhi ماي، ياغ؛ ياغ ماددىسى

脂肪酸 zhi fang suan ماي كىسلاتاسى

脂化反应 zhi hua fan ying مايلىشىش(ياغلىشىش) رېئاكسىيىسى

脂类代谢 zhi lei dai xie ياغلارنىڭ مېتابولىزمى

直链 zhi lian تۈز زەنجىر

直链烷烃 zhi lian wan ting تارماق زەنجىرلىك ئالكانلار

酯酸纤维 zhi suan xian wei ئېستېر كىسلاتا تالاسى

质量分数 zhi liang fen shu ماسسا ئۈلۈشى

质量单位 zhi liang dan wei ماسسا بىرلىكلىرى

质量比 zhi liang bi ماسسا نىسبىتى

质量守恒 zhi liang shou heng ماسسىنىڭ ساقلىنىشى

质量守恒定律 zhi liang shou heng ding lv ماسسىنىڭ ساقلىنىش قانۇنى

质子 zhi zi پروتون

制冷剂 zhi leng ji مۇزلۇتۇش رېئاكتىۋى

制冷循环 zhi leng xun huan مۇزلۇتۇش دەۋرىيلىكى

指示剂 zhi shi ji ئىندىكاتور

酯化 zhi hua ئېستېرلىشىش

酯化反应 zhi hua fan ying ئېستېرلىشىش رېئاكسىيىسى

置换反应 zhi huan fan ying ئورۇن ئالمىشىش رېئاكسىيىسى

中和反应 zhong he fan ying نېيتراللىشىش رېئاكسىيىسى

中和当量 zhong he dang liang نېيترااللاشتۇرۇش ئېكۋىۋالېنتى

中子 zhong zi نېيترون

中子弹 zhong zi dan نېيترون بومبىسى

周期性变化 zhou qi xing bian hua دەۋرلىك ئۆزگىرىش

主链 zhu lian ئاساسى زەنجىر

主族 zhu zu ئاساسي گۇرۇپپا

铸造生铁 zhu zao sheng tie چۆيۈن

转化率 zhuan hua lv ئۆزگىرىش نىسبىتى

锥形瓶 zhui xing ping كونۇسسىمان كولبا

最高化合价氧化物 zui gao hua he jia yang hua wu ئەڭ يۇقىرى ۋالېنتلىق ئوكسىدلار

最高价氧化物的通式 zui gao jia yang hua wu de tong shi ئەڭ يۇقىرى ۋالېنتلىق ئوكسىدلارنىڭ ئومۇمى فورمۇلاسى

最低负价 zui di fu jia ئەڭ تۆۋەن مەنپىي ۋالېنت

最低价氢化物 zui di jia qing hua wu ئەڭ تۆۋەن ۋالېنتلىق ھىدرىدلار

最简式 zui jian sh ئەڭ ئاددى ئىپادىسى

最简式量 zui jian shi liang ئەڭ ئاددى ئىپادە سانى

最高正化合价 zui gao zheng hua he jia ئەڭ يۇقىرى مۇسبەت ۋالېنت

附录 C　汉维英化学元素对照表

序号	中文名称	拼音	元素符号	维文名称	英文名称	原子量 /g	熔点 /℃	沸点 /℃
1	氢	qing	**H**	ھىدروگېن	Hydrogen	1.0079	−259.14	−252.8
2	氦	hai	**He**	گېلىي	Helium	4.0026	−272	−268.6
3	锂	li	**Li**	لىتىي	Lithium	6.94	180.54	1347
4	铍	pi	**Be**	بېرىللىي	Beryllium	9.01218	1278	2970
5	硼	peng	**B**	بور	Boron	10.81	2300	2550
6	碳	tan	**C**	كاربون	Carbon	12.011	3500	4827
7	氮	dan	**N**	ئازوت	Nitrogen	14.0067	−209.9	−195.8
8	氧	yang	**O**	ئوكسىگېن	Oxygen	15.9994	−218.4	−183.0
9	氟	fu	**F**	فتور	Fluorine	18.9984	−219.62	−188.1
10	氖	nai	**Ne**	نېئون	Neon	20.17	−248.6	−246.1
11	钠	na	**Na**	ناترىي	Sodium	22.9897	97.8	882.9
12	镁	mei	**Mg**	ماگنىي	Magnesium	24.305	638.8	1090
13	铝	lv	**Al**	ئاليۇمىن	Aluminum	26.9815	660.37	2467
14	硅	gui	**Si**	كرېمنىي	Silicon	28.0855	1410	2355
15	磷	lin	**P**	فوسفور	Phosphorous	30.9737	44.1	280
16	硫	liu	**S**	گۈڭگۈرت	Sulfur	32.06	112.8	444.6
17	氯	lv	**Cl**	خلور	Chlorine	35.453	−100.98	−34.6
18	氩	ya	**Ar**	ئارگون	Argon	39.948	−189.3	−186
19	钾	jia	**K**	كالىي	Potassium	39.0983	63.65	774
20	钙	gai	**Ca**	كالتسىي	Calcium	40.08	839	1484.4
21	钪	kang	**Sc**	سكاندىي	Scandium	44.9559	1539	2832
22	钛	tai	**Ti**	تىتان	Titanium	47.90	1660	3287
23	钒	fan	**V**	ۋانادىي	Vanadium	50.9415	1890±10	3380
24	铬	ge	**Cr**	خروم	Chromium	51.996	1857	2672
25	锰	meng	**Mn**	مانگان	Manganese	54.9380	1245	1962
26	铁	tie	**Fe**	تۆمۈر	Iron	55.847	1535	2750
27	钴	gu	**Co**	كوبالت	Cobalt	58.9332	1495	2870
28	镍	nie	**Ni**	نىكېل	Nickel	58.71	1453	2732
29	铜	tong	**Cu**	مىس	Copper	63.546	1083	2567
30	锌	xin	**Zn**	سىنك	Zinc	65.38	419.58	907
31	镓	jia	**Ga**	گاللىي	Gallium	69.735	9.78	2403

32	锗	zhe	**Ge**	گېرمانىي	Germanium	72.59	937.4	2830
33	砷	shen	**As**	ئارسېن	Arsenic	74.9216	81	613
34	硒	xi	**Se**	سېلېن	Selenium	78.96	217	684.9
35	溴	xiu	**Br**	بروم	Bromine	79.904	−7.2	58.78
36	氪	ke	**Kr**	كرىپتون	Krypton	83.80	−157.2	−153.4
37	铷	ru	**Rb**	رۇبىدىي	Rubidium	85.467	38.89	688
38	锶	si	**Sr**	سترونتسىي	Strontium	87.62	769	1384
39	钇	yi	**Y**	ئىتترىي	Yttrium	88.9059	1523	3337
40	锆	gao	**Zr**	زىركونىي	Zirconium	91.22	1852±2	4377
41	铌	ni	**Nb**	نىئوبىي	Niobium	92.9064	2468±10	4927
42	钼	mu	**Mo**	مولىبدېن	Molybdenum	95.94	2617	4612
43	锝	de	**Tc**	تېخنېتسىي	Technetium	98.9062	2200±50	4877
44	钌	liao	**Ru**	رۇتېنىي	Ruthenium	101.07	2250	3900
45	铑	lao	**Rh**	رودىي	Rhodium	102.905	1966±3	3727
46	钯	ba	**Pd**	پاللادىي	Palladium	106.4	1552	2927
47	银	yin	**Ag**	كۈمۈش	Silver	107.868	961.93	2212
48	镉	ge	**Cd**	كادمىي	Cadmium	112.41	320.9	765`
49	铟	yin	**In**	ئىندىي	Indium	114.82	156.61	2000±10
50	锡	xi	**Sn**	قەلەي	Tin	118.69	231.9	2270
51	锑	ti	**Sb**	سۈرمە	Antimony	121.75	630	1750
52	碲	di	**Te**	تېللۇر	Tellurium	127.60	449.5	989.8
53	碘	dian	**I**	يود	odine	126.904	113.5	184
54	氙	xian	**Xe**	كسېنون	Xenon	131.30	−111.9	−108.1
55	铯	se	**Cs**	سېزىي	Cesium	132.905	28.5	678.4
56	钡	bei	**Ba**	بارىي	Barium	137.33	725	1140
57	镧	lan	**La**	لانتان	Lanthanum	138.905	920	3469
58	铈	shi	**Ce**	سېرىي	Cerium	140.12	795	3257
59	镨	pu	**Pr**	پرازېئودىمىي	Praseodymium	140.907	935	3127
60	钕	nv	**Nd**	نېئودىي	Neodymium	144.24	1010	3127
61	钷	po	**Pm**	پرومېتىي	Promethium	145	---	---
62	钐	shan	**Sm**	سامارىي	Samarium	150.4	1072	1900
63	铕	you	**Eu**	يېۋروپىي	Europium	151.96	822	1597
64	钆	ga	**Gd**	گادولىنىي	Gadolinium	157.25	1311	3233
65	铽	te	**Tb**	تېربىي	Terbium	158.925	1360	3041
66	镝	di	**Dy**	دىسپروزىي	Dysprosium	162.50	1412	2562
67	钬	huo	**Ho**	گولمىي	Holmium	164.930	1470	2720
68	铒	er	**Er**	ئېربىي	Erbium	167.26	1522	2510

69	铥	diu	**Tm**	تۇلىي	Thulium	168.934	1545	1727
70	镱	yi	**Yb**	ئىتتېربىي	Ytterbium	173.04	824	1466
71	镥	lu	**Lu**	لىيۇتېتسىي	Lutetium	174.96	1656	3315
72	铪	ha	**Hf**	گافنىي	Hafnium	178.49	2150	5400
73	钽	tan	**Ta**	تانتال	Tantalum	180.947	2996	5425±100
74	钨	wu	**W**	ۋولفرام	Tungsten	183.85	3410±20	5660
75	铼	lai	**Re**	رېنىي	Rhenium	186.207	3180	5627
76	锇	e	**Os**	ئوسمىي	Osmium	190.2	3045	5027
77	铱	yi	**Ir**	ئىرىدىي	Iridium	192.22	2410	4527±100
78	铂	bo	**Pt**	پلاتىنا	Platinum	195.08	1772	3827
79	金	jin	**Au**	ئالتۇن	Gold	196.966	1064.43	2807
80	汞	gong	**Hg**	سىماب	Mercury	200.59	−38.87	356.58
81	铊	ta	**Tl**	تاللىي	Thallium	204.37	303.5	1457±10
82	铅	qian	**Pb**	قوغۇشۇن	Lead	207.2	327.5	1740
83	铋	bi	**Bi**	بىسمۇت	Bismuth	208.980	271.3	1560±5
84	钋	po	**Po**	پولونىي	Polonium	(209)	254	962
85	砹	ai	**At**	ئاستاتىن	Astatine	(210)	302	337
86	氡	dong	**Rn**	رادون	Radon	(222)	−71	−61.8
87	钫	fang	**Fr**	فرانسىي	Francium	(223)	27	677
88	镭	lei	**Ra**	رادىي	Radium	226.025	700	1737
89	锕	a	**Ac**	ئاكتىنىي	Actinium	(227)	1050	3200±300
90	钍	tu	**Th**	تورىي	Thorium	232.038	1750	4790
91	镤	pu	**Pa**	پروتاكتىنىي	Proactinium	231.035	1600	---
92	铀	you	**U**	ئۇران	Uranium	238.029	1132	3818
93	镎	na	**Np**	نېپتونىي	Neptunium	237.048	640	3902
94	钚	bu	**Pu**	پلۇتونىي	Plutonium	(244)	639.5±2	3235±19
95	镅	mei	**Am**	ئامېرىتسىي	Americium	(243)	994	2607
96	锔	ju	**Cm**	كيۇرىي	Curium	(247)	1340	---
97	锫	pei	**Bk**	بېركېلىي	Berkelium	(247)	---	---
98	锎	kai	**Cf**	كالىفورنىي	Californium	(251)	---	---
99	锿	ai	**Es**	ئېينشتېينىي	Einsteinium	(254)	---	---
100	镄	fei	**Fm**	فېرمىي	Fermium	(257)	---	---
101	钔	men	**Md**	مېندېلېيېۋىي	Mendelevium	(258)	---	---
102	锘	nuo	**No**	نوبېلىي	Nobelium	(259)	---	---
103	铹	lao	**Lr**	لاۋرېنتسىي	Lawrencium	(260)	---	---

元素周期表

原子序数→19；元素符号（红色指放射性元素）→K；元素名称（注*的是人造元素）→钾；稳定同位素的质量数（底线指丰度最大的同位素）→39、41；放射性同位素的质量数→40；外围电子的构型（括号指可能的构型）→$4s^1$；相对原子质量（括号内数据为放射性元素最长寿命同位素的质量数）→39.0983(1)

金属 | 非金属 | 稀有气体 | 过渡元素

注：
1.相对原子质量参考自2009年国际相对原子质量表，以$^{12}C=12$为基准，元素的相对原子质量末位数的准确度加注在其后括弧内。
2.商品Li的相对原子质量范围为6.939~6.996。
3.稳定元素列有天然丰度的同位素；天然放射性元素和人造元素同位素的选列与国际相对原子质量标的有关文献一致。

族 / 周期	1	2	3	4	5	6	7	8	9	10	11	12	13	14	15	16	17	18	电子层	18族电子数
	ⅠA	ⅡA	ⅢB	ⅣB	ⅤB	ⅥB	ⅦB	Ⅷ			ⅠB	ⅡB	ⅢA	ⅣA	ⅤA	ⅥA	ⅦA	0		
1	1 H 氢 1 2 3 $1s^1$ 1.008																	2 He 氦 3 4 $1s^2$ 4.002602(2)	K	2
2	3 Li 锂 6 7 $2s^1$ 6.94	4 Be 铍 9 $2s^2$ 9.012182(3)											5 B 硼 10 11 $2s^22p^1$ 10.81	6 C 碳 12 13 14 $2s^22p^2$ 12.011	7 N 氮 14 15 $2s^22p^3$ 14.007	8 O 氧 16 17 18 $2s^22p^4$ 15.999	9 F 氟 19 $2s^22p^5$ 18.9984032(5)	10 Ne 氖 20 21 22 $2s^22p^6$ 20.1797(6)	L K	8 2
3	11 Na 钠 23 $3s^1$ 22.98976928(2)	12 Mg 镁 24 25 26 $3s^2$ 24.3050(6)											13 Al 铝 27 $3s^23p^1$ 26.9815386(8)	14 Si 硅 28 29 30 $3s^23p^2$ 28.085	15 P 磷 31 $3s^23p^3$ 30.973762(2)	16 S 硫 32 36 33 34 $3s^23p^4$ 32.06	17 Cl 氯 35 37 $3s^23p^5$ 35.45	18 Ar 氩 36 38 40 $3s^23p^6$ 39.948(1)	M L K	8 8 2
4	19 K 钾 39 40 41 $4s^1$ 39.0983(1)	20 Ca 钙 40 44 42 46 43 48 $4s^2$ 40.078(4)	21 Sc 钪 45 $3d^14s^2$ 44.955912(6)	22 Ti 钛 46 49 47 50 48 $3d^24s^2$ 47.867(1)	23 V 钒 50 51 $3d^34s^2$ 50.9415(1)	24 Cr 铬 50 54 52 53 $3d^54s^1$ 51.9961(6)	25 Mn 锰 55 $3d^54s^2$ 54.938045(5)	26 Fe 铁 54 58 56 57 $3d^64s^2$ 55.845(2)	27 Co 钴 59 $3d^74s^2$ 58.933195(5)	28 Ni 镍 58 62 60 64 61 $3d^84s^2$ 58.6934(4)	29 Cu 铜 63 65 $3d^{10}4s^1$ 63.546(3)	30 Zn 锌 64 68 66 70 67 $3d^{10}4s^2$ 65.38(2)	31 Ga 镓 69 71 $4s^24p^1$ 69.723(1)	32 Ge 锗 70 74 72 76 73 $4s^24p^2$ 72.63(1)	33 As 砷 75 $4s^24p^3$ 74.92160(2)	34 Se 硒 74 78 76 80 77 82 $4s^24p^4$ 78.96(3)	35 Br 溴 79 81 $4s^24p^5$ 79.904(1)	36 Kr 氪 78 83 80 84 82 86 $4s^24p^6$ 83.798(2)	N M L K	8 18 8 2
5	37 Rb 铷 85 87 $5s^1$ 85.4678(3)	38 Sr 锶 84 88 86 87 $5s^2$ 87.62(1)	39 Y 钇 89 $4d^15s^2$ 88.90585(2)	40 Zr 锆 90 94 91 96 92 $4d^25s^2$ 91.224(2)	41 Nb 铌 93 94 $4d^45s^1$ 92.90638(2)	42 Mo 钼 92 97 94 98 95 100 96 $4d^55s^1$ 95.96(2)	43 Tc 锝 97 98 99 $4d^55s^2$ (98)	44 Ru 钌 96 101 98 102 99 104 100 $4d^75s^1$ 101.07(2)	45 Rh 铑 103 $4d^85s^1$ 102.90550(2)	46 Pd 钯 102 106 104 108 105 110 $4d^{10}$ 106.42(1)	47 Ag 银 107 109 $4d^{10}5s^1$ 107.8682(2)	48 Cd 镉 106 112 108 113 110 114 111 116 $4d^{10}5s^2$ 112.411(8)	49 In 铟 113 115 $5s^25p^1$ 114.818(3)	50 Sn 锡 112 118 114 119 115 120 116 122 117 124 $5s^25p^2$ 118.710(7)	51 Sb 锑 121 123 $5s^25p^3$ 121.760(1)	52 Te 碲 120 125 122 126 123 128 124 130 $5s^25p^4$ 127.60(3)	53 I 碘 127 129 $5s^25p^5$ 126.90447(3)	54 Xe 氙 124 131 126 132 128 134 129 136 130 $5s^25p^6$ 131.293(6)	O N M L K	8 18 18 8 2
6	55 Cs 铯 133 $6s^1$ 132.9054519(2)	56 Ba 钡 130 136 132 137 134 138 135 $6s^2$ 137.327(7)	57-71 La-Lu 镧系	72 Hf 铪 174 178 176 179 177 180 $5d^26s^2$ 178.49(2)	73 Ta 钽 180 181 $5d^36s^2$ 180.94788(2)	74 W 钨 180 184 182 186 183 $5d^46s^2$ 183.84(1)	75 Re 铼 185 187 $5d^56s^2$ 186.207(1)	76 Os 锇 184 189 186 190 187 192 188 $5d^66s^2$ 190.23(3)	77 Ir 铱 191 193 $5d^76s^2$ 192.217(3)	78 Pt 铂 190 195 192 196 194 198 $5d^96s^1$ 195.084(9)	79 Au 金 197 $5d^{10}6s^1$ 196.966569(4)	80 Hg 汞 196 201 198 202 199 204 200 $5d^{10}6s^2$ 200.59(2)	81 Tl 铊 203 205 $6s^26p^1$ 204.38	82 Pb 铅 204 208 206 207 $6s^26p^2$ 207.2(1)	83 Bi 铋 209 $6s^26p^3$ 208.98040(1)	84 Po 钋 209 210 $6s^26p^4$ (209)	85 At 砹 210 211 $6s^26p^5$ (210)	86 Rn 氡 211 220 222 $6s^26p^6$ (222)	P O N M L K	8 18 32 18 8 2
7	87 Fr 钫 223 $7s^1$ (223)	88 Ra 镭 223 228 224 226 $7s^2$ (226)	89-103 Ac-Lr 锕系	104 Rf 𬬻* 261 $(6d^27s^2)$ (265)	105 Db 𬭊* 262 $(6d^37s^2)$ (268)	106 Sg 𬭳* 263 (271)	107 Bh 𬭛* 264 (270)	108 Hs 𬭶* 265 (277)	109 Mt 鿏* 268 (276)	110 Ds 𫟼* 269 (281)	111 Rg 𬬭* 272 (280)	112 Uub 鎶* 277 (285)	113 Uut * (284)	114 Fl * (289)	115 Uup * (288)	116 Lv * (293)		118 Uuo * (294)	Q P O N M L K	8 18 32 32 18 8 2

镧系	57 La 镧 138 139 $5d^16s^2$ 138.90547(7)	58 Ce 铈 136 142 138 140 $4f^15d^16s^2$ 140.116(1)	59 Pr 镨 141 $4f^36s^2$ 140.90765(2)	60 Nd 钕 142 146 143 148 144 150 145 $4f^46s^2$ 144.242(3)	61 Pm 钷 145 147 $4f^56s^2$ (145)	62 Sm 钐 144 150 147 152 148 154 149 $4f^66s^2$ 150.36(2)	63 Eu 铕 151 153 $4f^76s^2$ 151.964(1)	64 Gd 钆 152 157 154 158 155 160 156 $4f^75d^16s^2$ 157.25(3)	65 Tb 铽 159 $4f^96s^2$ 158.92535(2)	66 Dy 镝 156 162 158 163 160 164 161 $4f^{10}6s^2$ 162.500(1)	67 Ho 钬 165 $4f^{11}6s^2$ 164.93032(2)	68 Er 铒 162 167 164 168 166 170 $4f^{12}6s^2$ 167.259(3)	69 Tm 铥 169 $4f^{13}6s^2$ 168.93421(2)	70 Yb 镱 168 173 170 174 171 176 172 173.054(5)	71 Lu 镥 175 176 $4f^{14}5d^16s^2$ 174.9668(1)
锕系	89 Ac 锕 227 $6d^17s^2$ (227)	90 Th 钍 230 232 $6d^27s^2$ 232.03806(2)	91 Pa 镤 231 $5f^26d^17s^2$ 231.03588(2)	92 U 铀 233 236 234 238 235 $5f^36d^17s^2$ 238.02891(3)	93 Np 镎 237 239 $5f^46d^17s^2$ (237)	94 Pu 钚 238 241 239 242 240 244 $5f^67s^2$ (244)	95 Am 镅* 241 243 $5f^77s^2$ (243)	96 Cm 锔* 243 246 244 247 245 248 $5f^76d^17s^2$ (247)	97 Bk 锫* 247 249 $5f^97s^2$ (247)	98 Cf 锎* 249 252 250 251 $5f^{10}7s^2$ (251)	99 Es 锿* 252 $5f^{11}7s^2$ (252)	100 Fm 镄* 257 $5f^{12}7s^2$ (257)	101 Md 钔* 256 258 $(5f^{13}7s^2)$ (258)	102 No 锘* 259 $(5f^{14}7s^2)$ (259)	103 Lr 铹* 260 $(5f^{14}6d^17s^2)$ (262)